安徽省皖北文化研究中心重点课题
“挖掘皖北经济文化资源，重构新时代阜阳形象”
（项目编号：xdhzpt201705）和安徽省社会科学创
新发展研究课题“70 年淮河灾害及其治理研究”
（项目编号：2021CX004）阶段成果

淮河历史文化丛书 | 吴海涛　李良玉　主编

淮河流域灾害与治理

于文善　著

黄山书社

图书在版编目(CIP)数据

淮河流域灾害与治理/吴海涛，李良玉主编；于文善著．—合肥：黄山书社，2019.12
（淮河历史文化丛书）
ISBN 978-7-5461-8902-4

Ⅰ．①淮… Ⅱ．①吴… ②李… ③于… Ⅲ．①淮河流域—自然灾害—灾害防治 Ⅳ．① X43

中国版本图书馆 CIP 数据核字 (2020) 第 015620 号

淮河历史文化丛书·淮河流域灾害与治理　吴海涛 李良玉 主编　于文善 著
HUAIHE LISHI WENHUA CONGSHU HUAIHE LIUYU ZAIHAI YU ZHILI

出 品 人	贾兴权
责任编辑	周振华
责任印制	李晓明　李　磊
装帧设计	观止堂_未　氓
出版发行	黄山书社(http://www.hspress.cn)
地址邮编	安徽省合肥市蜀山区翡翠路 1118 号出版传媒广场 7 层 230071
印　　刷	合肥锐达印务有限责任公司
版　　次	2022 年 4 月第 1 版
印　　次	2023 年 3 月第 2 次印刷
开　　本	700mm × 1000mm 1/16
字　　数	240 千字
印　　张	15.5
书　　号	ISBN 978-7-5461-8902-4
定　　价	62.00 元

服务热线　0551-63533706

销售热线　0551-63533761

官方直营书店(https://hsss.tmall.com)

总序

淮河，是我国中原腹地的一条古河流，自古就与黄河、长江、济水并称为“四渎”，在早期中国的地位举足轻重，在当代仍被列为我国七大江河之一。用“源远流长，博大精深，兼容并包，影响深远”来形容淮河文化，绝不为过。淮河流域在我国数千年的文明发展史上，始终占有极其重要的位置。淮河流域不但在地形、降水、气候上表现出明显的过渡性质，而且具有相对封闭又便于交流的地域形态，独流入海的淮河使得该流域成为一个相对完整的文化体系。淮河流域东部面向大海，西部深入中原腹地，涵盖中原文化区、海岱文化区，其南又有宁镇文化区，正处在东、西、南、北文化交汇之处，因此形成了十分复杂的古文化面貌，表现出特有的多元性、过渡性和开放性。淮河流域在5000多年的中华文明史中孕育了灿烂辉煌的文化遗产，这些丰富多彩的历史文化不仅代表了中华文明的卓越成就，还彰显了淮河流域在古代社会的重要地位，更对中华文明的形成产生了重要作用。

“说史自省，研古鉴今。”研究传统文化是为了更好地造就新文化、服务新文化，为今天大力发展社会主义精神文明服务。本套丛书以淮河流域历史文化为研究对象，以“淮河文化的历史溯源”“淮河历史文化的纵向传承与变迁”“淮河历史文化的横向内涵与外延”“淮河历史文化的自身特征”为四个子系统，运用“全息史观”理论，多角度、全方位系统考察淮河文化的历史发展与演变，探讨淮河流域历史文化的内涵、外延。同时，通过与其他区域文化的比较，细致研究淮河流域历史文化的特征。该研究可以进一步促进和深化淮河历史文化的研究，拓展我国区域社会历史文化研究的空间，丰富区域社会文化史研究的内容，进一步推动我国文化史研究向前发展。

学术界对淮河流域历史文化的研究取得了相当不错的成绩。然而，今天看来，淮河流域历史文化研究还存在一些比较薄弱的环节，主要表现在：其一，淮河历史文化整体性研究不足，研究深度有待提高，系统性的资料挖掘和整理还比较缺乏。其二，相对于经济史研究而言，淮河流域文化史研究有待加强。一方面，各个时期、各专题研究存在不平衡的现象；另一方面，就研究角度而言，对历史时期淮河流域治乱兴衰与文化传承间的关系研究涉及较少，对淮河流域文化传承与变迁的深层次原因等问题研究不够深入。其三，研究成果资鉴性不明显。淮河流域文化变迁史昭示着中国文明的兴衰。淮河流域文化传承与变迁是一个漫长过程，而影响这种变迁的因素又是至为复杂和不断变化的。在种种因素中寻找出某些有规律性的现象，总结经验教训，找出症结所在，并为该地区今后文化的可持续发展提供历史借鉴，是既有学术价值又有现实意义的课题。其四，影响不足。碎片化、个案化、学术化较强，使得关心、关注淮河流域的读者对其缺乏整体性、连贯性、易接受性的了解。

本套丛书共包括《淮河流域早期文明》等八本书，分别是：

《淮河流域早期文明》：淮河流域地处我国东部之中，气候温和，土地肥沃，雨量适中，物产丰富，人杰地灵，开发历史悠久，是我国经济、文化较早繁荣发达的地区之一，也是中华文明的早期起源地之一。沂源人、许昌人化石是我国较早的猿人化石。该流域也以发达的稻作农业和丰富的礼乐文化而著称于世，从史前到夏商周三代，都成为中华文明的重要源头之一。在中华文明的形成过程中，作为三大集团（华夏、东夷、苗蛮）之一的东夷集团扮演了不可或缺的角色。先秦时期东夷文化产生、发展、繁荣直至融入华夏文明的过程，其实质是与中原华夏文明及其周边诸文化之间相互交流、碰撞、融合的过程。春秋时期淮河流域就有了水利开发的历史，而且还取得了很大的成就。楚庄王时，孙叔敖在淮河流域兴修水利。吴王夫差开挖邗江，沟通江淮。邗沟连同后来修建的菏水、鸿沟运河，都是中国早期运河。淮河流域在先秦时期就处在政治、经济、文化的中心地位，史前时期的农业、手工业、家畜饲养以及历史遗存（如聚落、建筑）是其物质文化的重要基础；文字、音乐、思想等则是精神层面的典型表现。淮河流域还是中华思想的发源地。孕育于淮河流域的这些文化因素，不但起源时间早，而且发展程度较高，为早期中华文明的形成作出了重要贡献。

《淮河流域民俗风情》：淮河流域生产习俗是民众在长期的生产实践中

创造、享用的物质文化事象。生产习俗具有周期性、延续性、区域性特征。迎春活动隆重，农业的禁忌、祭祀多样。手工业尊崇行业祖师爷，师徒关系严格。商业开张敬财神、重禁忌，庙会活动兴盛，会馆与商会较多。淮河流域服饰官民有别，贫富悬殊。日常米面同食，以面食为主，日常菜肴贫富有差异，饮酒在饮食中占有重要地位。建房有禁忌，喜聚族而居。民众远行多择吉日、晴日，出行的禁忌风气较浓。淮河流域有幼儿诞生庆贺的习俗，满月、百天、周岁都要庆贺。给长者祝寿是中华民族尊老敬老的传统之一，民间甚为重视且气氛祥和。婚姻重礼仪，重视贞节观，下层民众的婚姻困难较多。丧葬讲究礼仪，贫富人家丧葬有差异。淮河流域对岁时节日极为重视，并形成自己的特色。初一吃素饺意为素素净净过年。正月十五吃元宵意谓和和美美。清明节给坟"添土"延续着怀念故人的思绪。端午节吃粽子、佩带香袋等既是对屈原的纪念，也是对饮食文化的沿袭。七夕节是我国传统节日中最具浪漫情调的。中秋节讲究团圆，体现了亲情最重。重阳节敬老、爱老成为全社会共识，传承了自古以来中华民族尊老的美德。淮河流域祈求城隍神保佑民众风调雨顺、安居乐业。宗族建立祠堂，希冀先祖护佑。淮河流域与水患、蝗灾、民生有关的神灵如龙王、刘猛将军、河（湖）神、风神等祭祀之风兴盛。祭祀名宦实际上是对正直、业绩突出官员的崇拜。民间信仰有诸多功利性、实用性。流域内崇武风气长期盛行，至近代尤为突出，传承至今。

《淮河流域名家大族》：一个家族如若保持数十年甚至数百年而不衰，与该家族重视家训、家风以及家谱有着极为密切的关系。正如钱穆先生指出的："一个大门第，决非全赖于外在之权势与财力，而能保泰持盈达于数百年之久；更非清虚与奢汰，所能使闺门雍穆，子弟循谨，维护此门户于不衰。当时极重家教门风，孝弟妇德，皆从两汉儒学传来。"本书选取曲阜孔氏家族、龙亢桓氏家族、亳州曹氏家族、颍川钟氏家族、淮南廖氏家族、凤阳汤氏家族、寿县孙氏家族、淮安丁氏家族、太邱刘氏家族、颍州程氏家族等历史时期淮河流域较为具有代表性的十个家族，梳理其发展脉络，阐释其家训、家风，归纳其繁衍不衰的内在原因，研判其在社会历史发展中的作用。这不仅有助于人们了解这段历史，传承弘扬中华民族传统家庭美德，也可为当前社会主义精神文明建设提供有益的借鉴。

《淮河流域灾害与治理》：人和自然关系的和谐，经济发展和人口、资源、环境之间的互相适应，生产发展，生活幸福，生态美丽已经上升为国家战略。这些正是环境变迁史或灾害史关注和研究的重要内容。12世纪以前，淮河是独流入海的，尾闾也十分通畅，水旱灾害比较少，民间也流传着“走千走万，不如淮河两岸”的赞誉。12世纪以后，由于黄河夺淮的影响，淮河水系遭到巨大的破坏，下游入海河道逐渐变为地上河，无法排泄淮河洪水，许多支流发生了变迁或淤废，造成淮河流域经常河水泛滥，受灾严重，尤其是中下游地区。面对灾害，历代统治者虽然也采取过一些治理的措施，实施了一些应对之策，但未能扭转淮河对人民危害巨大的局面，灾害反而愈演愈烈，致使淮河成为一条名声在外的害河。新中国成立后，尽管淮河的灾害仍在持续，但在党中央治淮方针的指引下，数千万淮河儿女几十年如一日艰苦奋斗、团结治水，淮河的治理取得了举世瞩目的伟大成就。新中国在治理水灾方面已经走出了历史上经常出现的因灾致荒、由荒致乱、因乱而水利失修、因水利失修而易生灾害的怪圈。淮河既是中华民族多灾多难的缩影，同时也是中华民族团结奋斗、战天斗地大无畏精神的展现，更是新时代党和人民政府为民造福、改造自然的一座永恒的丰碑。

《淮河流域历史人物》：淮河流域是我国古代著名的帝王之乡，蚌埠怀远诞生了夏后帝启，江苏宿迁孕育了西楚霸王项羽，沛县是西汉开国皇帝刘邦的故乡，亳州为三国曹魏政权曹丕的发迹之所，凤阳则走出了布衣皇帝朱元璋。伴随着这些君主帝王而建功立业的文臣武将也如群星璀璨，如张良、萧何、韩信、英布、鲁肃、吕蒙、诸葛亮、李善长、徐达、常遇春等。淮河流域历史悠久，人文荟萃，开放、包容的社会环境，使各种思想文化在此交流碰撞、混生杂融，并不时迸发、孕育出影响中华文明进程、改写中国历史的深刻思想与睿智哲学。涡水流域是道家文化的肇兴地，道家的创始人老子、庄子都诞生于淮河流域的涡水蒙地。此外，这里还诞生了管子、曹操、华佗、嵇康等一代先哲。近代以来，淮河流域风云激荡，英雄人物辈出。晚清时期，捻军首领张乐行在雉河集起义抗清，军阀始祖苗沛霖割据淮上，盘踞一方。这里还涌现出一批朝廷重臣，诸如两广总督徐广缙、光绪帝师孙家鼐、清末名将马玉昆、长江水师提督程文炳、新疆巡抚袁大化。民国时期淮河流域也孕育出一批致力革命的仁人志士，比如同盟会元老柏文蔚、程恩普，开国元勋周恩来总理。作为将军摇篮的鄂豫皖苏区也横跨淮河流域，许世友、李德生、洪学智、皮定均等一百多位将军都是从这里走出来的。近代以来的淮河流域也是多姿多彩的，银行家周作民、实业家倪道杰、亦官亦商的孙多森、史学家萧一山、考古学家罗振玉、文学家蒋光慈、画家李可染、新闻学家戈公振，等等，他们都用精诚、睿智与努力书写着人生的传奇。

《淮河流域名城古镇》：本书选取淮河流域的安徽、江苏、河南、山东四省近 30 个历史名城古镇，分上、下两编，分别介绍。全书在充分调研的基础上，对这些名城古镇的建置沿革、水陆交通、城镇变迁、历史遗迹、历史名人、民风民俗、传统美食以及文化艺术等进行较为翔实的介绍。该研究可以丰富淮河流域名城古镇历史文化的研究，有利于读者了解淮河流域名城古镇深厚的历史文化，也为地方政府合理利用名城古镇丰富历史文化资源以及保护名城古镇文化的多样性与独特性提供理论参考。

《淮河流域战争风云》：淮河流域独特的社会经济条件，受到各类政治集团的关注，成为各类政治力量争相控制的地区，也成为中国历史上战争多发地。据统计，中国历史上较为著名的战役有两百余次，发生在淮河流域的约占四分之一。有些战役规模之大，影响之远，深刻改变了中国历史的发展，推动了王朝的更替。淮河流域战争多发频发的原因是多方面的，既有自然地理因素，也有社会阶级因素，同时也与淮河流域所处的战略经济地位密切相关。本书从四个方面介绍了淮河流域发生的著名战役战争，根据其影响、性质将其分为部落之战与诸侯争霸、王朝争战与南北相持、农民起义与农民战争、抗日烽火与解放战争，以点带面，以战役发生、经过为论述角度、节点，辅之背景及影响、意义、后果等，来考察这一时期战争的性质及历史地位。在此基础上，探讨淮河流域战争多发的因素及其战略地位与影响，给人们提供一个观察、了解、评价这一区域历史发展与历史地位的新角度，推动淮河流域历史研究向多视角、多维度纵深发展。

《淮河流域非物质文化遗产》：淮河流域的非物质文化遗产有着悠久的历史和深厚的文化底蕴，有民间文学、传统美术、传统技艺、戏剧曲艺、武术医药等多种文化类型。这些文化遗产不仅种类繁多，内涵丰富，还具有独特的地域特征。淮河流域的非物质文化，有自己的脉络，有自己古老的阵势，它与祖祖辈辈生活在淮河两岸人民的生活紧密结合，同我们血脉中的基因难以割舍，是与生俱来的原真性、原生性文化。非物质文化遗产和自然遗产、物质文化遗产一样具有突出意义和普遍价值。非物质文化是一种具有特殊价值的人类文化活动，以文化形式存在于人类的活动、表现之中。作为一种精神活动，非物质文化遗产如果没有人继承，就会随着掌握它的特定人群甚至特定个人的放弃、灭失而消亡。作为遗产，非物质文化必须有人继承才能得以传承。我们要保护、传承非物质文化遗产，让它成为我们民族文化的巨大资源。

本套丛书由吴海涛和李良玉教授策划，由阜阳师范大学历史文化与旅游学院历史学专业骨干教师分工编写。我们力求将知识性、学术性、通俗性、可读性融为一体，期望更多读者加深对淮河历史文化的了解。淮河历史源远流长，淮河文化博大精深，这是我们编写组短时间内无法完全涉及的。本丛书一定有诸多不足之处，敬请读者指正！

目录

导　论 /1

第一章　淮河流域自然地理和早期生态环境 /3

一、淮河流域自然地理……………………………………… 3

二、早期淮河流域生态环境概况…………………………… 5

第二章　十年倒有九年荒，淮河流域古代灾害概况 /11

一、南宋以前淮河流域灾害一瞥…………………………… 11

二、宋元以降淮北大地水、旱、蝗灾频繁交乘…………… 21

第三章　近代淮河流域重大灾象 /34

一、道光后期的河患………………………………………… 34

二、多火多难的咸丰时期…………………………………… 38

三、丁戊奇荒影响下的“大祲奇灾” ……………………… 44

四、淮域悲歌：1921 年淮河流域大水灾 ………………… 49

五、江淮同劫难：1931 年淮河陆沉 ……………………… 53

六、人祸天灾：1938 年花园口决堤 ……………………… 57

第四章　追根溯源：淮河流域灾因探讨 /64

一、灾害发生的自然因素…………………………………… 64

二、灾害发生的社会因素…………………………………………………………… 76
三、战争与灾害……………………………………………………………………102

第五章　官府应对灾害的措施及其弊端 /108

一、灾害对时局的影响……………………………………………………………108
二、灾害应对的官方措施…………………………………………………………123

第六章　社会应对灾害的措施与成效 /166

一、晚清以前社会应对灾害的措施………………………………………………166
二、民间义赈的发展及社会近代化………………………………………………174

第七章　淮河流域社会灾害面面观 /187

一、祈神禳灾观念…………………………………………………………………187
二、祈雨与求神……………………………………………………………………190
三、祈神禳蝗………………………………………………………………………201

第八章　新社会、新景象 /209

一、1954 年：一场百年不遇的特大水灾 ………………………………………209
二、防汛与抗洪：不让历史的悲剧重演…………………………………………213
三、重建家园：灾区救济与自救…………………………………………………217
四、新中国治淮成就………………………………………………………………221

参考文献 /234

后　记 /237

导论

习近平总书记强调指出："建设生态文明是中华民族永续发展的千年大计。""生态文明建设功在当代、利在千秋。""必须树立和践行绿水青山就是金山银山的理念。""像对待生命一样对待生态环境。""人与自然是生命共同体，人类必须尊重自然、顺应自然、保护自然。"2018 年 3 月国家生态环境部的正式组建凸显了新时代党和国家对生态环境保护工作的高度重视。当前，人和自然关系的和谐，经济发展和人口、资源、环境之间的互相适应，生产发展，生活幸福，生态美丽理念已经上升为国家战略。这些正是环境变迁史或灾害史关注和研究的重要内容。

站在千里淮河第一坝——王家坝的坝址上，笔者曾浮想联翩，回想起淮河蒙洼蓄洪区遭到大水淹没的情景，想象着历史岁月中淮河历史上的灾害惨景。如今站在新的历史起点上，又该如何思考历史上淮河流域的灾难呢？

近年来，基于特大灾害的时有发生，学界关于灾害史研究的成果较多，如唐明勇等的《危难与应对——新中国视野下的危机事件与社会动员个案研究》(中共党史出版社 2010 年版)，夏明方等的《20 世纪中国灾变图史》(上、中、下)(福建教育出版社 2011 年版)，张崇旺的《淮河流域水生态环境变迁与水事纠纷研究(1127—1949)》(全二册)(天津古籍出版社 2015 年版)，吴海涛等的《淮河流域环境变迁史》(黄山书社 2017 年版)，梁家贵的《元明以降淮北地区社会变迁研究》(黄山书社 2019 年版)。笔者十多年前就对淮河流域灾害史有过关注，并在各类期刊上先后发表相关文章数十篇，也参与了"淮河流域环境变迁史"专题的研究，但有一点感触是上述的研究对"淮河流域灾害与治理"整体关注和研究的力度还不够，这是本书研究的出发点之一。

以历史时期淮河流域的灾害环境变迁与社会应对为个案研究，主旨在于把握灾害环境变迁与区域社会之间的互动关系及互动机制，从而为皖北、淮河流域，乃至全国的防灾、减灾以及区域内经济、社会、文化建设等提供历史经验及启示与借鉴，这也是本书研究的立足点之一。

昨天淮河流域的灾害是一部无法读完的书，今天淮河流域生态环境的建设值得我们高度关注。为了避免再次“遭遇昨天”，十分有必要研究和总结昨天淮河流域灾害及其治理的经验与教训。这对解决和加强今后皖北、淮河流域，乃至全国范围生态环境建设意义重大。

第一章
淮河流域自然地理和早期生态环境

淮河流域是我国经济、文化繁荣发达较早的地区之一，也是几千年来中华民族灿烂文化发祥的主要源地之一，在数千年的历史长河中一直演绎着极为重要和极为壮观的历史篇章，并至今在我国经济、文化、社会发展中占据重要的地位。

12 世纪以前，淮河是独流入海的，尾闾也十分通畅，水旱灾害比较少，民间流传着“走千走万，不如淮河两岸”的赞誉。

12 世纪以后，由于黄河夺淮的影响，淮河水系遭到巨大的破坏，下游入海河道逐渐变为地上河，无法排泄淮河洪水，许多支流发生了变迁或淤废，造成淮河流域经常河水泛滥，受灾严重，尤其是中下游地区。面对灾害，历代统治者虽然也采取过一些治理的措施，实施了一些应对之策，但未能扭转淮河对人民的巨大危害，灾害反而愈演愈烈，导致淮河成为一条名声在外的害河。新中国成立后，尽管淮河的灾害持续，但在毛泽东主席发出的“一定要把淮河修好”的伟大号召下，在党中央和国务院治淮方针的指引下，数千万淮河儿女几十年如一日艰苦奋斗，团结治水，淮河的治理取得了举世瞩目的伟大成就。可以说，淮河既是中华民族多灾多难的缩影，又是中华民族团结奋斗，战天斗地大无畏精神的展现，更是新时代党和人民政府为民造福，改造自然的一座永恒的丰碑。

一、淮河流域自然地理

淮河流域位于我国的东部，西起桐柏山、伏牛山，东临黄海，南以大别山和皖山（天柱山）余脉、通扬运河、如泰运河与长江流域分界，北以黄河南堤和沂蒙山脉与黄河流域接壤。地理位置处于北纬 31° —36° ，东经 112° —121° ，东西长约 1000 千米，南北宽约 400 千米，流域面积 27 万平方千米。

淮河发源于河南省南部的桐柏山，流向大致由西向东，经过河南省南部，安徽省与江苏省北部，沿途接纳一百多条支流河水，注入洪泽湖，经过洪泽湖调蓄洪水后分两路下泄，大部分洪水由洪泽湖南部三河闸出口，经过入江水道，至扬州东南的三江营流入长江；少部分洪水由湖东高良涧闸出口，经苏北灌溉总渠至扁担港注入黄海。淮河干流全长 1000 千米，总落差 200 米。

淮河流域处于全国地势的第二级阶梯的前缘，大都属于第三级阶梯，地形总趋势是西高东低。在漫长地质历史演变过程中，受内外地质引力作用，塑造了多种地貌类型。根据地势和海拔，全流域可以划分为山地、丘陵、平原等地区。山区面积为 31700 平方千米，占流域总面积的 17%，丘陵区为 32800 平方千米，占流域总面积的 17.5%，平原区为 122500 平方千米，占流域总面积的 65. 5%，其中湖泊洼地为 13250 平方千米，占流域总面积的 7.1% ①。

由于受太阳辐射、季风环流及地理环境等综合作用的影响，流域自南向北形成了亚热带北部向暖温带南部过渡的气候类型，冷暖气团活动频繁，降水年际变化大，洪涝、干旱、大风、霜冻、冰雹等自然灾害发生频繁。流域内气候的特点为四季分明、春温多变、夏雨集中、雨热同季、秋高气爽、冬季干冷。这种气候特点也使得淮河和苏北灌溉总渠与秦岭一道成为中国气候区划分的界限。以此为界，北部属暖温带半湿润季风气候区，南部属亚热带湿润季风气候区。

淮河流域雨量适中，多年平均降雨量为 880 毫米，降雨量的分布由南向北递减，南部大别山区年平均降雨量为 1300—1400 毫米，西部的桐柏山、伏牛山区年平均降雨量为 900—1200 毫米，北部沿黄河地区年平均降雨量为 600—700 毫米，沿淮和滨海地区年平均降雨量约为 1000 毫米。受季风影响，流域内降雨量的年内分配和年际变化不平衡，一年之内 6—9 月份为多雨季节，称

① 水利部淮河水利委员会：《淮河志》（第二卷），科学出版社 2000 年版，第 1 页。关于淮河流域山地、丘陵、平原等地区面积的记载尚有不同的说法，参见：童天星：《治理淮河》，安徽人民出版社 1997 年版，第 2 页。

为汛期，降雨量占全年降雨量的70%—80%，降雨量年际变化很大，多雨年与少雨年的降雨量相差3—5倍，并有连年多雨或少雨现象。一年之内还时常发生旱涝交替或南涝北旱等灾害性天气。

受地貌类型的影响，淮河流域内土壤的分布和种类较为复杂。大体来说，南北以淮干和苏北灌溉总渠为分界线，南部气温较高，属亚热带，土壤多发育为黄棕壤；北部气温略低，属暖温带，土壤多发育为棕壤和褐土。东部多雨，属湿润气候带，除石灰质母质的山丘以外，多发育为棕壤和潮棕壤；西部干旱少雨，除山区以外，多发育为褐土和潮褐土。另外，东部滨海地区，因受海水浸袭，多发生以氯化物为主的盐土，西部洼地，除有盐分积累外，还有以重碳酸－硫酸盐和重碳酸－氯化物为主的碱性土壤。在较为宽阔的淮北平原以及山丘区的河谷平原，主要是堆积的河流沉积物和黄泛沉积物，其分布规律，随洪流的流向，其质地由粗渐细，即砂质土、壤质土、轻壤土、黏质土。

受气候的影响，淮河流域的植被分布具有明显的过渡地带的特点，《晏子春秋》就有“橘生淮南则为桔，橘生淮北则为枳”的记载。以淮河干流为界，北部山区和黄淮平原，植被主要是属暖温带落叶阔叶林与针叶松林混交林；中部低山丘陵区植被主要是属亚热带落叶阔叶林与常绿阔叶林混交；南部山区主要是常绿阔叶林、落叶阔叶与针叶松混交林，并有竹林。同时，流域的植被还受东西方向上水分条件变化的影响，森林覆盖率逐渐地降低，依次形成湿润区植被、半湿润区植被、半干旱区植被。

淮河流域的自然地理环境与淮河流域自然灾害的发生关系十分密切，这一点本书后面还会进一步探讨。

二、早期淮河流域生态环境概况

淮河流域早期的生态环境是美好的，在12世纪以前，淮河是独流入海的，尾闾也十分通畅，水旱灾害比较少，民间也流传着“走千走万，不如淮河两岸”的赞誉。

有关古籍对南宋以前淮河流域水旱灾害记载的也比较少。据初步统计，从西汉吕后三年（前185）至北宋靖康元年（1126）的1311年中，淮河流域共发生较大洪涝灾害 104 次，平均 12.6 年发生一次水灾。而从明洪武二十六年（1393）至清咸丰五年（1855）的 462 年中，淮河流域共发生较大洪涝灾害 224 次（其中明代 103 次，清代 121 次），平均两年多就发生一次较大水灾。

先秦时期，淮河流域的气候有类似亚热带的特征。有文献记载：早在五六十万年前，开封周围气候温和、湿润，林草茂盛，活动着大象，鸵鸟等动物，淮北不少地区的考古发现中都有适宜于亚热带地区存在的大象、鹿等动物的化石。今河南舞阳发现了八千年前北方最古老的稻作遗址，较晚的郑州大河村、渑池仰韶村、汝州李楼等地的仰韶文化和龙山文化遗址，也都有稻作遗存发现。另据气候学家竺可桢先生的研究，距今 3000—5000 年时，我国大部分地区平均气温约比 20 世纪六七十年代高 2℃。冬季一月份气温高 3—5℃。据此推算，二个时期我国大部分地区年平均气温相差 1℃，在地理位置上相当于南北方向上移位 250 千米，降雨量也相差 50—150 毫米。

先秦时期，淮河流域因湿润的气候条件，植被较为茂密，有大片森林的存在。根据对北京市平原泥炭沼的孢粉分析，表明全新世时这里的天然植被兼有森林、草原以及湿生和沼泽植被。大汶口、龙山等新石器时代文化遗址中出土的木结构房屋和木炭等，以及作为当时主要狩猎对象的鹿的大量存在，反映了新石器时代中晚期，黄淮海平原的森林和草原等植被的大量分布。殷墟出土的包括象在内的各种动物的骨骼和郑州商代遗址出土的木炭等，反映了商代黄淮海平原分布着森林和草原等植被。这些也验证了《孟子·滕文公上》关于淮河流域“草木畅茂，禽兽繁殖”的记载。此后，《禹贡》描述黄淮海平原南部徐州的植被为“草木渐包”。文献也记载，当时在今泗县东北有娄林，六世纪初，虞城、砀山间有大片栎林，又称九里柞(《水经注·获水》)。而煤是由森林树木经地质条件转化而来。今天淮河流域地下，煤炭广布而丰富，也证明先秦时期这一地区森林之茂密。

以后，淮河流域平原渐渐得到开发，天然植被也遭到破坏，但这种开发和植被的破坏是局部的和缓慢的。直到西周和春秋前期，本区的人口密度仍然较小，天然植被仍然相当完好，如当时的郑迁到新郑（今河南新郑），是“斩之蓬蒿藜藋而共之”（《左传·昭公十六年》）。而宋（今河南商丘南）、郑两国都城之间也还有“隙地”（《左传·哀公十二年》）存在，足见垦殖范围还不是很大。到春秋后期，垦殖才加速发展，至西汉时，这一地区森林资源已面临枯竭。当时人们已经认识到“攻山取铜铁……斩伐林木亡有时禁，水旱之灾不由此也”（《汉书·禹贡传》）。已知过度的采伐林木对水土流失造成了严重影响。

东汉末年到南北朝时期，由于战乱，这一地区植被变化又处于一个停滞的反复时期，不少农田荒芜，变成了次生的草地和灌木丛，一些地区次生的植被恢复较快。据《三国志·魏书·高柔传》记载，魏明帝（227—239）时，荥阳附近千余里因人口耗散、土地荒芜，林木获得发展，野生动物如狼、虎、狐、麋又在此栖息。西晋末年，由于长期战乱，这种情况持续存在，次生的草地和灌木丛日益增多，甚至不少农田在这一时期变成了牧场。

秦汉以前，淮河流域尚存在不少的天然湖泊，以及部分人工陂塘，也说明这里的生态环境比较优越。有关研究指出，秦汉文献记载的黄淮海平原湖沼分布大致集中在三个不同的地貌单元之内，其中就包括鸿沟以东蒗荡渠、汴水一线以南的淮河流域地区。在该区范围内“湖沼分布最为稠密，共有 110 个之多，占黄淮海平原湖沼总数的 56%。其中 80% 是人工陂塘”[①]。区内较大的人工陂塘首推淮河以南寿县境内的芍陂，它最早见于《汉书·地理志》，东汉至唐屡经修浚，《水经注》谓其“陂周百二十许里”。另一处较大陂塘是属于杞东睢水、汴水之间的白羊陂，引睢水潴积成湖，方十四里。区内的天然湖泊全部集中在这里，其中最大的湨湖，位于今徐州与宿州之间，南北百余里，东西四十里。

南北朝以后，淮河流域战乱和灾害有所减少，流域内的屯田和垦殖有所恢复，植被的破坏也有所加重，但直到南宋时期，这一地区的生态状况仍比其后理想得多。如在南宋初年黄河夺淮之前，淮北一带的农业生产条件一直都比较优越。据郑肇经《中国水利史》记述，从上古到秦汉时期的两千年间，“淮河安流，无足述者”；魏晋至隋唐，其间无水患而有陂塘之利；隋唐时期，淮北仍是生态环境良好的地区，唐诗中有“汴水绕曲流，野桑无直柯”“晚泊水边驿，柳塘初起风。蛙鸣蒲叶下，渔入稻花中”的诗句。

北宋时，“淮水虽有涨溢，不为大患，而交通之利特著”。北宋时的颍州（今

① 邹逸麟：《黄淮海平原历史地理》，安徽教育出版社 1993 年版，第 173 页。

阜阳）“西湖，县西五里，城西清水汇流处。广三里，袤十余里。自唐宋以来，亭台之胜，觞咏之繁，与杭之西湖并称，为郡中胜地”。曾在颍州为父母官的大文豪苏轼将颍州西湖与杭州西湖进行过比较，谓“大千起灭一尘里，未觉杭颍谁雌雄”。欧阳修也有不少诗篇对当时皖北的富饶太平景象进行了记述。在其《忆焦陂》中有诗曰：

焦陂荷花照水光，未到十里闻花香。
焦陂八月新酒熟，秋水鱼肥鲙如玉。
清河两岸柳鸣蝉，直到焦陂不下船。
笑向渔翁酒家保，金龟可解不须钱。
明日君恩许归去，白头酣咏太平年。

他还曾赋诗道：

平湖十顷碧琉璃，四面清阴乍合时。
柳絮已将春去远，海棠应恨我来迟。
啼禽似与游人语，明月闲撑野艇随。

描绘出颍州一派水乡风光。现代学者陈业新在《明至民国时期皖北地区灾害环境与社会应对研究》文中引录《戏书示黎教授》：

古郡谁云亳陋邦，我来仍值岁丰穰。
鸟衔枣实园林熟，蜂采桧花村落香。
世治人方安垄亩，兴阑吾欲及耕桑。
若无颍水肥鱼蟹，终老仙乡作醉乡。

上述诗句是对唐宋时期汴河两岸和颍州皖北的水乡风光与富饶太平景象真实的写照，也曾勾起人们对唐宋时期颍州皖北水乡风光和富饶太平景象无限的遐想。

淮河下游的苏北地区，自然条件也非常优越。“淮流顺轨，畅出云梯。南北支川，纲纪井然，两岸陂塘，不可偻计。而泗可通济，济可通汴，汴可旁通涡颍，下达于淮。邗沟受江不受淮，东道屈曲，故迹未湮。淮阴盱眙间之运道，别有洪泽河以避淮险。扬徐兖豫间，交通灌溉之利甲于全国”。淮北民间由此也就流传了“走千走万，不如淮河两岸”的赞誉。

而其时，淮河流域社会经济、文化的发展也可佐证这一地区生态环境曾经是很不错的，否则也不会出现唐宋时期这一地区社会经济、文化发展的繁荣状况。唐宋时期，淮河流域在当时几大经济区中处于举足轻重的地位，是国家财富的仰给之源。唐人曾称“今国家内王畿，外诸夏，水陆绵地，四面而远。而输明该之大贵，根本实在于江淮矣”。北宋时的李觏也说“天下无江淮不能以足用”。然而，由于淮河流域自然地理、气候变化、生态环境变迁，加上黄河南泛及其引发的灾害、战争等自然与人为的破坏因素，宋元以后，特别是明清以来，淮河流域的生态环境受到很大的影响，环境破坏严重。

北宋以后，淮北地区的湖泊淤浅的速度加快，到了明清时期，大部分湖泊消失。北宋咸平六年（1003），“颍州诸路陂塘荒地计千五百余顷，可募民耕佃，因命宗旦经度之，其民自占者三百二十余家”。阜阳“鸭儿湖，县北三十里，茨河之东，今水干涸地平，民皆树艺”。查旧志府志，清前期尚有北杨湖、范家湖、界沟湖、郑家湖等的记载，但清道光旧志已经看不到这一类的记载了。颍州西湖在金、元及明初，屡遭黄泛侵袭，湖床普遍淤浅，滩地增多，湖面支离破碎。清代时其已经成为零星积水的洼地。汛期时期，湖水漫流，汛期一过，大片湖地被垦殖，渐成季节性湖塘。

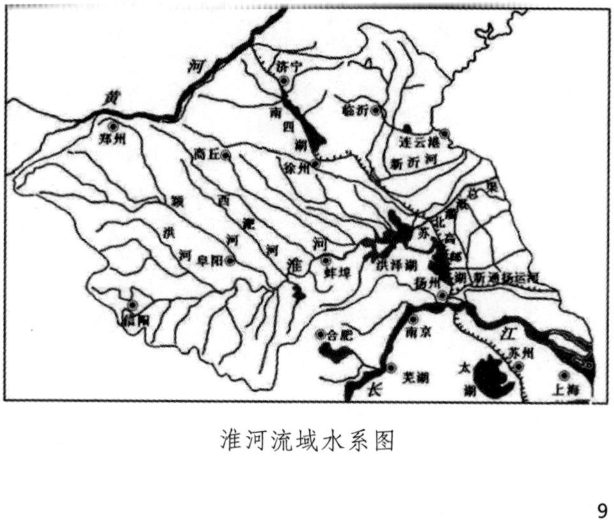

淮河流域水系图

淮河流域生态环境的严重破坏对淮河流域经济社会文化的发展影响巨大，导致这一地区经济社会文化发展的明显滞后，落后于其他地区，尤其是长江中下游地区。对于淮河流域尤其是淮北地区的民众来说，唐宋时期的鱼肥果香就像一段温馨难忘的“蜜月”之旅，在和“幸福”亲密接触后，随之而来的则是艰难痛苦的岁月。南宋尤其是明清以来，淮北由之前的“走千走万，不如淮河两岸”之地变成了令人心酸的“十年倒有九年荒”之地。

第二章

十年倒有九年荒，淮河流域古代灾害概况

淮河流域是我国古代人类重要的发祥地和重要的经济区之一，在古今政治对峙中是“南北争夺天下的要冲地”[①]。同时也是全国有名的灾害高发区。洪、涝、旱、蝗、冰雹等自然灾害频繁发生，地震、泥石流等地质灾害也时有发生。特别是1194年黄河南泛夺淮以后，更加剧了淮河流域洪、涝、旱等灾害的程度。

一、南宋以前淮河流域灾害一瞥

南宋以前淮河流域水旱灾害相对较少，有关古籍对灾害的记载也确实不多，这一方面与古代淮河流域的生态环境优美有关，一方面也可能古籍对此记载有缺失，但关于水旱等灾害的记载也有不少，从中可以看出这一时期淮河流域水旱灾害发生的状况。

淮河流域的洪水灾害，根据古文献记载，在远古传说中的尧、舜、禹时代，中原大地就不断有大洪水发生。大禹治水的范围很大，据《史记·殷本纪》记载，相传“古禹、皋陶久劳于外……东为江，北为济，西为河，南为淮，四渎已修，万民乃有居”。这一记载的范围，据考证大约在现在的河北东部、河南东部、山东西部和南部，以及淮河北部。

关于大禹治水的传说很多，我国到处也都有关于大禹治水的遗迹和传闻。大禹治水“三过家门而不入”的故事就发生在淮河的中游安徽省蚌埠市怀远县。安徽省蚌埠市怀远县境内有禹墟和禹王宫。禹墟也称禹会，位于安

① 程必定：《安徽近代经济史》，黄山书社1989年版，第37页。

涂山望夫石

徽省蚌埠市西郊涂山南麓的淮河东岸，根据中国社会科学院考古研究所实地考察发现其是淮河流域目前已知最大的一处龙山文化遗址，总面积为50万平方米。大禹生活的年代正是龙山文化时期。涂山既有禹大会诸侯遗址，又有禹娶女首领为妻的涂山氏国遗址，并留有禹王宫、启母石（亦即望夫石）、（生启之地的）台桑、防风冢、禹墟等多处遗迹，山上禹王宫有数千年历史，历代文人名宦如狄仁杰、柳宗元、吴文魁、苏轼、苏辙、宋濂、邓石如等，均来此游览凭吊并留下大量诗文铭刻，从中可以印证大禹治水“三过家门而不入”的故事正是发生在淮河流域。

大禹治水这个故事折射出历史上最早见于记载的洪水灾害。另一个关于洪水的故事还关联着一件重大的历史事件，这就是陈胜吴广起义。秦二世元年（前209），今宿县东南一带连天大雨，道路不通，这次水灾成为陈胜吴广起义的直接触发因素。

随着历史的发展和人口的增多，洪水对人类生存的威胁越来越大，次数越来越多。各朝代的正史，包括古文献以及地方史志，对淮河流域各代发生的洪涝灾害都有记载，区别只是对各朝代记载洪涝灾害的次数和危害程度不同而已。

王祖烈编著的《淮河流域治理综述》一书，从豫皖苏鲁四省每省取两个地点的历史水灾资料进行统计，认为从西汉吕后三年（前185）至南宋绍熙五年（1194）的1379年中，共发生洪涝灾害175年，平均约8年发生一次水灾。唐元海编著的《淮河综述志》一书指出，从西汉吕后三年（前185）至北宋靖康元年（1126）的1311年中，淮河流域共发生较大水灾104次，平均12.6年一次。

根据有关研究，我们整理出了1194年以前淮河流域历代发生的洪涝灾害次数及其来源统计资料，见下表：

朝代	公元（年）	洪涝灾害（年）						
		三省受灾以上		两省受灾		一省受灾以内		合计
			其中黄河洪水		其中黄河洪水		其中黄河洪水	
汉	前 185—219	1	1	2	1	8		11
三国	220—280	1				1		2
晋	281—419	3		2		6		11
南北朝	420—580	2		2		8		12
隋	581—617	3						3
唐	618—906	8		16		22	3	46
五代	907—959			4	3	8	8	12
宋	960—1194	10	7	20	7	48	26	78
合计	1379	28	8	46	11	101	37	175

通过对上表内容的分析，可以得出以下几点结论：

其一，南宋以前，来自淮河本身水系的洪涝灾害计 119 年，占 175 年的 68%，平均约 9 年发生一次。来自黄河洪水灾害计 56 年，占 175 年的 32%，平均约 40 年发生一次。由此可知本时期淮河流域洪涝灾害以来自淮河水系为主，其次为黄河洪水灾害。

其二，南宋以前，来自淮河本身水系受灾三省以上的大洪灾 28 年（包括沂沭泗水系在内），其中有几年记载较为详细，可能是特大洪水，这里记述于下[①]：

魏明帝景初元年（237）“九月，淫雨，冀、兖、徐、豫四州水出，漂溺死人，漂失财产”（《晋书·五行志》）。

北魏景明元年（500）“七月，青、齐、南青、光、徐、豫、东豫、司州之颍川、汲郡大水。平地一丈五尺，居民全者十之四五”（《中国水利史稿》）。

唐贞元八年（792）“六月，淮水溢，平地七尺，没泗州城。秋，陈、宋江淮大水，溺死者二万余人，漂没官民庐舍殆尽。徐州平地水深丈余，害稼，溺死人”（《淮系年表》）。

唐大中十二年（858）“夏大水，徐、泗等州水深五丈，漂没数万家。大水泛徐、兖、青、郓州”（《新唐书·五行志》）。

① 以下材料引自唐元海《淮河综述志》，科学出版社 2000 年版，第 321—324 页。

宋治平元年（1064）“许、陈、蔡、颍、庐、寿、濠、泗、楚等州大水，高邮军大水”（《淮系年表》）。

其三，从汉至唐朝的1091年中，黄河决口泛滥淮河流域的灾害很少，共计5次，其中受灾三省以上的一次，是历史上有名的汉武帝元光三年（前132）黄河瓠子决口。

据记载：汉武帝元光三年夏五月，“河决于瓠子，东南注巨野，通于淮泗”。这次黄河决口，二十多年未堵口，泛滥于梁、楚之地（大约是今天的豫东、鲁西南、苏北、皖北一带）。《史记·平准书》记述当时的灾情是：“山东被河灾，及岁不登数年，人或相食，方一二千里。”

这次河决据历史记载，自汉王景治河以后近一千年时期，黄河河道比较稳定，灾害较少是一致的。

五代与两宋时期，黄河洪灾开始显著增加，在287年间发生黄河洪灾51年，平均五至六年一次。灾情严重的有二次。一次是北宋天禧三年（1019）六月。据记载：天禧三年（1019）六月，“滑州河溢城西北天台山旁，俄复溃于城西南，岸摧七百步，漫溢州城。历澶、淄、曹、邪，注梁山泊，又合清水，古泞渠东入于淮。州邑罹患者三十二”。

另一次是熙宁十年（1077）七月。据记载，熙宁十年七月，黄河“大决于澶州曹村，澶渊北流断绝，河道南徒、东汇于梁山张泽烁，分为二派，一合南清河（即泗水）入于淮，一合北清河（大清河）入于海，凡灌郡县四十五，而濮、济、郓、徐尤甚，坏田逾三十万顷”。“八月，又决郑州荥泽”。

前次黄河南泛淮、泗9年才堵塞。后此黄河泛淮直到第二年五月才堵塞断流。这也说明五代以后，黄河向淮河流域决口开始增多了。

南宋以前淮河流域也曾出现过人为的淮河洪水灾害。南北朝梁朝的梁武帝萧衍就曾举兵伐北魏，但几次失利。

梁天监六年（507），淮水暴涨，梁军乘水势发动反攻，在这场水火齐攻争战中，梁朝大胜，毙伤魏军近20万，生俘5万。天监十二年，淮南大水，寿阳（今寿县）城没入水中，居民移居八公山。

梁朝从这次淮河洪水淹寿阳事件中得到启发。其后，多次以水代兵，攻伐北魏。

梁武帝天监十三年（514）冬，发动民工和军工 20 万人，集中在今五河县以东淮河浮山峡，拦淮筑堰，壅淮水以灌寿阳。天监十五年四月，“堰成，九月，淮水暴涨，堰坏，其声如雷，闻者三百里，缘淮十余万人，漂溺入海”（《淮系年表》）。

我们再选取南宋以前淮河流域一些水灾情况记述如下①：

西汉文帝十二年（前 168），“河决酸枣，东溃金堤。于是东郡大兴卒塞之”（《史记・河渠书》）。

元光三年（前 132），“夏五月，河水决濮阳，泛郡十六”（《汉书・武帝纪》）。

西汉永光五年（前 39），“夏及秋大水。颍川、汝南、淮阳……坏乡聚民舍，及水流杀人”（《汉书・五行志》）。

西汉绥和二年（前 7），秋，诏：“河南、颍川郡水出，流杀人民，坏败庐舍”（《汉书・哀帝纪》）。

东汉更始三年（25），“六月，大水蚩川（北汝河）盛涨，颍河大水，溺死者万计，水为之不流”（《河南省历代大水大旱年表》）。

东汉永平元年（58），“七月，河溢太康、西华、淮阳、临颍等，漂没官民房舍”（《河南省历代大水大旱年表》）。

东汉永元十二年（100），“六月，颍川大水伤稼，赐被灾尤贫者谷三斛”（《河南省历代大水大旱年表》）。

魏明帝景初元年（237），“九月，淫雨，冀、兖、徐、豫四州水出，没溺杀人，漂失财产”（《晋书・五行志》）。

西晋泰始四年（268），“九月，青、徐、兖、豫四州大水……开仓以振之”（《晋书・武帝纪》）。

西晋咸宁三年（278），“今者水灾东南特剧，非但五稼不收，居业并损”（《晋书・食货志》）。

西晋元康四年（294），“五月，淮南、寿县洪水出，山崩地陷，坏城府及百姓庐舍……是岁，荆州、扬、兖、豫、青、徐等六州大水，诏遣御史巡行赈贷”（《晋书・惠帝纪》）。

① 以下材料引自唐元海：《淮河综述志》，科学出版社 2000 年，第 321—328 页。

西晋永宁二年（302），“七月，兖、豫、徐、冀等四州大水灾”（《中国水利史稿》）。

北魏太和六年（482），“七月青、雍二州大水。八月徐、兖、济、平、豫、光七州，平原、枋头、广阿、临济四镇大水，次年春夏以粥给饥民，冀定二州全活一百七十万”（《中国水利史稿》）。

北魏太和二十三年（499），“六月，青、齐、光、南青、徐、豫、兖、东豫八州大水。是年州镇十八水，民饥（《中国水利史稿》）。

北周建德二年（573），“吴明彻攻北齐兵于寿阳，堰肥水灌城克之，齐将皮景和赴救，屯于颍口。及渡，淮寿阳已陷，狼狈北还。又吴明彻曾于古屯城置堰，断淮水以灌濠州”（《淮系年表》）。

隋开皇五年（585），“青、兖、汴、许、曹、亳、陈、仁、谯、豫、郑、洛、伊、颍、邳等州大水，百姓饥馑”（《隋书·食货志》）。

唐贞观三年（629），淮、沂、泗大水。谯、郓、泗、沂、徐、濠等州大水（《新唐书·五行志》）。

唐贞观十八年（644），“河南秋全省大水，徐、亳、豫、宋等州大水”（《淮系年表》）。

唐开元十四年（726），秋，豫东地区百川决溢，人巢、舟以居，死者千计（《新唐书·五行志》）。

唐大历二年（767），“河南、淮南等道大水，五十五州水灾。寿州、霍邱、淮南大水”（《淮系年表》）。

唐贞元二年（786），东郡、河南、荆南、淮南江河泛溢，坏人庐舍（《旧唐书·五行志》）。

唐贞元八年（792），“江淮大水，淮河下游，漂没城郭、庐舍，溺死人民众多。六月，淮水溢，平地七尺，没泗州城。刺史张丕治之，自虹至淮扬五百里，逾年复常。秋，陈、宋江淮大水，同时溺死者二万余，漂没官民庐舍殆尽。徐州平地水深丈余，害稼，溺死人”（《淮系年表》）。

唐大中十二年（858），“徐、泗等州水深五丈，漂没数万家”（《新唐书·五行志》）。

唐大中十四年（860），“七月，颍河溢，颍州大水，许、汝等州田稼、屋宇尽毁”（《淮系年表》）。

后梁开平四年（910），“遣丁会攻宿州，壅汴水以浸其城”（《淮系年表》）。

后唐长兴二年(931),“四月,郓州河溢岸阔三十里,东流漂溺四千户”(《山东历年自然灾害表》)。

北宋开宝二年（969），“颍、蔡、亳、宿、许等州水，害秋禾”（《河南历代大水大旱年表》）。

北宋太平三年(978),淮水涨,泗州水入南门,汴水涨塞北门(《宋史·五行志》)。

北宋淳化五年（994），宋、亳、陈、颍、泗、寿、邓、蔡等州，民田被水（《宋史·河渠志》）。

北宋天禧三年（1019），“六月乙未夜，滑州河溢城西北天台山旁，俄复溃于城西南，岸摧七百步，漫溢州城，历澶、濮、曹、郓，注梁山泊；又合清水、古汴渠东入于淮，州邑罹难者三十二”（《宋史·河渠志》）。

北宋治平元年(1064),“许、陈、蔡、颍、庐、寿、濠、泗、楚等州大水,高邮军大水”（《淮系年表》）。

北宋政和六年（1116），“江淮大水，淮南泰州溺人千口”（《江苏近千年洪涝旱潮灾害年表》）。

北宋政和八年（1118），“夏，高邮大水，民流移漂溺者众”（《江苏近千年洪涝旱潮灾害年表》）。

南宋绍兴三十二年(1162),“四月,淮溢数百里,漂民田庐,死者尤众”(《宋史·五行志》)。

南宋隆兴二年(1164),“七月……寿春无为军,淮东郡皆大水,浸城郭,坏庐舍、圩田、军垒,操舟行市者累日,人溺死甚众。越月,积阴苦雨,水患益甚,淮东有流民”（《宋史·五行志》）。

淮河流域历史上的旱灾也很严重，如文献和地方志记载中的“淮水竭，井泉枯”“赤地千里”“民无食大饥，人相食”等大旱饥荒，史不绝书。淮河流域古代的旱灾主要有干旱和旱蝗。严重旱灾远比洪涝灾害范围广、时间长。

淮河流域古代旱灾，从商代开始就有记载。夏末商初成汤伐夏桀后，中原地区出现了一个严重的干旱期。《吕氏春秋》曾说："殷汤克夏桀而天下大旱。"《说苑》云："汤之时，大旱七年，洛坼川竭，煎沙烂石。"可以想象这次旱灾的严重程度。

隋唐以后，随着经济和文化事业的发展，官修地方志开始出现，从此，除各代正史以外，州、府、县志就成为各地记载水旱灾害的重要的载体。我们选择其中的一些灾害记述如下①：

商汤二十一年（前1763），"河南等地大旱，人无粮，有卖子者"（《河南省历代大水大旱年表》）。

西汉本始三年（前71），"夏，大旱，东西数千里"（《汉书·五行志》）；"郡国伤旱甚者，民毋出租税"（《汉书·宣帝本纪》）。

东汉永平十八年（75），"是岁，牛疫。京师及三州大旱，诏勿收兖、豫、徐州田租、刍藁"（《后汉书·明帝本纪》）。

晋永嘉三年（309），"夏，江水竭，可涉。淮、河、汉亦竭，可涉"（《安徽古代水利大事记》）。

宋泰始六至七年（470—471），"淮水竭"（光绪《盱眙志稿》）。

隋开皇九年（589），"淮河数百里，水涸无鱼。淮河凤阳府上下数百里，水绝无鱼"（《颍州府志》）。

隋大业十三年（617），"大旱，自淮至江，水绝无鱼"（《安徽古代水利大事记》）。

唐贞元元年（785），"豫东春夏秋旱，井水竭，死者相枕"（《河南省历代大水大旱年表》）。

唐贞元六年（790），"八月，江淮四十余州大水，后又大旱，井泉枯竭，民渴且病，死者甚众"（《安徽古代水利大事记》）。

南唐保大十一年（953），"七月，大旱。六月至冬不雨，长淮可涉"（《安徽古代水利大事记》）。

宋端拱二年（989），"秋七至十一月旱，是岁河南等州旱甚，民众饥死"（《河南省历代大水大旱年表》）。

宋庆历六年（1046），夏大旱，开封民多渴死……命京城增凿水井390

① 以下材料引自唐元海：《淮河综述志》，科学出版社2000年版，第378—379页。

眼（《河南省历代大水大旱年表》）。

从以上不完全历史旱灾记载中，我们可以得出如下结论：

一是淮河流域南宋以前的旱灾，相当频繁。其中以河南、山东较为频繁，安徽、江苏次之。据学者陈桥驿统计，唐昭宗天复元年（901）至北宋真宗咸平三年（1001），100年间就发生旱灾68次，在黄河长期泛淮前的1384年中，共有主要旱灾55次[①]。二是干旱年间隔时间短，甚至连续出现干旱年。三是曾多次出现淮河涸竭的情况。

南宋以前淮河流域自然灾害除水、旱等主要灾害外，其他灾害还有多种，主要有伴随旱灾出现的蝗灾、地震等。但一般除蝗灾外，其他形式致灾的频度较低，灾区范围不大，成灾历时不长，危害程度较小。

蝗灾的产生与淮河流域自然地理环境有关。明代著名历史地理学者徐光启对此有过论述。他指出："凶饥之因有三，曰水，曰旱，曰蝗。地有高卑，雨泽有偏被，水旱为灾，尚多幸免之处；惟旱而蝗，数千里间草木皆尽，其害尤惨，过于水旱也。""蝗之所生，必于大泽之涯。然而洞庭、彭蠡县区之旁终古无蝗也，必也骤盈骤涸之处，如幽涿以南，长淮以北，青兖以西，梁宋以东。诸郡之地，湖濼广衍，旱溢无常，谓之涸泽，蝗则生之。"（《农政全书·除蝗疏》）可见蝗虫适于低洼潮湿的湖滨、滩涂、内涝地区生存。淮河流域由于地势低平，内涝严重，不乏上述地域。另外，蝗虫的主要食料是湖滩之芦苇和禾本科杂草，其次是一些禾本科植物，如玉米、高粱、麦、稻等。古代淮河流域大片湖泊、陂塘周围的芦苇和以旱作物为主的农业种植，为蝗虫提供了理想的食物来源。

淮河流域最早见于史书记载的旱蝗灾害为春秋时期的宁成公三年（前624）。《汉书》中说，"秋，雨虫于宋"。《太平御览》中说，"豫东大蝗"。秦汉至隋时期，有关旱蝗灾害记载虽日益增多，但记载内容过于简略。到了唐代以后，有关的记载多了起来，如唐玄宗开元三至四年（715—716），山东、河南大蝗，"飞则蔽景，下则食苗稼，声如风雨"，"遣使分捕瘗之"。德宗光启二年（886），淮南大蝗，自西来，浮水缘城入扬州府署。北宋真宗大中祥符九年（1016），豫州"太康六月，旱蝗弥野，田禾食尺，入公私庐舍"。南

① 吴海涛：《淮北的盛衰成因的历史考察》，社会科学文献出版社2005年版，第151页。

宋孝宗淳熙九年，“淮甸大蝗”，苏北受灾最重。

史志、地志对此也多有记载，以下略述之[①]。

晋太兴元年(318)，“七月，东海、彭城、下邳、临淮四郡蝗虫害禾、豆”，“八月，冀、青、徐三州蝗食生草尽”（《宋书·五行志四》）。

晋太兴二年（319），“五月，淮陵、临淮、淮南、安丰、庐江诸郡蝗食秋麦”（《宋书·五行志四》）。

晋太兴三年（320），五月癸丑，徐州、扬州诸郡蝗，灾民多饿死（《宋书·五行志四》）。

北魏太和六年（482），“八月，徐、东徐、兖、济、平、豫、光七州……蝗害稼”（《魏书·灵征志上》）。

北魏景明元年（500），“五月，青、齐、徐、兖、光、南青六州，蚜蚄害稼”（《魏书·灵征志上》）。

唐贞元元年(785)，“夏，蝗，东自海，西尽河、陇，群飞蔽天，旬日不息，所至草木叶及畜毛，靡有孑遗，饿馑枕道，民蒸蝗，曝，飏去翅足而食之”（《新唐书·五行志》）。

唐开成五年（840），“夏，幽、魏、博、郓、曹、濮、沧、齐、德、淄、青、兖、海、河阳、淮南、虢、陈、许、汝等州螟蝗害稼”（《新唐书·五行志》）。

唐光启二年（886），“淮南蝗，自西来，行而不飞，浮水缘城入扬州府署”（《新唐书·五行志》）。

五代十国后梁开平六年（907），“六月许、陈、汝、蔡、颍五州蝝生，有野禽群飞蔽空，食之皆尽”（《旧五代史·五行志》）。

五代十国后汉乾祐二年（949），“六月癸酉朔，日有食之。兖州奏：捕蝗二万斛，魏、博、宿三州蝗抱草而死”（《旧五代史·隐帝纪》）。

北宋端拱二年(989)，“太康，六月旱蝗弥野，田禾食尽，入公私庐舍”(《太康县志》）。

北宋至道二年（996），“六月，亳州、宿密州蝗生，食苗”（《宋史·五行志》）。

北宋宝元二年（1039），“淮南旱蝗。是岁，京师飞蝗蔽天”（《宋史·五

① 以下材料引自唐元海：《淮河综述志》，科学出版社 2000 年版，第 383—384 页。

行志》）。

北宋熙宁八年（1075），“八月，淮西蝗，陈、颍州蔽野”（《宋史·五行志》）。

南宋建炎二年（1128），“京师、淮甸大蝗”（《宋史·五行志》）。

南宋绍兴二十九年（l159），“七月，盱眙军、楚州军界三十里，蝗为风所堕，风止，复飞还淮北”（《宋史·五行志》）。

南宋绍兴三十二年（1162），“六月，江东、淮南北郡县蝗，飞入湖州境，声如风雨”（《宋史·五行志》）。

南宋淳熙九年（1182），“七月，淮甸大蝗，真、扬、泰州窖扑蝗五千斛，余郡或日捕数十车，群飞绝江，堕镇江府，皆害稼。十年六月，蝗遗种于淮、浙害稼”（《宋史·五行志》）。

南宋嘉定八年（1215），“四月，飞蝗越淮而南，江、淮郡蝗食禾苗，山林草木皆尽”（《宋史·五行志》）。

南宋淳祐二年（1242），“五月，两淮蝗”（《宋史·五行志》）。

综上所述，南宋以前淮河流域灾害的程度相对较小，尤其是水灾。良好的生态环境又使这一带成为中国古代开发较早的地区之一，因此，也就流传下来了“走千走万，不如淮河两岸”的赞誉。淮河流域古代经济社会文化的发展也正得益于此，然而这一切都因明清以后淮河流域自然灾害的多发而改变。

二、宋元以降淮北大地水、旱、蝗灾频繁交乘

12 世纪以后，由于黄河夺淮，加上淮河流域自身多种灾害的影响，淮河流域尤其是中下游地区深受其害，淮北逐渐沦落为自然灾害最为严重的地区。

北宋被金推翻以后，金与南宋以淮河为界，形成南北对峙局面。由于宋、金常在两淮混战，对水灾记载很少，而用决河水攻伐事例屡有发生，加速了黄河主流南移夺颍、夺涡入淮形势，豫东、皖北、鲁西北、鲁西南成为黄河决溢的泛流区。元代金后，政治中心远离黄、淮流域，对河患长期持消极态度，黄泛区不断南移，而且不断深入淮河流域腹地。明朝前期，黄河主流逐渐南移，河道迁徙不定，无岁不决，河患范围扩大，遍及整个黄淮平原。明朝后期，黄

河主流先是南流经颍、涡两河入淮，后移至沛县境内入淮，河患也下移到山东和徐州等地，洪水横流，灾害不亚于前期。清朝初中期，经过康熙、乾隆等的治理，黄、淮得到暂时的安流，但黄河下游河床日益淤高的趋势加剧，淮河入黄的清口逐渐被淤塞，每当黄、淮并涨时，淮水泛滥，黄河对淮河的侵袭达到了最严重的地步。

金、元时期，见于古籍记载的淮河本身水灾不多。据史料记载，南宋灾情比较严重的水灾年，是南宋绍兴三十二年（1162）至隆兴二年（1164），连续三年大水，水漫寿春和泗州等沿淮城市。不过，金元时期黄河夺淮产生的水灾比较严重。南宋高宗建炎二年（1128），东京（今开封）留守杜充为阻止金兵南下，在卫州（今汲县）和滑州（今滑县东）之间，决水东流，河水至梁山泊分南北两支，南支入泗，北支由济水道北流入渤海，以致黄河在金亡北宋后的“数十年间，或决或塞，迁徙不定”（金史·河渠志）。

金世宗大定八年（1168），黄河在李固渡（今河南浚县南）决口，水淹曹州城，分流于单州之境。这时，黄河南流入泗水量已占十分之六，北流占十分之四。自这次决口后的 20 年间，河势不断南移，呈多股分流。金大定二十年（1180），河决卫州等地之后，南移夺淮趋向渐趋显著。

南宋端平元年（1234）元朝亡金后，为了攻打南宋军队，遂决开封北黄河寸金淀堤，黄河更加南移。元代都北京，为防黄河北决危及运河漕运，采取包漕治运，抑河南行政策，贾鲁治河“疏塞并举”，筑黄河北堤。同时，疏汴河引水行于徐州会泗水，称小黄河。南流入涡、颍河称大黄河，形成黄河自黄陵冈南、东分流。黄河在淮河流域腹地南北滚动漫决，形成长期多股分流局面。使此后黄河的灾害更加频繁。

金元时期淮河流域主要水灾情况简述如下①：

金世宗大定八年（1168），“六月，河决李固渡，水溃曹州城，分流于单州之境……新河水六分，旧河水四分……”（《金史·河渠志》）。

金大定二十年（1180），“河决卫州及延津、京东帚，弥漫至于归德府……遂失故道，势益南行”（《金史·河渠志》）。

南宋淳熙十五年（1188），“五月，淮甸大雨水，淮水溢，庐、濠、楚州、无

① 以下材料引自唐元海：《淮河综述志》，科学出版社 2000 年版，第 328—332 页。

为、安丰、高邮、盱眙军皆漂庐舍、田稼”（《宋史·五行志》）。

南宋开禧元年（1205），“九月丙戌，汉、淮水溢，荆襄、淮东郡国水，楚州、盱眙军为甚，圮民庐，害稼”（《宋史·五行志》）。

南宋端平元年（1234），“八月朔旦，蒙古兵决黄河寸金淀之水，以灌南军，南军多溺死”（《续资治通鉴·宋记》）。

元至元二十三年（1286），“冬十月……河决开封、祥符、陈留、杞、太康、通许、鄢陵、扶沟、洧川、尉氏、阳武、延津、中牟、原武、睢州十五处，调南京民夫二十万四千三百二十三人，分筑堤防”（《元史·世祖本纪》）。

元至元二十五年（1288），“五月，河决汴梁，太康、通许、杞三县，陈、颍二州皆被害”（《元史·世祖本纪》）。

元大德元年（1297），“三月，归德、徐州、邳州、宿迁、睢宁、鹿邑三县，河南许州、临颍、郾城等县，睢州襄邑、太康、扶沟、陈留、开封、杞等县河水大溢，漂没田庐”；“五月，河决汴梁，发民夫三万五千塞之”（《元史·五行志》）。

元大德六年（1302），“五月，济南路大水。归德府徐州、邳州、睢宁县雨五十日，沂、武两河合流，水大溢”（《元史·五行志》）。

元大德十一年（1307），“淮水溢入泗州南门深七尺余”（《淮系年表》）。

元天历二年（1329），“六月，徐、邳大水，兴化、宝兴水没民田”（《淮系年表》）。

元元统二年（1334），“六月……戊午，淮河涨，淮安路山阳县满浦、清岗等处民畜房舍多漂溺”（《元史·顺帝本纪》）。

元至正四年（1344 年），“六月，济宁路兖州，汴梁鄢陵、通许、陈留、临颍等县大水害稼，人相食”（《元史·五行志》）。

元至正十八年（1358），“河决荥阳，漂没城廓宫室，徙县治大峪店”（《河南历代大水大旱年表》）。

据不完全统计，从南宋建炎二年（1128）至元至正十八年（1368）的 240 年中，淮河流域共发生水灾 45 次，其中，淮河水系较大洪涝灾害 22 次，黄河洪水在淮河流域造成较大的水灾 23 次[①]。

① 唐元海：《淮河综述志》，科学出版社 2000 年版，第 228 页。

明、清时期，由于黄河夺淮日久，淮河水系遭到冲淤破坏，洪水决溢成灾严重。从不同时期水灾发生的情况看，明代前期，淮河流域洪水水灾区多集中在淮河上中游，后期多集中在淮河中下游。而清代初、中期淮河洪水水灾，则多发生在淮河下游及沂、沭、泗洲水系。这一时期，淮河流域也多次出现连年水灾。明朝正德十二年至正德十四年（1517—1519）连续三年水灾，先后出现在淮河中下游和沂沭泗水系。清朝出现过三次连续多年水灾，康熙三十九年（1700）至康熙四十一年（1702）；康熙四十三年（1704）至康熙四十五年（1706）连续三年水灾；乾隆十年（1745）至乾隆十五年（1750）连续六年水灾。此外，由于明、清两代王朝还经常干预黄河夺淮河道的走向，因而，这一时期也是淮河水系变迁最复杂，淮河流域水灾最严重的时期。

明清两代淮河流域自身主要水灾与黄河夺淮水灾分别记述如下①：

正统二年（1437），“凤阳、淮安、扬州诸府，徐、和、滁诸州，河南开封，四五月间河、淮泛涨，漂居民禾稼”（《明史·五行志》）。

景泰五年（1454），“六月，扬州潮决高邮、宝应堤岸。七月，苏、松、淮、扬、庐、凤六府大水。八月，东、兖、济三府大水，河涨淹田”（《明史·五行志》）。

天顺四年（1460），“七月，淮水溢，决凤阳坝埂，败城垣，没田庐，盱眙、高邮、兴化均大水”（《淮系年表》）。

成化十三年（1477），“九月，淮水溢，坏淮安州县官舍民屋，淹没人畜甚众”（《明史·五行志》）。

正德十二年（1517），“凤阳、淮安、苏、松、常、镇、嘉、湖诸府皆大水”（《明史·五行志》）。

嘉靖元年（1522），“七月，江、淮、海暴溢，凤阳、淮安及扬州、通州各属同时大水，溺死人畜无算”；“夏，宿迁县大水，无麦禾”（《淮系年表》）。

嘉靖三十四年（1555），“五河县、盱眙县淮水暴涌，平地深丈许”；“淮安淮水溢。宝应决堤坝。高邮、泰州水”（《淮系年表》）。

嘉靖四十年（1561），“七月，五河县、盱眙县大水，河、湖俱溢”“秋，宝应、高邮大水，决湖堤。盐城大水”（《淮系年表》）。

隆庆五年（1571），“沭阳大水，坏城廓，平地行舟”“九月水决徐州

① 以下材料引自唐元海：《淮河综述志》，科学出版社 2000 年版，第 332—344 页。

城西门”“倾屋舍，溺人民”（《淮系年表》）。

万历三年（1575），“四月，淮、徐大水。五月，淮水大决……八月淮、扬、凤、徐四府州大水，河决高邮、砀山及邵家口、曹家庄”（《明史·五行志》）。

万历十九年（1591），“九月，泗州大水，州治淹三尺，居民沉溺十九，浸及祖陵。而山阳复河决，江都、邵伯又因湖水下注，田庐浸伤”（《明史·河渠志》）。

万历二十一年（1593），“夏，怪风、猛雨、海啸、河溢，淮、沭、加、荣诸水会合，所冲决者以万计，溺死居民无算”；“夏，淮涨五河，泗州水漫城，高堰决高良涧、周家桥二十二口，宝应诸堤决口无算”（《淮系年表》）。

顺治六年（1649），“五月，淮水溢，息县、颍州、霍邱、五河、泗洲俱大水，泗洲城水逾丈，平地一望如海。高宝决漕堤，兴、盐、泰州大水”（《淮系年表》）。

顺治十六年（1659），“颍州、霍邱、凤阳、五河及宿、灵、虹、泗大水。沂水涨，冲开庐口灌邳州，刷成支河。秋，沭阳、沭水决刘家口。赣榆县大水，海啸。夏、徐霖雨三月余，麦烂。秋禾也伤，冬、春民饥”（《淮系年表》）。

康熙七年（1668），“颍、泗大水，清口塞，淮不刷黄，洪湖水溢。六七月高宝大水堤决，水逼城，江都崇湾堤亦决，兴盐泰州均大水”（《淮系年表》）。

康熙十七年（1678年），“泗州淮水涨浸城；盐城县水；郯城县沂水冲陷北城六十丈”（《淮系年表》）。

康熙十九年（1680），“淮涨，五河县大水，泗洲城陷没，寄治盱山。泗洲城陷，惟僧伽塔仅存，后九十年，泗洲城移治虹县”（《淮系年表》）。

康熙二十四年（1685），“夏，淮涨，泗州大水，堤上水深数尽，官民架木以栖，绝烟数日。七月，高邮大水，决堤浸城，溺死人无算。兴化、宝应、泰州均大水”（《淮系年表》）。

康熙三十九年（1700），“夏、秋，颍、泗、淮扬及邳、宿、睢等处大水。高堰六坝未闭，运河水涨，开南关、柏家墩二坝”（《淮系年表》）。

康熙四十四年（1705年），“五月，五河、泗、盱淮涨，高堰决古沟、唐埂、清水沟等处，淮扬被淹，冬塞之。江都、邵伯堤决。兴化、盐城、泰州大水。夏秋宿迁、桃源大水。通州、如皋、泰兴等处大水。六合县大水，盱田高下淹没，城内行舟”（《淮系年表》）。

康熙四十八年（1709），“亳州、太和、颍州、宿州、灵璧俱大水。夏高邮大水，秋盐城水淹禾。海州大水”（《淮系年表》）。

乾隆六年（1741），“颍州、太和、颍上、霍邱、亳州、蒙城、宿州、灵璧、虹县、五河、泗洲、盱眙均大水。阜宁大水”（《淮系年表》）。

乾隆十二年（1747），“兖州秋大水，境内俱灾”，“曲阜大水饥赈，设粥厂”（《兖州府志》）。

乾隆十四年（1749），“阜阳、颍上、霍邱、寿州、凤台、怀远、临淮、凤阳等处及亳州、宿州、灵璧、泗州一带均大水”（《淮系年表》）。

乾隆十八年（1753），“颍、寿、凤、泗等州大水。七月，淮扬运河大水……启放邵伯北二闸，遂至冲溃，并决开车逻坝封土，上下河尽淹，漂没无算。启放洪湖及运河各坝，挖范公堤泄水”（《淮系年表》）。

乾隆二十一年（1756），“临淮、凤阳、泗州、盱眙连年被水。漕堤决，兴化大水，泰州、东台大水”（《淮系年表》）。

乾隆二十五年（1760），“五河县，淮水溢，泗州水灾。高邮、兴、泰州大水”（《淮系年表》）。

乾隆四十七年（1782），“秋，淮、睢各河泛涨，凤阳、泗州等属被淹。秋，淮湖倒漾，泗、虹水灾”，“五河县淮水涨。淮安大水，盐城大水。铜山、邳州水”（《淮系年表》）。

道光二十五年（1845）“六月甲辰运河水溢……是时平地淹没人畜无算，有一家数口人联结漂流求生。漕船自河内飘到岸外，也多损伤。邳州、宿迁大水，沂、运两河决口数十，河湖合为一”。

明朝时期的276年中，淮河发生的较大水灾有33次，平均8.4年发生一次。主要水灾集中在永乐元年（1403）到万历二十三年（1595）时段。清代从顺治元年（1644）到咸丰五年（1855）的211年中，淮河发生的较大水灾有64次，平均3.3年发生一次。

明朝至清中期黄河夺淮水灾也非常严重。明朝洪武八年（1375）至成化十四年（1478），河患水灾多集中在豫东、皖北地区，尤以开封最为突出。弘治十八年(1505)至崇祯十五年(1642)河患水灾基本上北移到沂沭泗水系，集中在曹县、单县、沛县、徐州等地，黄河夺淮河道呈多支并流状态，洪水蔓延。清代初期和中期，因黄河夺淮，淮河河床日益淤高，决溢泛滥也十分频繁，河患水灾范围分布于豫东、皖北、苏北、山东济宁地区。

这一时期黄河夺淮主要水灾情况如下①：

永乐八年(1410)，“秋，河决开封，坏城二百余丈，民被患者万四千余户，没田七千五百余顷”（《明史·河渠志》）。

天顺五年(1461)，“河决开封土城，筑砖城御之。越三日，砖城亦溃，水深丈余，周王后宫及官民乘筏以避，城中死者无算”（《明史·五行志》）。

成化十四年(1478)，“九月癸亥，黄河水溢，冲决开封护城堤五十丈，居民被灾者五百余家”（《明宪宗实录》）。

嘉靖二十五年(1546)，“秋，河决曹县，溢入城武、单县、金乡、鱼台，漂溺甚众”（《淮系年表》）。

嘉靖三十一年(1552)，“九月，河决徐州房村集至邳州新安，运道淤阻五十里”《明史·河渠志》；“河、淮大溢，淮安田地俱沙淤”；“盱眙水。宝应大水，决堤。泰州水”（《淮系年表》）。

隆庆三年(1569)，“秋，河淮涨溢，自清河县至通济闸抵淮安城西，淤二十余里，决方、信二坝出海，平地水深丈余，宝应湖堤往往崩坏”（《明史·五行志》）。

隆庆六年(1572)，“七月，河涨自徐、砀至淮扬，一夕丈余，下流悉成巨浸。邳、睢、宿、桃及清河、山阳、安东、盐城，被灾尤甚”（《淮系年表》）。

万历四年(1576)，“河决韦家楼，又决沛县缕水堤、丰、曹二县长堤，丰、沛、徐州、睢宁、金乡、鱼台、曹、单田庐漂溺无算，河流啮宿迁城……迁县治，筑土城避之”〔《（康熙）淮安府志》〕。

万历十八年(1590)，“夏秋，徐州河大溢，水积城中，逾年议迁城。潘季驯浚魁山支河（今奎河）入睢河，徐州城积水乃消”（《淮系年表》）。

万历二十年(1592)，“河决徐州狼旋，磨脐二口，又马陵山水发，沂、沭并涨，海潮亦大上，邳、宿、安、海一带，悉沉釜底”（《淮系年表》）。

---

① 以下材料引自唐元海《淮河综述志》，科学出版社2000年版，第345—359页。

万历四十一年(1613),“七月,河决徐州祁家店,城商胥溺,邱、宿、睢、沭、海等州县均大水”(《淮系年表》)。

崇祯四年(1631),“夏,泗州淮溢水入城,颍上、五河、盱眙均大水。高宝堤决”(《淮系年表》)。

崇祯十五年(1642),“六月,汴水决。九月壬午,河决开封朱家寨。癸未,城圮,溺死士民数十万”(《明史·五行志》)。

康熙六年(1667),河决桃源(今泗阳),沿河州县水患,下游洪水受阻,“尽注洪泽湖,高邮水高几二丈,城门堵塞,乡民溺毙数万”(《清史稿·河渠志》)。

康熙十一年(1672),“河决宿迁蔡家楼,宿、虹及五河县大水,高宝,泰州均大水”(《淮系年表》)。

康熙二十年(1681),“七月,黄水大涨,皂河口顷刻淤断一千余丈,不得通舟。是后数年频岁河决,宿州民多流亡。徐淮泗州等处大水”(《淮系年表》)。

乾隆元年(1736),“四月,河水大涨,由砀山毛城铺闸口汹涌南下,堤多冲塌,潘家道口平地水深三五尺”(《清史稿·河渠志》)。

乾隆二十一年(1756),“七月,河决徐州孙家集,溃鱼台堤,坏城郭,徙县治于董家店,微山湖水二丈三尺,泛滥六七州县,济宁南乡田被水浸者八百顷,鱼台田七百顷”(《济宁直隶州志》)。

乾隆四十八年(1783),“河决睢宁黄家马骆,睢水故道全没。铜山县水。凤阳等处受淹,亳州被灾较重。九月,黄河水涨毛城铺、苏家山、蜂山四闸均过水”(《淮系年表》)。

乾隆五十五年(1790),“七月,河溢砀山民堰,唐家湾引河出槽,坏毛城铺滚坝,其下游洪、睢两河民堰亦多漫决,十月,塞。是年,砀萧水;黄水逆灌夏邑、水城二县,减水沟河。淮安大水,城内行舟。秋,泰州及东台县水”(《淮系年表》)。

嘉庆十年(1805),“五月,淮、黄并涨,启放李工,黄水不消,倒灌清口。五月,启放高邮车、南、新三坝。六月,启放五里中坝、昭关坝。六月,宝、高、兴、阜大水,泰州江淮海并溢”(《淮系年表》)。

道光二十一年(1841),“六月,河决祥符,撼城,淤惠济河,下注凤、颍,夺淮。七月,次第启放山盱、义、礼、智、信各坝,又启放高邮车、中、新、南四坝。时泗州、高邮、兴化、盐城大水”（《清史稿·河渠志》）。

道光二十三年（1843），“六月，决中牟，水趋朱仙镇，历通许、扶沟、太康入涡会淮”（《清史稿·河渠志》）。

咸丰元年(1851),“秋八月癸酉,黄河决盘龙集,加河两岸灾,黄河泛滥,沿运两岸皆被淹，约四、五年水患始息”（《淮系年表》）。

明前期从洪武至弘治年间，黄河有决溢记载的年份59次，明后期139年中，53年有决溢记载。清朝在1644—1851年的200多年中，黄河决溢达361次，平均每六个半月就决溢一次。

需要进一步指出的是，明至清中期淮河流域还发生过两次特大水灾，一次是明万历二十一年（1593），一次是清雍正八年（1730）六月。

明万历二十一年（1593）五月，“河决单县黄堌口，济宁漕河溃溢。邳州河溢陷城。夏，颍州、颍上、霍邱、灵璧俱大水。淮涨，五河、泗水漫城。高堰决高良涧、周家桥二十二口，高宝诸堤决口无算。怪风猛雨海啸。河溢，淮、沭、蒙诸水会合，所冲决者万万计，溺死居民无算”。

此次水灾范围大，灾情重，淮河流域洪汝河、沙颍河、涡河、包浍河、黄河干流、沂沭泗河，均发生险情，尤其是淮北平原地区，由于山洪、内涝同时并至，灾情最为严重。

清雍正八年六月，“河溢祥符程家集，河冲睢宁，又决宿迁孟家庙，淮安河淮交溢，河决山阳沈家圩、安东陈家社、海州大水迫城。秋，沂沭大涨，溃郯竹络坝，骆马湖水大溢，运河、六塘河、沭河皆涨，不辨涯岸。汶河决北岸灌东平，又决南岸灌江南，启放高堰天然南北二坝。启放高邮运河南关车逻二坝”。

此次水灾范围遍及山东省大部、江苏北部、河南东部和安徽北部，是少有的历史重大灾害性的洪水，仅次于1593年的洪水。

南宋以后，由于黄河长期夺淮泛流，淮河流域古代灌溉工程破坏殆尽，淮河流域的旱灾有增无减。如南宋宁宗嘉定二年（1209）和八年（1215），淮河两岸大旱，“草木枯，百川竭。江淮杯水数十钱”，“斗米数千钱，人食草木……流于扬者数千家，渡江者聚建康饿殍死日八九十人”之多。元文宗天历二年（1329），连年大旱，“河南诸路流民数十万，自嵩、汝至淮南，死亡枕藉”。明世宗嘉靖二年（1523），河南、山东等俱旱，“赤地千里，殍殣载道”。神宗万历十七年（1589），正月至八月不雨，“淮河竭，井泉枯，野无青草，流徙载道”。崇祯十至十四年（1637—1641），连年大旱，淮河流域更是赤地千里，流徙载道。清乾隆五十至五十二年（1785—1787），淮河流域连年大旱，其中河南“宁陵流离灾民者十去七八”，山东“运河水枯”，“微山湖枯”，济宁、菏泽等州县，“灾民乞食者五六千人”。苏北“清口淤滞。漕船浅搁”。安徽霍山、霍邱“川竭草枯，人相食，道殣相望”。清嘉庆十八年（1813），淮河上游春旱大饥，河南禹城、汝阳、扶沟等县出现“饥民刮食人肉”，“民鬻子女”的惨象。

南宋绍兴七年（1137）至清嘉庆十九年（1814），淮河流域主要旱灾情况如下[①]：

南宋绍兴七年（1137），“八月，诸路大旱，江、湖、淮、浙被害甚广”（光绪《盱眙县志稿》）。

南宋乾道五年（1169），“夏秋，淮东旱，盱眙、淮阴为甚”（《宋史·五行志》）。

南宋绍熙二年（1191），“五月，真、扬、通、泰、楚、滁、和……高邮、盱眙军、富顺监皆旱”（《宋史·五行志》）。

南宋嘉定元年（1208），“江淮八月大旱，渴死者甚重”（《安徽省水旱历史资料》）。

南宋嘉定二年（1209），“春，两淮旱饥，米斗钱数千，人食草木，淮民道馑，食尽……流于扬州者数千家，渡江者聚建康殍死日八九十人”（《安徽省水旱历史资料》）。

南宋嘉定八年（1215），“江、浙、淮、闽皆旱……盱眙、安丰军为甚，行都百泉皆竭，淮甸亦然”（《宋史·五行志》）。

元至元十六年（1279），“淮河绵亘数百里皆涸”（光绪《五河县志》）。

元天历二年（1329），“连岁大旱，是岁特大旱，河南诸路流民十数万，死者枕藉”（《河南省历代大水大旱年表》）。

明成化元年（1465），“盱眙旱饥，民死者半”（《淮阴地区灾害年表》）。

明成化二年（1466），“江淮大旱，人相食”（《安徽古代水利大事记》）。

① 以下材料引自唐元海：《淮河综述志》，科学出版社 2000 年版，第 379—382 页。

明正德四年(1509),“夏,宿州大旱,人相食”(《安徽古代水利大事记》)。

明万历十七年(1589),“正月至八月不雨,淮水竭,井泉枯”(乾隆《凤阳县志》);“淮河中游,特大旱,淮水竭,井水枯,民饥流亡遗道”(《安徽省志气象志》);“六安、霍邱大旱。霍邱自春至秋不雨。淮水竭,井泉枯,野无青草,民大饥”(《安徽古代水利大事记》)。

明崇祯十四年(1641),“宝应、高邮大旱,春夏疫死者无算”《江苏省近两千年洪涝旱潮灾害年表》;“泗、宿州,灾荒大饥,灾民以妇、子易米,三升无复受者。父母自残其子女,人相食。凤阳府,民有易子,拆骸以食者,人相食”(《安徽抗旱工作》)。

清康熙十八年(1679),“凤阳特大旱,民无食,大饥,人相食”(《安徽省志·气象志》)。

清乾隆八年(1743),“岁大旱,汝阳灾民结队外逃渡生”(《河南省历代大水大旱年表》)。

清乾隆五十年(1785),“河南全省春夏不雨,继续大旱,豫南尤甚”(《河南省历代大水大旱年表》)。“宁陵流离灾民着十去六、七。东平、济宁、菏泽大饥,灾民乞食者五六千人,民多饿死”(《山东自然灾害志》)。“霍山、霍邱特大旱,川竭草枯,人相食,道殣相望”;“六月,赈安徽亳州等八州县旱灾。冬十月辛丑赈安徽亳州等五十一州县并凤阳等九卫旱灾”(《清史稿·高宗纪》)。

清嘉庆十八年(1813),“春旱大饥,禹县大饥,途多饿殍肉无幸存,尽为饥民刮食,市有诈称牛马肉售者”(《河南省历代大水大旱年表》)。

清嘉庆十九年(1814),“春夏旱,豫东、豫南地区饥死者无算”(《河南省历代大水大旱年表》)。

以上不完全历史旱灾记载也显示:淮河流域南宋以后至清朝中期,旱灾也相当频繁,如次数多,间隔时间短,出现连续干旱年;影响范围广,程度高,如灾害遍及四省,淮水竭,井泉枯,民大饥,人相食等,从中可看出这一时期旱灾的影响程度。

元明清时期淮河流域的蝗灾记载也频繁见诸文献之中,如元世祖至元十九年(1282),河南四州十五县发生蝗灾,“食禾稼草木俱尽,所至蔽日,碍人马不能行，填坑堑皆盈”，明宣德九年、十年（1434—1435），河南、山东等地连年大蝗，“蝗蝻复地尺许”。清康熙二十九年（1690），淮河上游商水等县，“旱蝗，田无青草，灾民结对逃亡，人相食，饿殍盈野”。

具体情况概述如下①：

元至元十九年（1282），“七月，淮安清河县飞蝗蔽天，自西北来，凡经七日，禾稼俱尽”（《元史・五行志》）。

元至大元年（1308），“上蔡，旱蝗，岁饥，民间采树皮、草根为食，有父食其子者”（《上蔡县志》）。

元顺帝至元二年（1336），“旱，蝗灾，江淮自春至八月不雨，民大饥”（《安徽古代水利大事记》）。

元至正十八年（1358），“秋，汴梁至陈留，归德之永城皆蝗”。“秋，虞城县，蝗如云涌，残害农苗”（《河南省西汉以来历史灾情史料》）。

元至正十九年（1359），“开封、太康等14县，连岁旱蝗，民大饥，人相食”（《开封县志》）。

明成化十九年（1483），“许昌、扶沟、淮阳、太康等地旱蝗，人相会，死者遍地”（《河南省西汉以来历史灾情史料》）。

明正德三年（1508），“六安、霍邱，蝗灾，人饥疫，人相食”（《霍邱县志》）。

明正德四年（1509），“夏，凤阳旱蝗蔽日，岁大饥，人相食”（《凤阳县志》）。

明正德六年（1511），“怀远，飞蝗蔽天，岁大饥，人相食”（《怀远县志》）。

明嘉靖七年（1528），“汝阳、宝丰等，飞蝗蔽天，岁大饥，民死亡十之八九”（《汝州志》）。

明嘉靖八年（1529），“宿州、灵璧，旱蝗灾，民多逃亡”（《灵璧县志》）。

明嘉靖十九年（1540），“六安、霍山俱蝗，落地二尺许，落树压树枝多损”（《霍山县志》）。

明万历十年（1582），“淮阳等六县，夏秋蝗害稼。夏邑大蝗，飞声如风，啮衣坏田”（《淮阳县志》）。

① 以下材料引自唐元海：《淮河综述志》，科学出版社 2000 年，第 384—386 页。

明万历四十四年（1616），“安东，飞蝗蔽野，城市盈尺，草木俱，淮安蝗灾不下百万者死，暴骨如麻”（《淮安县志》）。

明崇祯五年（1632），“徐州，秋蝗，禾稼木叶吃尽，入室啮食坏衣服”（同治《徐州府志》）。

明崇祯八年（1635），“郑州，亢旱，飞蝗蔽日，禾枯粮绝，民穷盗起”（《郑州直隶州志》）。

明崇祯十年（1637），“登封，1637 年至 1639 年旱蝗三年未收，全县人民死亡将尽。铜山、沛县，夏蝗蔽日，食尽田禾”（《登封县志》、民国《铜山县志》、民国《沛县志》）。

明崇祯十三年（1640），“郏县、宝丰、襄城、鲁山、郾城、禹县、密县、西华、光山、潢川、商城、固始、霍邱等旱蝗，大饥相食，其中襄城、许昌、登封、密县、洧川，饿殍盈野，道残枕藉。宿州府属大旱。秋蝗遍野，田无遗穗”（《许昌县志》）。

清康熙十年（1671），“盱眙，旱蝗，民食树皮。天长，飞蝗蔽天，大饥，民食子女。夏，凤阳府大旱，蝗。禾麦皆无，人食树皮。天长三至九月不雨，飞蝗蔽日，榆皮剥尽，人相食。安庆府属六安县……凤阳府属十七县皆大旱”（《盱眙县志稿》《安徽古代水利大事记》）。

清康熙十八年（1679），“是年，凤阳府属各县三至八月不雨，禾苗尽枯，飞蝗渡淮，散漫民居。食壁纸殆尽。人相食。六安、凤阳大旱蝗，禾麦皆无，人食树皮”（《安徽古代水利大事记》）。

清康熙二十八年（1689），“商水旱蝗，田无青草，灾民结队逃亡，人相食，饿殍盈野”（《河南省西汉以来历史灾情史料》）。

清乾隆三十三年（1768），“怀远，飞蝗蔽野，房内皆满”（《怀远县志》）。

明清时期淮河流域多发的自然灾害不但彻底改变了这里的生态环境，尤其是黄河流域与淮河流域彼此之间的生态关系，而且使这一地区经济社会文化的发展受到严重的影响。淮河流域，尤其是淮北地区昔日重要的经济地位已逐渐被其他的经济区域所取代，这一地区也逐渐沦为中国经济、社会、文化发展的洼地。

第三章

近代淮河流域重大灾象

近代以来，在天灾、人祸的影响下，淮河流域的灾害有增无减，有些灾害的规模和危害程度远大于古代，其产生的后果也极其严重，有些灾害甚至影响深远，直到今天仍无法消除。

一、道光后期的河患

道光二十二年七月二十四日（1842 年 8 月 29 日），这一天注定将载入史册。当天，清政府钦差大臣耆英、伊里布，两江总督牛鉴来到泊在南京下关的康华丽号英国军舰上，代表清政府与英国全权公使璞鼎查签订了不平等和丧权辱国的中英《南京条约》。随后，璞鼎查兴奋地宣告：他已为英国资产阶级打开了一个新的世界。

《南京条约》的签订，标志着禁烟运动的彻底失败和鸦片战争的结束，也标志着中国开始沦为半殖民地半封建社会，它同时也是中国政府被迫与西方列强签订的一系列不平等条约的开端。正因如此，人们一提到当时的中国社会，就会马上将“1840——鸦片战争——不平等条约——半殖民地化”联系起来，并习惯地想到国难当头的政治局面。毕竟，鸦片战争和作为其结局的《南京条约》，在政治上、经济上以及社会心理上对中国人产生的影响实在是太大、太过深远了。

不过，鸦片战争覆盖不了 1840 年前后中国社会的全部苦难，在清朝政府战败的同时，严重的自然灾害也在考验着清朝政府。因为恰恰在同一时期，从 1841 年到 1843 年，中国又发生了连续三年的黄河大决口，它们是 1841 年的河南祥符决口，1842年的江苏桃源决口以及1843年的河南中牟决口。这三次黄河漫决，受灾地区主要为河南、安徽、江苏等省，而这些地区大都在淮河流域。

道光二十一年六月十四日（1841年8月2日），黄河先是在河南祥符上汛三十一堡决口。此处正南对着河南省城开封，距离不过15华里，冲出决口的黄水，凄厉地呼啸着漫卷而下，大溜掀起了满天的黄尘和灰雾，转眼之间就吞没了一个又一个村庄，直迫省城。8月3日子刻，洪水冲破护城大堤，围住了开封，这一围就是数个月，几乎给省城开封带来了灭顶之灾，直到第二年春天，洪水才逐渐退去。

这场来势如此凶猛的特大洪水，当然不仅仅危害了开封一城，可以说，随着洪水的蔓延，灾难延伸到了广袤的中华腹地。河决祥符后，大溜直奔开封西北角，然后分流为二，汇向东南，又分南北两股，“计行经之处，河南、安徽两省共五府二十三州县”。其他如江南（今江苏）、江西、湖北等省，“均有被灾地方”。关于灾况，我们可从一些目击者或当事人的记录中感受这场黄河泛滥对社会生活的影响程度。

当时任翰林院检讨的曾国藩在家书中说：“河南水灾，豫楚一路，饥民甚多，行旅大有戒心。”

安徽巡抚程楙采奏称：“据查豫省黄河漫水，灌入亳州涡河，复由鹿邑归并入淮，以致各属被灾较广，小民荡析离居。”

王鼎、慧成、朱襄、鄂顺安在1842年3月24日联衔会奏：“伏查豫省为江南、安徽上游，上年南岸溃堤，三省之荡析离居不堪设想。且洪泽一湖，受全黄下注之水，既抢险停淤之为患，复通漕济运之维艰，工务所关何等重大。且往届即有漫口，尚与省会无干，此次省垣重地，以城为堤，去夏以迄今春，防险竟无虚日。况漫决若在秋成以后，民犹糊口有资，上年漫在夏间，远近饥民，更难绥辑。”

自始至终参与抢护开封城河工的邹鸣鹤提供的灾情资料指出：“大溜经过村庄人烟断绝，有全村数百家不存一家者，有一家数十口不存一人者。即间有逃出性命，而无家可归，颠沛流离，莫可名状。城内居民虽幸免漂没，而被水者辗转迁徙，房屋多倒，家室荡然，惨目伤心，莫此为极。”

从祥符黄河决口的堵合（1842年4月3日）到黄河在江苏桃源县的再决口（1842年8月22日），黄河中下游流域仅仅平静了四个多月。1842年8月22日卯刻，一场来自西南的强劲暴风突然袭过桃源县北崔镇一带的黄河河面，水乘风势，掀起排山倒海般的大浪，迅猛地冲破堤口，直穿运河，毁坏运堤，然后灌入六塘河东区。与此同时，上游徐州府附近的铜山、萧县也因“水势涌猛，闸河不能容纳，直过埝顶，致将铜山境内半步店埝工冲刷缺口”。原来的黄河河道，因桃源决口随即断流。

一个星期以后，即1842年8月29日，在停泊南京下关江岸的英国军舰上，清政府的钦差大臣耆英和伊里布与代表英国政府的璞鼎查签订了著名的《南京条约》。

尽管这次黄河决口所影响的范围仅限于苏北地区，也没有出现如上一年水围开封时那样惊心动魄的情景，但1842年的桃源决口，同样给当地人民造成了极大的困苦。当时的江苏巡抚程矞采向朝廷报告说：“窃照桃源、萧县二县，本年或因扬工漫溢，或因开放闸河水势过大，以致田亩庐舍均被浸没，居民迁徙，栖食两无。”“在田秋粮尽被淹浸，驿路亦被淹没。”

黄河泛滥了两个月以后，朝廷派来的勘查大臣户部尚书敬征、工部尚书廖鸿荃一行会同当地官员对受灾的村镇进行了一次详细访查。据他们报告，在桃源境内黄河北岸，“秋禾多被淹没，庐舍亦间有冲塌，情形较重，成灾九分”者，共十七图。“因黄水汇归六塘等河，并无堤埝捍御，禾稼亦被淹损，情形次重，受灾七分”者，共十一图。在沭阳县境内，“共九镇十三堡地处低洼，始因缺雨，继遭黄水漾漫，秋禾无获，成灾五分”。其他如清河、安东、海城诸县中的许多村镇，“亦因先旱复被淹浸，秋禾间有损伤，以致收成歉薄”。另据淮安府知府曹联桂报告，桃源县应需赈抚的户口10516户，其中大口17492口，小口9188口。

岁月往复，又到了一年一度的汛期。道光二十二年六月二十六日（1843年7月24日），受暴雨的影响，黄河最终又在河南中牟下汛九堡冲决。冲决之后，大溜自中牟县北部流向东南，经贾鲁河入涡河、大沙河，而后夺淮归洪泽湖。因而可以明确地说，这次决口于河南中牟的黄河水灾，直接覆盖了豫、皖、苏三省的几十个县以及更多的村镇。另外，不只决口处下游普遍水患，上游的陕州、新安、渑池、武陟、郑州、荥阳等州县，也因自8月6日到8月8日持续三天的大暴雨，致使8月9日黄水陡涨二丈有余，漫溢出漕，沿河民房田禾均被冲毁。

此次河南中牟下汛九堡冲决受灾最重的当属中牟县。然就整个河南省而言，在1843年的汛期大约有几十个州县遭到或轻或重的水灾的打击，其中有16个州县因中牟决口被淹，以祥符、通许、阳武等县受灾最重；陈留、杞县、淮宁、西华、沈丘、太康、扶沟等七县“被灾次重”，其他一些州县受灾相对较轻。中牟上游的郑州、汜水、商水等十州县也因黄河泛滥受灾。

在安徽，灾情同样很重。黄河决口后，漫水席卷田庐，冲往濉河，最终汇入洪泽湖。其间安徽境内的淮河流域普遭不测。安徽巡抚程楙采向朝廷报告说，凤阳一带的水势旋涨旋消，“临淮驿路仍系一片汪洋。水面宽60余里，非舟不渡”。雪上加霜的是，“闰七月上旬”及“十三、十四”等日，又连降大暴雨，使泗州、五河等30余县处于大雨和黄、淮洪水夹击的危境中。又据程楙采奏报：“由于黄水来源未断，而沿淮一带州县又复连日大雨，以致黄淮并涨，宣泄不及，田庐尽被浸淹。目击情形深堪悯恻。”

我们再引两份上谕资料对此加以说明。其中一份上谕指出：“皖省自上次河决祥符，所有被灾州县，元气至今未复。本年漫水，建瓴直下，太和、阜阳、颍上以及滨淮各州县地方，或房屋塌卸，或田亩淹没，情形较前更重。”

另一则上谕指出：“河南中牟漫，皖省地处下游，被淹必广。现据查，顶冲之太和县，通境被灾；分注亳州及滨淮十余州县，洼地淹入水中。”

1843年12月7日的上谕，宣布了因灾蠲缓额赋的地区，包括太和、五河、凤台、阜阳等37个州县。水灾涉及的村镇当会更多。

江苏的北部靠近黄河的尾闾地区，灾情要轻些，但也在一定程度上受到了中牟决口的影响。两江总督耆英、江苏巡抚孙宝善于1844年1月24日奏报：“本年沭阳县境，因黄水来源不绝，六月间雷雨时作，兼之东省山水骤注，秋禾被掩。饬据印委各员勘明，该县被水田地至大河卫，坐落该县屯田均成灾八分，小民生计维艰。”沭阳以外，省内的50多个州县及徐州等七卫虽“勘不成灾”，但均“收成减色”。其中有的地方“山水、坝水下注，湖河漫溢，低洼田亩被淹”，也有的地方“或因雨泽短期，禾棉不能畅发，继被暴风大雾，均多摧折受伤”。江苏的灾情固然不及豫、皖那样严重，似乎也不曾见有“一片汪洋”一类骇人的记载，但江苏也是此期间因鸦片战争而罹祸最重的地区之一，整个江苏，陷于“天灾人祸”的双重打击之下。

二、多灾多难的咸丰时期

清咸丰五年（1855），黄河北徙经山东流入渤海，结束了长达6个半世纪的黄河夺淮局面。此后数十年，自然灾害肆虐，水灾、旱灾、虫灾不期而至，加上发生了太平天国起义、捻军起义和第二次鸦片战争，给多灾多难的中华大地又带来无穷无尽的灾难。

其实早在咸丰继位皇帝的最初几年，黄河就没有平静过，也有人称这几年黄河的漫决为1855年8月1日（咸丰五年六月十九日）铜瓦厢决口的预演。如1851年，即咸丰登基的第一年9月15日（农历八月二十日）黎明，黄河水势逐日上涨。9月15日夜，风雨交加，河水在江苏丰县北岸蟠龙集冲破堤坝。顿时，堤岸上开了一个四五十丈的口子，后又“续经塌宽至一百八十五丈，水深三四尺不等”。不数日，苏北地区一片汪洋，邻近的山东数县也被水冲，淹毙人口不计其数，而田庐之漂没，生民之荡析，更不知几何。此后两三年间，决口或久不合龙，或堵后复决，黄河肆虐的局面几无休止。

时间到了1855年8月1日（咸丰五年六月十九日）这一天。当天的铜瓦厢，原本东去的黄河水突然于此处漫决，导致了改变黄河流向的大改道。铜瓦厢以东黄河断流，成为一条废黄河。这就是黄河自公元前602年以来的第26次大改道，也是距离今天最近的一次大改道[①]。这次黄河大改道不仅给黄河流域带来了巨大的变迁和灾难，同时也改变了原黄河流经淮北地区的生态

① 黄河是我国第二条大河，自远古以来即为多泥沙河流。公元前4世纪黄河下游因河水浑浊即有“浊河”之称。公元1世纪初，有人指出"河水重浊，号为一石而六斗泥"。唐宋以后泥沙有增无减。这些泥沙中的一部分堆积在下游河床上，日积月累，河床淤高，全靠堤防约束，时久形成悬河。每逢伏秋大汛，防守不力，轻则漫口决溢，重则河道改徙。据粗略统计，黄河下游决口泛滥见于20世纪50年代前历史记载的1500余次，较大的改道有二三十次，清咸丰五年（1855），黄河在兰阳铜瓦厢决口，黄河发生了最近一次大改道。洪水先冲向西北淹及封丘、祥符各县，又向东漫流于兰仪、考城、长垣等县地，分成三股，皆向东北流至张秋镇，会合后穿山东运河经小盐河流入大清河，由利津牡蛎口入海。至此，黄河结束了700多年由淮河南流入海的历史，由北流经渤海湾入海。

环境，甚至对当时社会的政治形势产生了严重影响。

1855年7月，入伏以后，黄河两岸又到了险象环生的汛期。到7月下旬，昼夜不辍的淫雨、上游各支流的汇注加上河水本身的盛涨，几相交织，使黄河河水暴涨，两岸普遍漫滩，一望无际，间有许多地方堤水相平。

7月31日，署东河河道总督蒋启敷战战兢兢地向朝廷报告：他任河北道多年，岁岁都要抢险，但“从未见水势如此异涨，也未见下泻如此之速”。

第二天，即1855年8月1日，黄水终于借着一阵强劲的南风，掀起层层浪，冲决了位于河南兰阳县北岸铜瓦厢的堤岸。

河决之后，黄水将口门刷宽七八十丈，先向西北方向的封印、祥符两县淹去，然后折转向东北，漫注河南兰仪、考城，直隶直长垣（今属河南）、东明（今属山东）等县。此后又分为三股，一股由赵王河走山东曹州府向南流，两股由直隶东明县南北二门分流，经山东濮州（今属范县）、范县，至张秋镇，汇流穿运，总归大清河入海。大清河从此也为黄河所替代。

铜瓦厢以东长达数百千米的黄河河道自此断流，原本横穿苏北汇入黄海的滔滔大河迅即化为遗迹。这就是载入史册的咸丰五年铜瓦厢黄河大改道。

一夜之间，黄水北徙，豫、鲁、直三省的许多地区受到殃及。而清政府采取“暂行缓堵”的放任态度，无疑又加剧了此次灾难的深度与广度。一时间，“大溜浩瀚奔腾，水面横宽数十里至百余里不等”。不难想象，横宽数十里甚至百余里的滚滚洪流，如脱缰的野马一般四处乱窜，咆哮汹涌，水过之处，将有多少无辜的生命葬身鱼腹？又有多少的庐舍、财产付之东流？至于田地被淹、禾稼被毁，就更不待言了。

由于铜瓦厢地处河南东部，改道之后黄水北徙，流向直隶和山东，因此河南主要受冲击的灾区只有兰仪、祥符、陈留、杞县等数县，似乎这次大河改道对淮河流域皖北、苏北的影响不大。但这只是表面的现象，其实这次黄河大改道对原先黄河古道（淮北部分地区）两岸影响深远。如兰仪以东旧有的黄河河道断流后，“下游已成涸辙”，数百里“徒步可行”，造成干旱缺水状态。萧县（今属安徽）位于兰仪以东，距铜瓦厢一百多千米，是旧黄河流经的地方。河决之后，1855年到1857年，萧县出现了连续三年的大旱，导致“岱山湖水涸，秋冬荒歉”“飞蝗蔽天”等荒情。这应当是黄河改道所致。事实上，非涝即旱，也正是黄河（淮河）中下游流域自然灾害的一个重要特征。迄今，在安徽萧县的黄河故道边还能看到这样一番情景：原来的河道高出地面数米，相当宽阔，上面沉积着沙土和石子，一眼望去，即可知是当年黄水断流所造成的残迹。故道及两岸杂草丛生，也长成了一些树木，整片的故道地带并没有被改造成良田，而河床、大堤的原貌却早已被岁月改变。由于黄河的北去，萧县境内的其他河道也随即变成间歇性、季节性的河道。可见，一场大的自然灾害，特别是如同大河改易这类变动所造成的后果，不是几代人所能恢复或能加以成功改造的。重新安排河山，向经历沧桑巨变的大自然开拓生存的空间，是一项伟大的工程。萧县的黄河改道遗迹，对于我们今日对自然灾害的防控与治理不失为一个形象的历史启示。

此次铜瓦厢决口造成的黄河大改道，还影响到晚清的时局，为当时正与清政府进行艰苦的武装斗争的捻军，创造了进一步发展的条件和机会。晚清时局的演变和政治形势的走向不能不说也与自然灾害有关。

1855 年是太平天国运动风起云涌的高潮时期。此前的 1853 年 3 月，太平天国正式定都天京（今南京）。不久后，太平天国就派李开芳等率军北伐。太平军途经淮河流域时，得到长期活动在安徽、河南、山东一带的捻军的迅速呼应。从此，捻军声势大振，与太平军一北一南遥相呼应，迫使清政府动用大批军队进行围剿。

此前，黄河还是阻碍捻军活动的一道天险。黄河下游流经豫、苏等省，把安徽和山东分别隔在黄河两岸。这使得鲁皖两省的捻军不易沟通，协作行动，同时也为清兵的围剿提供了便利。改道之后，黄河北徙，原来的河道断流，屏障既失，也就无险可守。其情形正如当时山东巡抚崇恩奏云："正河下游曹、单两县现据兖州、沂、曹、济道达镛禀报，业已断流二百余里，河面尽成平路。"河决一个月后，济南知府李天锡也向朝廷报告："黄河断流处所，无险可据，南面有水沟一道，仅宽丈余，水深数尺及二三尺不等，往来行人涉水而过。曹、单二县河长二百一十九里，处处可通。"

黄河在铜瓦厢决口的第二年春天，张乐行率一部捻军攻打河南永城，随后跨过黄河故道，深入山东境内。此后多年间，淮北地区的捻军与山东曹州一带的捻军经常越过黄河故道，互通声息，协同作战。由于皖北的捻军事先已与太平军达成一致，他们北进山东境内后，马上也将鲁西南的捻军号召起来，“剪发为记”，“头扎红巾”，“手执黄旗”，形成声势浩大的与清廷抗争的武装力量。他们一般采取流动的作战形式，黄河大改道无疑为捻军的抗清活动提供了更大的余地和更多的机会。

1856 年 7 月，淮北捻军逼近鲁南，山东境内的捻军起而相应，“此散彼聚”，使清军防不胜防。1858 年春，皖北捻军深入山东单县。秋，再入单县，并袭击了城武、曹县，随后又打击了盘踞在巨野、郭城以及金、鱼、济等地的清军。皖北捻军的活动，始终得到山东境内捻军的呼应和协作。到了 1860 年夏秋间，声势壮大的捻军又深入山东腹地，绕行千余里，袭击二十多处州县，使山东省的捻军起义一时呈星火燎原之势。

捻军本来是活动于河南、皖北一带，由农村破产者组成的游动性求生组织，一般每一股谓之一捻。小捻数人、数十人，大捻二三百人。他们没有明确的政治目的，而且“过城寨不攻，遇大军则走”，对清朝政府构不成太大的威胁。但自从 1853 年太平天国北伐军横穿淮北一带，特别是 1855 年黄河在铜瓦厢改道后，捻军的“股势”越来越壮，声势越来越大，据说承认张乐行为领袖的捻军队伍达几十万人。朝廷及地方统治者曾为之伤透了脑筋。可见，1855 年的黄河大改道，为捻军力量的发展和壮大提供了条件。

咸丰皇帝在位仅有十年。在这十年里，淮河流域除了受到黄河大改道等河患影响，尚出现了蝗灾和旱灾的袭扰。从 1852 年到 1858 年，广西（1852 年、1853 年、1854 年）、直隶（1854 年、1855 年、1856 年、1857 年、1858 年）、河南（1855 年、1856 年、1857 年）、江苏（1855 年、1856 年、1857 年）、安徽（1856 年、l857 年）、山东（1856、1857 年）等省先后或长或短、或重或轻地受到了蝗灾的打击。七载蝗灾，占咸丰皇帝在位年份的 7/10，覆盖的省份大约也占全国的 1/3。

提到黄河决口泛滥，十之八九与河南有关。但 1855—1857 年，河南在承受了铜瓦厢黄河大改道所酿成巨灾的同时，又连续三年遭到了飞蝗的袭击。1855 年，只南阳一带有“旱蝗民饥”的记载。第二年，蝗灾在河南广泛地蔓延开来，宁陵、通许、虞城、尉迟、睢州、杞县、鹿邑、考城、祥符、鄢陵、陈留、固始、商城、许州等州县相继被蝗。河南巡抚英桂在奏报这些地方的实况时，强调“飞蝗过境，或蝗子生发，有过而不留者，有一经停落及甫经萌动即时扑灭者；间有蔓延较广，即用重金收买，自二三千斤至五六千斤不等”，“声明田禾未有损伤，不过一隅中之一隅，不致成灾”。事实则不尽如其所报，当时也是金秋时节，成片的飞蝗从天而降，所过之处，禾稼俱尽，村民们只好手扯布单，在田间奋力驱逐，虽捕获了成千上万的蝗虫，饥荒的年景却仍抗不过去。加上一些地方旱蝗交乘，灾民除了仰天号啕，只能四处逃荒。这年，咸丰帝曾派员往河南受蝗地区察看灾情，同时带去了组织人力扑灭蝗虫的旨令。但事情愈演愈烈，1857 年蝗灾继续肆虐河南省。原籍河南光州的安徽布政使李孟群在奏折中谈及家乡情景时称：“秋间蝗灾较早，一食无余，民间之苦异常，有数十里无炊烟者。”这也是所见到的关于蝗灾的奏折中，有数的几份摆脱了“勘不成灾”的框框而较为如实地道出灾况的报告，虽区区几十字，却概括出了蝗患骇人听闻的惨况。

江苏、安徽省也同河南一样，在这一期间，连续发生了蝗灾。1856 年是大旱之年。夏秋间，江苏的天空几乎一直为飞蝗笼罩着。“飞蝗蔽日”“飞蝗遮天”“飞蝗障天”、飞蝗“满天遍野”“如云蔽日”“阵云障雾”等情状在目击者笔下层出不穷。据《江苏省近两千年洪涝旱潮灾害年表》记述：是年，全省大旱，淮北遍野如焚，沟荡无水，“飞蝗遮天”，淮南运河断流，河湖枯竭，卤潮倒入兴化境，飞蝗土蚕同时为害。范围之广，灾情之重，甚于乾隆五十年。江苏的镇江、金坛、无锡、金陵、常熟、嘉定、南京等长江南北的许多地区也都遭受到飞蝗的袭击。署江苏巡抚赵德辙在一份奏折中报告说：“八月初六日，苏省飞蝗亦蔽天而至。”赵德辙奏称：“计自五月以后，天晴日久，其间虽得阵雨，旧入土不濡。”已是一幅“哀鸿遍野、困苦堪捡”的惨象。

1857年，江苏省的蝗灾仍是各省中最重的。这年春天，农民虽挖掘蝻子，但无法遍掘，天稍暖，蝗蝻就到处丛生。到6月间，“小而无翼”的跳蝻成长为“生翼而飞”的蝗虫，“各州县皆然”。等到蝗虫漫山遍野时，已经建立了政权的太平天国农民军“出示捕收”，每斤七八文。于是老稚借有生计。在萧县，“各村庄相率扑打，城内设局收买蝗子数百石”。然愈捕愈多，“又出示设局收买，每斤十五六文”。即使采取了这样一些措施，蝗虫还是捕不胜捕，有的地方“蝗虫积地有尺许厚”。

1856年，安徽的北南方分别在1856年和1857年发生蝗灾。1856年皖北大旱，“田禾全行枯槁，杂粮补种已迟”。与此同时，“因蝗蝻四起，低注洼圩田复被蝗食殆尽”。《安徽通志》记述，长江南北州县均大旱，庐、凤、颍、六四属蝗甚，导致“民食维艰，日形竭蹶，哀鸿遍野，不忍睹闻”。第二年，皖南潜山一带又出现蝗情。《皖樵纪实》说，一些地方积蝗厚五六寸至尺许不等。令人称奇的是，这里飞蝗阵形并非清一色的蝗虫，而是“有鸟数百导其前，蝗随其后”。

1856年，中国许多省区还发生了大旱灾。江苏省上一年就一冬无雪，本年自春至夏，雨水稀少，特别是6月以后，一直亢旱无雨，入秋后，也是旱情依旧，致使河湖干枯，天地龟裂，禾稼枯萎。有资料记载：“徐州、睢宁夏旱。铜山、宿迁夏旱蝗。涟水夏秋奇旱，遍野如焚，沟塘无水，飞蝗蔽天，食禾苗草木俱尽。泗阳大旱，地生猪毛。沛县夏旱蝗，民饥，秋禾秀而不实。盱眙大旱，饥民食榆皮。淮安大旱，运河断流。江都五月至八月大旱，运河水竭。宝应，五月至八月大旱，河水竭。”（《江苏近两千年洪涝旱潮灾害年表》)这次大旱被称为“数十年所未有”的巨祲。有的地区“斗粟值金一两”；有的地区素为泽国，此时全部干涸，人在河道中穿行；乡民即使掘入浑浊的井水，也妇子争汲，视同琼浆玉液；有的地区到了“人相食”的地步。

安徽省这一年也出现了非常严重的旱情。皖北地区当年长时间无雨，甚至影响了春季的插秧。入夏则骄阳酷暑，井枯地干，田禾几乎全部枯毁。即使被灾较轻的地区，收成也只在五分上下，重灾区则赤地千里，颗粒无收。灾民们只好靠吞食糠秕或草根树皮果腹，个个鹄面鸠形，奄奄待毙。年轻体壮的纷纷流乞他乡，年老体衰的，大多倒毙路旁。由于死亡人数的骤增，在一些地区还造成了两月内死亡3000多人的大瘟疫[①]。可以说，全省八府五州，大部分地区都受到旱灾的侵袭。“村村饿殍相枕藉，十家九室无炊烟”，是毫不夸张的写照。

① 刘仰东、夏明方：《灾荒史话》，社会科学文献出版社2011年版，第45—46页。

三、丁戊奇荒影响下的“大祲奇灾”

19 世纪 70 年代，对于屡遭重创的晚清统治者来说．应该是一段相对平静的时光了。50 年代至 60 年代此伏彼起犹如狂飙怒涛般席卷神州大地的农民起义已经走向低谷，那些乘坚船、挟利炮、纷至沓来、环伺而列的外国资本主义列强，在获得大量权益之后，也表示要和晚清统治者携手联结，从而形成了所谓“中外和好是一家”的外交局面。

历史似乎要给这个濒于灭亡的王朝带来注定的厄运。正当清王朝的统治者们陶醉于“同治中兴”的政治氛围时，近代中国历史上罕见的一次特大灾荒爆发了。这次灾荒历时很长，从 1876 年到 1879 年，整整持续了四年之久；覆盖面也广，几乎囊括了山西、河南、陕西、直隶（今河北）、山东等北方五省，并波及苏北、皖北、川北等地区；它造成的后果更为严重，遍地饿殍就达 1000 万以上，以致当时清朝官员每每称之为有清一代“二百三十余年来未见之惨凄、未闻之悲痛”。甚至说这是“古所仅见”的“大祲奇灾”。由于这次灾荒主要发生在 1877 年、1878 年，而这两年的干支纪年属于丁丑、戊寅，所以时人称之为“丁戊奇荒”。“丁戊奇荒”以其惨绝人寰的灾情、灾荒景象，向世人展示了所谓的“同治中兴”不过是回光返照的悲剧内涵。

“丁戊奇荒”从 1875 年开始就已经显现出来。这一年的 5 月 11 日清廷的一则上谕曾说：“京师入春以来，雨泽稀少，节逾立夏，农田待泽孔殷”。张家口、古北口等地，也因天气亢旱，麦收大坏。由于亢旱严重，清政府特地降旨祈祷，并命“五大臣虔诚求雨”。但一直到这一年的冬天，全省仍然雨泽稀少，农田大多龟裂，“每遇微风轻飏，即尘埃四起，几至眯眼”。此外，与直隶相邻的山东、河南、山西等省也在这一年秋天以后相继出现严重旱情。

1876 年，也就是光绪二年，旱区的范围进一步扩大，旱情也愈加严重，并以直隶、山东、河南为主，北至辽宁、西至陕甘、南达苏皖、东濒大海，形成了一片面积广袤的干旱区域。

1876 年开春，在京师及直隶地区，依然亢旱异常，夏禾难以播种，到七八月间旱情发展到巅峰，麦收歉薄，秋禾未种，全省收成总计不到五分，不少地方还遭到蝗虫的肆虐，从天津以北一直到畿南各地，“飞鸿遍泽，日益嗷嗷”，密密麻麻的蝗虫，在早已枯萎的黍麦根上咀嚼吞噬，把本已奄无生机的残存禾稼“收罗殆尽”。

这一年的河南省，自春至夏，“雨泽衍期，麦收歉薄，秋禾受伤，旱象日见”。特别是黄河以北的彰德、怀庆、卫辉三府，旱情更为严重。7月初以后，旱象虽有所缓解，但原先干旱得特别厉害的彰德、卫辉以及光州等地又阴雨连绵，不少田地被淹，禾稼受损，不过全省的大部分地区此时“雨泽仍稀”，以旱为主。通省合计，收成尽在五成左右。“乏食贫者，所在多有”，仅开封一地，靠赈灾粥厂就食的灾民即达“七万有奇”。

灾区向南延伸，便是苏北和皖北了。苏北各地从这一年开春到岁末，一直未下透雨，海州（今连云港市）、沭阳等地大片大片的农田减产或绝收，而蝗灾也极为严重，几乎笼罩了江苏省的全部，禾苗被吞噬一空。旱蝗交迫之下，民间室如悬罄。赣榆民众早在春间即只能以芋秧、稻草、豆饼、麦麸为食，“入冬后逃亡饿死者不计其数”。沭阳县西乡境内，“八口之家往往仅存一二”。那些铤而走险者甚至“饥则掠人食”，致使“旅行者往往失踪，相戒裹足”，社会秩序动荡不宁。大批的饥民纷纷渡江南下，流亡到苏常一带。据江苏巡抚吴元炳奏报，从 11 月中旬开始，渡江而下的饥民“十百成群，殆无虚日”，其中由苏南的地方官员和士绅在苏、松、太以及江阴、镇江、扬州等地收养的流民合计九万余人。皖北的旱情略同于苏北。由于入夏之后亢旱日久，庐、凤、颍、滁、泗等府属，“禾苗未能一律栽插”，其间虽一度沾濡雨泽，“又复连日烈日”，连补种的庄稼也大多枯死。综计通境收成只有五分，地势较高的农田则大半歉收，有的甚至颗粒无收。于是，这片贫瘠的以走唱凤阳花鼓而闻名的土地又开始骚动起来，到处是四处逃荒的人流。

在经过差不多两年的抗旱之后，华北大部分地区的旱情在丁丑年即 1877 年达到了无以复加的巅峰期，尤其是山西省的旱荒空前严重。按照山西巡抚曾国荃的说法，是“赤地千有余里，饥民至五六百万口之多，大祲奇灾，古所未见”。这一年春间，山西省就滴雨未下，由春至夏，虽偶有微雨，但从未深透，麦收无望。此后自夏至秋，“天干地裂，烈日如焚”，间或补种的荞麦杂粮，出苗之后，“仍复黄萎，收成觖望”。由于长时间大面积的减产与绝收，民间蓄藏一空，严重的粮荒冲击着灾区的每一个角落，将愈来愈多的灾民推向饥饿与死亡的绝境。

1877年河南省的灾情略同于山西。这年自春至夏，河南省一直雨少晴多，小麦只有一半收成。入夏后更是“连日灾风烈日，干燥异常”，立秋时节，虽局部地区有些零星细雨，但大部分地区仍持续亢旱，土地干裂，草禾黄萎，特别是开封、河南、彰德、卫辉、怀庆五府，被灾尤为严重，许多地方河渠因之断流。连昔日汹涌澎湃的黄河在伏秋大汛时竟然也波涛不兴，偌大的河槽仅有一线中泓缓缓流动。当时的《申报》上有消息说河南全省“歉收者50余州县，全荒者28州县”。奉旨帮办河南赈务的刑部左侍郎袁保恒抵豫后则称，全省报灾者八十七个州县，饥民五六百万，“被灾之广，受灾之重，为二百数十年来所未有”。在这里，首先遭到天灾冲击的自然是那些“本乏盖藏，无以自给”的“贫穷下户”，他们“或变卖衣物器具，或拆售房屋瓦木”，等到“搜括罄尽”，便“不得不逃亡四出，扶老携幼，号泣中途”。至于“中户之家，日食不继，亦复如此矣”，“小康殷实之家，坐食山空，亦复如此矣”。有一篇发自河南受灾地区的新闻通讯是这样记述灾民们的最终命运的：

当时流落街头的难民

某等自十月初十日由清江起早前往，一入归德府界，即见流民络绎，或哀泣于道途，或僵卧于风雪，极目荒凉，不堪言状……若怀庆所属之济源，卫辉所属之获嘉，陕州所属之灵宝，河南所属之孟津及原武、阳武、修武等县，皆连旱三年，尤为偏重。其地非特树皮草根剥掘殆尽，甚至新死之人，饥民亦争相残食。有丧之家不敢葬张，潜自坎埋，否则，操刀而割者环伺向前矣。而灵宝一带，饿殍遍地，以致车不能行。如此奇灾，实所罕见。较诸海州、青州之荒更加数倍。即如汴城虽设粥厂，日食一粥，已集饥民七八万人，每日拥挤及冻馁僵仆而死者数十人，鸠形鹄面，累累路侧，有非流民图所能曲绘者。日前风雪交加，而冻毙者更无数之可稽。所死之人，并无棺木，随处掘一大坑，无论男女，尸骸俱堆积其中。夜深呼号乞食，闻者酸心，见者落泪。汴城灾象如是，其余可想而知。[①]

进入1878年，北方大部分地区一开始仍有相当严重的旱灾，尤其是山西省，自春至夏，依然是雨泽稀少，连河水都“深不盈尺”，此后在经过6月间短暂的雨水期后，又遭连续亢旱，直到次年7月末始得透雨。不过从整个灾区来说，旱灾的严重程度已大大减轻了，陕西、山东、河南、直隶等省及其他地区的旱情从春到夏次第解除，持续数年的特大旱灾终于度过了它的巅峰阶段而趋于缓解。

“丁戊奇荒”之后的数十年间，水、旱等灾在淮河流域也时有发生。

光绪十三年（1887），“八月十三，河南郑州石桥黄河陡决三四百丈，全溜东趋，由沙河陈留经安徽之颍、泗挟淮水入洪泽湖，直抵扬州府至所属之东台县入海。三省地面约二三十州县尽在洪流巨浸之中，田庐人口漂没无算。而里下河一带富庶之区，适当其冲，行见粮盐俱坏，财富之地沦为泽国”（《清代淮河流域洪涝档案史料》）。

光绪十四年（1888），三月份，“凤阳、颍州、六安、泗州……十三府州属阴雨过多，江淮逐渐泛涨，四月份……颍州府属阜阳、太和、颍上三县滨近沙河地方复被淹漫”（《清代淮河流域洪涝档案史料》）。

光绪十五年（1889），五六月间除“皖北霍邱等六县外，凤阳县水灾亦重……霪雨连旬，江淮水复盛涨……淹漫加宽，晚粮失收，灾象颇重，沿淮一带，皆受黄水之后连年灾歉，民困未苏，又复两次水淹，低洼之地颗粒无收”（《清代淮河流域洪涝档案史料》）。

光绪二十四年（1898），“安徽省凤、颍、泗三府州属，上年被水成灾……本年春雨过多，水涨甚早，凡属低洼地亩，二麦既败于垂成，嗣又秋水大来，涸而复淹者，种工徒弗，挽救无从，其始终积水乡，情形尤为困苦”（《清代淮河流域洪涝档案史料》）。

光绪三十二年（1906），“春夏以来阴雨过多，麦收已成减色，四月后，大

① 李文海等：《中国近代十大灾荒》，上海人民出版社1994年版，第92页。

雨连降……江湖河流同时并涨，低洼之处一片汪洋。大江及淮河、涡河、洪泽湖等一带州县甚有平地水深二三尺者。圩堤闸坝间有漫溢，低田故被淹没，高阜所种秧苗秫豆亦因雨被伤”；“查被灾之海州等十三州县原灾民人数共一百五六十万，嗣由清江遣归就赈有四五十万，复查补赈者二三十万，统计灾民二百四五十万”（《清代淮河流域洪涝档案史料》）。

宣统二年（1910），“六月，皖北之宿州、灵璧、怀远、泗州、亳州、蒙城、涡阳、五河等州县，亦因六月下旬大雨连朝，淮水陡发，田庐多被漂没，甚有淹毙人口情事。本年六月二十七、八、九三日，大雨如注，亘数昼夜，涡、颍、浍、睢各水同时暴涨，沿淮之宿州、灵璧、怀远、泗州、亳州、蒙城、涡阳、五河、寿州、凤台、颍上、阜阳、太和、凤阳、霍邱等十余州县，悉成泽国，淹没人口无数，田庐、牲畜均归乌有，民无生计，已不堪言，尤可惨者，饥民于水势稍退之时，典卖子女，设法购买种子，择地量种麦菜，以期历冬至春，稍资生活”（《清代淮河流域洪涝档案史料》）。

宣统二年大水将临淮关之东桥梁冲毁

宣统三年（1911），“安徽沿江淮各属，江潮暴涨，全省特大水灾。此次被灾之区，凤阳府则属宿州、灵璧、怀远为重，亳州次之，颍上、阜阳、太和、凤阳、霍邱又次之，泗州属则五河为重，泗州次之，盱眙又次之。灾重之区，村庄庐舍多荡为墟，流亡者十逾五六。每行数里、十数里，罕见人烟，或围敝席于野外，或牵破舟于水中，稚男、弱女蜷伏其间，所餐则荞花、芋叶，杂以野菜，和煮为糜，日不再食。甚则夫弃其妇，母弃其子……惨切情形目不忍睹”（《清代淮河流域洪涝档案史料》）。

在“丁戊奇荒”这场旷日持久的大旱灾，以及其后连续不断的水涝灾害的影响下，我国北方大部分地区人民群众的生命财产遭受到重大的损失，并对当时乃至其后该地区整个的社会经济生活产生了十分广泛而深刻的影响。

四、淮域悲歌：1921 年淮河流域大水灾

1921 年，这是一个中国人永远也不会忘记的年头。因为这一年诞生了中国共产党，未来中国的发展从此确立了正确的航向，曾经在漫漫长夜里上下求索的中国人终于看到了新纪元的曙光。然而人们几乎很少注意到，在这一年淮河流域又面临着民国以来又一场特大自然灾害。它是近代中国人民绵延不绝的苦难链条中巨大而沉重的一环。具体地展示这一年伤心惨目的图景，正好极具象征意味地告诉我们，新的民主革命的历史时期是在什么样的黑暗时世下到来的，中国共产党从诞生之日起就下定决心要推翻的旧世界，是一个怎样的令人不寒而栗的人间地狱。

据当代水文气象科学工作者的分析，1921 年的初夏，虽然淮河的下游地区和华北及华南一样，偏旱少雨，淮河中上游地区却在多雨的边缘，降雨量较平常年份多出 50 毫米。

到了 7 月份，太平洋副热带高压开始不断增强，并向西延伸到沿海大陆。与此同时，西北新疆有冷空气南下入侵，在西安附近生成气旋，向东直贯淮河流域。由于受到副热带高压的阻塞，气旋逗留不前，整个淮河流域因此成为全国雨量最集中的地区，降雨量超过同期平均值 100—300 毫米。

进入 8 月份，太平洋副热带高压又向北移动，向西发展，境内大陆低压区则向南移动，向东伸张，两者呈南北交叉之势。于是，在太平洋洋面上先后形成的 3 次台风便沿着太平洋高压南缘，在闽、浙沿海登陆，造成闽、浙及苏南多雨区，同时与温带气旋相互作用，在淮河流域特别是中下游地区形成多雨天气。据统计，各地雨量均比同期平均值超过 200—300 毫米。

因此，淮河流域的大部分地区在这一年的夏秋之际经历了至少两个月的持续阴雨、暴雨天气，有的甚至长达 3 个月。总计淮河流域 6—8 月份的降雨量，超过了全年的平均值。在各地的文献资料中，诸如“大雨数月”一类的记述比比皆是：

信阳：五月至七月底淫雨。

灵璧：五月至八月间，大雨。

泗县、五河、怀远：五至九月间淫雨。

太和：五月，连日雨，伤禾。

阜阳：大水，城内房屋多被淹倒。

单县：自五月晦日至八月十五日，大淫雨八十余日。

东阿：夏，淫雨三月。

豫、苏、皖、浙、陕、鲁、鄂大水，以淮河区域罹难最重。

豫、苏、皖、浙、鲁、鄂等省水灾，以淮河区域罹难最重。皖北阜阳、寿县，淮河下游及沿淮二十一县均被水灾。

这年十月八日，上海《民国日报》的记者对河南的降雨天气也有如下报道：

> 豫省自阴历五月底，即阴雨连绵，直至中秋后，始稍放晴，约计此八十余日中，不雨者仅三数日。雨量之大，为近五十年中所仅见。

在一个举国闻名的“大雨大灾，小雨小灾，无雨旱灾”的灾害地带，如此罕见的降雨量自然也会带来相应级别的洪涝灾害了。无怪乎当时亲历身受的状元实业家张謇、近代中国著名水利专家李仪祉都把这次大洪水看作淮河流域“百数十年所未有”的“剧烈水灾”，或者是“非隔百年以上所不轻见者”。

笼罩在淮河流域的多雨区首先集中于上下游地区，继而自西向东横贯而行，同时向北移动，向南扩散，覆盖整个流域，这一年的洪水也相应地呈现出由上游、中游向下游蔓延，终至全流域泛滥的态势。

信阳是豫南遭灾最重的地区。境内小沙河因大雨倾盆，水势陡涨，沿岸数十里内100余村庄被洪水冲毁，人口、牲畜淹毙无数，财物、米粮漂没一空。县城城墙也崩溃数十丈，压毙数十人。

豫东各县水灾更加严重。在郾城、西华两县交界处，由于颍河暴涨成灾，上下游的居民为防堵水患甚至发生械斗，结果打伤数十人，打死六七人。一直到次年3月20日，这一带水灾的惨况仍被《申报》记者所关注：

> 旧腊秋冬，东属淫雨为灾，为期二月，淤河横汛，各属平地水深数尺，

舟楫四达，浩如湖海。顷者水势犹在，田禾漂没，房屋倾倒，除高地林粮尚可收十分一外，余则籽粒毫无。数叶草根，剥掘殆尽。灾民昼无所食，有杀子做餐食者；夜无所宿，有全家溺水者。嗷嗷遍野，数达三十余万。

从豫东平原往东往南，到洪泽湖以东，地处淮河中游，被称为淮北平原的广大地区，同样发生了“极猛烈之大水”。这里狂风暴雨，昼夜不息，洪水奔腾灌注，干流河段及淝河、濉河各支流一时间骤涨横溢，决堤穿坝，导致房屋倒塌，人畜溺毙，树木摧折，财物漂流，平地水深数尺至丈余不等，皖北10余县以及鲁西的曹、单，江苏的萧、沛等地，无不淹浸在洪涛浊流之中。在颍州城，城内大部分房屋被洪水淹没；在阜阳，“水灌城中，街衢为之不通，城外一望无际，周围数百里悉成泽国”；在蚌埠，街道可以行舟，龙山湖至母河口一带数百里之遥，水深数尺；在亳州，大水蔓延130里，仅第15区，无家可归的就有10余万人。就连地势极高的宿县县城，竟也“水通城门，浸灌入关厢，居民逃避一空。铁道崩毁，城垣崩陷，惨祸奇灾，为数百年所仅见者”。

洪泽湖以下到入江口，是淮河的下游。淮水主要从洪泽湖南端的三河口经宝应、高邮、邵伯诸湖南下与里运河交会，至三江口入长江。新中国成立后对这些河段曾多次整治，使流程由以往的185千米缩短至150千米，泄洪能力也大大提高了。此外，新中国成立之初，还开挖了一条人工入海水道，分流入海，遇特大洪水时，通过新沂河也可以将淮河干流的洪水泄入黄海，而通过江都水利枢纽，又可以将积存在里下湖地区的涝水排入长江。

村子被淹没

然而，当年的淮河下游是另一番模样，下游河床竟然高于中

被水冲毁后的房屋

游河床，河床比降明显倒置。据研究，淮河干流自寿县一带至五河三四百华里之间，河床比降几乎为零；自五河至盱眙，干流河床不仅没有下降，反而渐次抬高约五尺许；从盱眙到洪泽湖，又再次抬高两尺许，以致洪泽湖底竟然比五河的淮底高出五丈多。上中游洪水排泄无路，只能汇聚于洪泽湖，然后由此寻路入江出海。由此，淮河的命运即与长江息息相通了。如江水低落，则壅积于洪泽湖的洪水尚可宣泄而下，若江潮顶托，江淮并涨，沿江、沿运一带自然要大祸临头了。

当年9月份，江苏运河一带水势浩大，运堤迭溃。在江苏运河工程局督办张謇的主持下，不得已先后开启了归海三坝。其间惊心动魄之情景让这位当事人终生难忘。他在自订年谱中写道：

> 先自（农历）七月十九日开车逻坝，二十一日开新坝，二十三日开南关坝三口，共广一百九十六丈，泄水流量每秒钟已四千余立方尺，下七县已成泽国，极目无际。高宝城人复请开昭关坝，下七县守坝之人五六千，卧坝上以死争。余至，告以当开否。须周视八县，权衡之轻重大小缓急，不能即许不开。即入高邮，则沿堤要求开坝者殆万人。至承天寺，则人围寺数匝，分起迭进，是非得请不已。

从这种成千上万的群众为求取生存而死命相争的场面中，我们可以想象一下当时苏北一带灾害的惨重之情。虽然昭关坝在张謇的坚持下最终未开，但里下河各县已是“平地水深五六七尺，势已滔天”了。

频繁的灾难、严峻的现实，迫使当时当地的一些有识之士和政府大员开始寻求治理淮河、减轻灾害的对策。从清末以迄民国，一系列的“复淮”“导淮”的建议和主张，应运而生。然而“导淮运动”历时半个多世纪，作为导淮领袖人物的张謇也为之奔走呼号达20余年，也拿出了有价值的治淮的计划和对策，但他所主张的导淮因为时局的动荡、政治的腐败、经费的无着，没有一件得到实施。导淮的建议旋落旋起，淮河流域的水灾依然故我，其间的滋味只有当事人体会最深了。

困顿逃荒途中的难民

五、江淮同劫难：1931年淮河陆沉

1931年，中国近代史上又一个令人难以忘却的惨痛之年。

这一年的6月到8月，以江淮地区为中心，发生了百年罕见的全国性大水灾。超过英国全境，或相当于美国纽约、康涅狄格、新泽西三州面积总和的广袤地域，洪涛滚滚，有四十余万人葬身浊流。正当成百上千万的灾民遭洪水围困，啼饥号寒、辗转流徙的时候，关外又传来了九一八事变的隆隆炮声，短短四个月内，白山黑水之间，被日本帝国主义占领。中国社会由此陷入了内忧外患交织、天灾人祸相煎的困境。

这场以江淮流域为中心的大洪水，属于长时段、大范围、后果极其严重的洪水灾害。据当时的国民政府公报，全国被灾区域为十六省。其中受灾最重的地方，是江淮流域的鄂、湘、皖、苏、浙、豫、鲁等八省。

1931年6月中下旬，淮河上游出现暴雨，干流上涨。此后，梅雨锋系长时期笼罩在江、淮之间，6月28日到7月12日，7月18日到25日，淮南和江苏里下河地区出现两次大暴雨。江、淮雨区连成一片，暴雨和山洪突至，淮河流域大洪水最终酿成。

当时淮河的河堤低矮残破，时断时续。自6月下旬到7月中旬，淮河上游的洪水从河南冲入皖北，把信阳到五河之间的六十多处河堤，轻而易举地突破了。7月15日前后，蚌埠上下两百多里淮堤崩塌在洪流里。大水多处灌向低斜的淮北平原。洪泽湖以上，淹没了三万二千平方千米，形成了面积广袤的洪泛区[①]。

1931年淮河流域大水历史罕见，灾害严重的程度也最为惨烈。在淮河的上游，河南桐柏山以及伏牛山一带，都是暴雨区。由于林木稀少，山岭裸露，每逢夏秋雨季，山洪以极快的速度毫无遮拦地倾泻到平原上。平原地区的各条河流，历年昏垫，泥沙淤塞，水流不畅。淮河从豫东南的息县到豫皖交界的三河尖一段，是支流汇集、水势旺盛的主干河道，河底倾斜仅十八米，沉沙囤积，水流舒缓。6月中旬淮河上游的暴雨山洪，首先在这一带破圩决堤而漫向淮北平原。

受其影响，七八月"淫雨连绵，山洪暴发，河流泛滥，豫省受灾及八十余县，虽损害程度轻重不一，也为近百年所未有"。这次河南的重灾区，主要是分布在豫中淮河水系的颍河、汝河、洪河流域，豫南汉水支流的唐河、白河流域，豫东的贾鲁河、惠济河等流域，以及黄河支流的伊河、洛河流域。在这些地区，耕地面积被淹在60%以上的有二十一个县：永城、鹿邑、虞城、夏邑、民权、柘城、西华、项城、太康、扶沟、临颍、郾城、南阳、新野、舞阳、汝南、上蔡、确山、南平、遂平、偃师。其中有八个县，耕地被淹面积达80%以上。临颍、郾城灾情极重，98%的耕地没于洪流。其他一些县乡耕地被淹面积虽然没有上述地区广阔，但洪水也是近百年来最大的一次。灾民风餐露宿，在泥水里寻找腐烂食物充饥。巩县东西数十里、南北十余里，洪水滔滔，一望无涯。人口死亡，以唐、白河流域最为惨重。邓县、南阳、新野这三个毗邻的县，溺死了三万二千九百多人。洪河和汝河夹持的汝南县，也有八千五百多人死亡。

在淮河的中游，大水遍地，皖北二十多县"高原平陆，一片汪洋，愈丈之屋，没不见顶"。凤阳、阜阳、凤台、怀远、霍邱、寿县、五河等县被灾最重。

凤阳是皖北出了名的穷县。平地水深数尺，八十四万亩夏禾付诸东流，五十二万人口中灾民三十一万，塌屋一万五千六百多间。县城东北部逼近淮河的临淮关，水深愈丈，民居倒塌了二千多户。

---

① 胡明思、骆承政：《中国历史大洪水》（下卷），中国书店1989年版，第58页。

蒙城是皖北的富县。平日得涡河、肥河灌溉，土壤肥沃。因7月暴雨五昼夜，平地水深五至六尺，农作物损失殆尽。全县六十万人口，灾民有四十万。

阜阳是安徽最大的县。十日暴雨不息，淮河水面不见边际，洪水四处蔓延。灾民一百二十万，占全县人口70%，倒屋三十多万间，溺死了二千四百多人。县城乡村，一片混乱。

凤台是淮北一个很小的县。7月堤圩大多被暴雨冲平，全境成为泽国。总人口四十七万五千，灾民有四十四万，几乎无一户幸免，死亡七千多人。夏季作物损失100%。

怀远是地势很低的一个县，在淮河边上，"形同釜底"。当时堤岸漫决百余丈，淮河洪水以建瓴之势向下直灌，以致县城内外，尽成水国，"数百里村舍禾畜，均被洪涛巨浪，荡没殆尽"。

金陵大学农业经济系曾经调查了皖北十五个县的灾情，有60%的田地被淹没，田地中水最深时为5.9米，屋内水深3.3米，不能居住的天数平均为26.3天。由于皖北大部分地方困苦，灾荒连年，农村经济受到严重的影响，以后的数年间元气都没有得到有效的恢复。

在淮河的下游，当7月淮干水涨时，滚滚洪流汇集洪泽湖。8月8日，洪泽湖水位达到16.25米，是1855年黄河北迁徙后的最高纪录，其中大部分湖水又泄入高邮、邵伯等湖，再经里运河奔向长江。这时，中运河的山洪，也由杨庄灌进里运河。8月下旬，狭窄的里运河出现了由几股大水交汇而成的洪峰，这时恰逢天文大潮，长江里秋潮汹涌，排拒运河的洪流注入，致使苏北里下河地区岌岌可危。

被水冲毁后的房屋

8月25日，里下河地区遭强烈飓风，洪泽、高邮、邵伯三湖发生湖啸，一丈多高的浪头把邵伯东堤冲开了三十三个大决口，而江都段工程所所长逃之夭夭。大水冲向邵伯镇街，淹死了好几千人，“自江都溯运河北上，居户概淹水中。断井颓垣，触目皆是”。

邵伯镇决堤之后，北部的高邮首当其冲。26 日凌晨，河堤轰然崩决，大水像海潮一样奔腾而下，县城那座偷工减料的北关被水冲开，城乡全境没于洪流。由于祸起匆促，临堤乡村的许多居民没有来得及起床就被洪水卷走了，更多的人在滚滚而来的波涛追逐下奔跑逃生，慌不择路。有一位记者记下了其中惨不忍睹的一幕：

> 有王某夫妇子女五人，闻决口，同向高处奔避。夫抱七岁之男，妇抱四岁之男，携六龄之女，行甚舒缓，水已大至，夫乃弃七龄之子，而命其妻亦弃子速奔。妻不忍，夫乃夺四龄子而欲弃之，幼子闻言大恸，紧抱父颈。于是当哭成一片之间，共为波臣卷去。捞获尸体，则与幼子仍互抱未释也……[1]

这个五口之家的悲剧，不过是被当时报刊披露的一个例子。至于高邮城乡死于大水的有九千五百多人。他们的家族、姓氏、职业、遭遇则已经被这场巨灾，也被充满苦难的民国史永远湮没了。

邵伯、高邮溃堤之后，里运河以东地区全部陆沉。兴化、东台、泰县、盐城、阜宁、宝应等地，水深丈余，浅处也在七八尺。兴化地势最低，四乡数百里村舍全部沉灭，城内水深齐腰，低处过檐，高地和房脊上挤满了灾民。“浮尸盈河”，死亡确数已无法统计。直到年底，乡间仍是一片白地，“几无寸草”。

1931 年安徽省皖北各县人口、财产受灾状况统计表[2]

项别 县别	灾民数（人）	死亡人数（人）	坍塌房屋约数（间）	财产损失总数（元）
凤阳	229384	336	57243	2550000
寿县	450000	3070	230000	14060000

① 李文海等：《中国近代十大灾荒》，上海人民出版社 1994 年版，第 227 页。

② 引自安徽省地方志办公室：《安徽水灾备忘录》，黄山书社 1991 年版，第 23—24 页。

续表

项别 县别	灾民数（人）	死亡人数（人）	坍塌房屋约数（间）	财产损失总数（元）
凤台	420000	7000	300000	7700000
怀远	300000	500	248000	7000000
霍邱	155000	5800	70000	12000000
五河	11321	1000	20500	4700000
宿县	380000	1220	22100	600000
阜阳	951000	2450	177991	9000000
蒙城	200000	300	200000	6000000
涡阳	390000	400	45000	3200000
颍上	216153	2870	28675	9000000
泗县	436500	11000	112700	6000000
盱眙	168605	88	23436	357195
天长	80000	1200	800	300000
灵璧	300000	1000	20000	6000000
全椒	80000	200	5000	2000000
定远	104000	800	10000	2000000
太和	439497	100	18000	2000000
亳县	210000	36000	200000	9000000
滁县	64300	57	14020	2000000
来安	30000	100	4000	400000
合计	5615760	75491	1807465	105867195

六、人祸天灾：1938 年花园口决堤

花园口位于郑州市区北郊 17 千米处的黄河南岸。民间传说，最早这里并不叫花园口。明朝的时期，一位许姓尚书在这里修建了一座花园，方圆 540 余亩，种植四季花木，终年盛开不谢，远近男女争往游览观赏。不过这个地方相当长的时间里，名气并不大。花园口一夜成名，是因为一场大悲剧，即因 1938 年黄河在此被人为决堤。

1938 年 5 月 19 日，侵华日军攻陷徐州，并沿陇海线西犯，郑州危急，武汉震动。国民党几十万大军向豫东、豫南撤退。日本派遣土肥原师团，由菏泽北面董口强渡黄河，向陇海线挺进，第一战区司令长官程潜指挥所部拦截

阻击。

6月9日，为阻止日军西进，蒋介石效法古人采取“以水代兵”的办法，下令扒开位于中国河南省郑州市区北郊17千米处的黄河南岸的渡口——花园口，人为造成的黄河决堤改道，形成大片的黄泛区，史称花园口决堤。

1938年6月1日，国民党最高军事会议在武汉紧急召开，会议由蒋介石亲自主持。会议上关于是否执行“江河阻敌”计划引发了国民党军队高层激烈的争论，最后达成了共识，即豫东战区的国民党军队向豫西山区撤退，由第一战区司令长官部组织实施黄河决堤的计划。

第一战区接到任务后，程潜将掘堤任务交给了第二十集团军总司令商震，商震与参谋长魏汝霖一合计，决定派五十三军一个团具体执行，决口地点定在赵口。一切准备工作完成后，于6月4日早上6点开始在赵口掘堤破土。由于准备不充分，对坚厚的基石与护坡石力不从心，流沙太多，没能扒开。

6月5日凌晨，日军逼近开封，蒋介石严厉命令商震加速决堤行动，不能有妇人之仁。6月5日当天，商震与魏汝霖亲自到赵口决堤现场督察，令工兵营营长蒋桂楷携带大量炸药与地雷，对河堤实施爆破。爆破虽炸毁基石，但斜面过陡而发生严重倾塌，决口悉数堵塞，前功尽弃。其后，商震又派一团生力军，在第一决口东50米处开挖第二个缺口，工兵则挖凿坑道，深入堤坝中，结果口是开成了，较之第一缺口也比较宽大，但放不出水。

一小时后坑道凿成，装填炸药起爆，泥石纷飞，缺口变大变深，水哗哗涌出。正欲向上报捷时，轰响声声，大坝接连塌方，又把决口堵塞，虽数次疏流，终不奏效。赵口第三次掘堤，又告失败。

花园口决堤后的情形

6月6日凌晨，日军攻占了开封，兵锋直指郑州，蒋介石从商震处得报赵口三次掘堤劳而无功，又急又气，一日数次催问进展情况。在堤上督促的魏汝霖急得似热锅上的蚂蚁，程潜、商震也都忧心如焚。蒋介石指示再换地点重新决堤。经过紧急协商，驻守在黄河附近的新八师初步把地点选定在赵口以西的花园口附近。

在掘堤的过程中，新八师显然吸取了赵口决堤未果的教训。他们在大堤顶部先挖掘50米,这样一来,可沿斜面挖掘,徐缓而下,放水时不容易导致坍塌,而且即使挖掘到河底，仍然可以保持10米左右的宽度。

1938年6月9日凌晨，经过两天两夜不停地挖掘，几乎在距郑州30千米的中牟失守的同时，花园口也终于挖开了，洪水倾泻而出，河南及邻近省份一下子成了一片泽国，在中国大地上画出了一片用特有名称标注的区域——黄泛区。

黄河决堤一度将日军约两个师团的主力困于洪水之中，迫使日军中止了向郑州的推进。然而从战略意义来说，这种扒堤决河、“以水代兵”的手段在军事上所取得的成效，毕竟只是暂时的、次要的，更是得不偿失的。滚滚浊流虽然使日军在黄淮平原上无法行动，但并未能阻止日军对武汉的进攻。日军很快改变了进攻方向，将其主力南调，并配以海军，溯江而上，6月12日攻陷安庆，6月30日进占马当，后又连陷湖口、九江，8月初即全面展开了对武汉的大规模围攻。在纵横数千里的战场上，国民党百万大军节节抵抗，终于不支而于10月25日弃城西逃。蒋介石政权“以水代兵”，保卫武汉的荒唐决策至此彻底失败了。而实施这一计划的主要结局，则是使豫皖苏三省千百万人的生命财产尽付洪流，使中原大地横遭浩劫。

决口之后，豫东首当其冲。由于这里地势平坦，河床狭浅，黄水自溃口穿出后即以万马奔腾之势，向东南直泻而下，6月13日横贯中牟，14日至尉氏，15日入扶沟，16日入西华，20日至淮阳、周口。千里平原，顿时淹浸在滚滚洪流之中。

由于这次决口纯粹是人为造成的，决口时又不在黄河汛期，加上风云四起，兵荒马乱，因而当滚滚黄水像千万头巨兽咆哮着奔腾而来时，百姓事先既无准备，临时又无逃避之策，只能任由浊流漫卷，洪涛肆虐，遭受的损失也就比往常的决口泛滥更加沉重，更加惨烈。

据有关报道，洪水过后，“那一望无际的浪涛中，只能见到稀疏寥落的树梢在水面荡漾着，起伏的波浪卷流着木料、用具或大小尸体。孩子的摇篮随着河水漂浮，还可以断续听到啼哭声。全家葬身于洪水者不知凡几，甚至有全村、全族、全乡男女老幼无一幸免者”。

其中如中牟，“全县三分之二陆沉”，难民均“扶老携幼，纷纷向西迁移”，仅郑州附近，就聚集了数万难民，“食住皆无，情况堪怜”。鄢陵县“水深时，高粱梢头可以渡船”。到8月中旬，“水落了，还是一人深的淤沙稀泥，房屋倒塌的一片模糊，灾民用仅有的抢回来的干草搭成茅棚，在干丘上居住，往日的大街，现在成了渡船的路沟”。扶沟灾情更重，受灾面积“东西宽三十余千米，南北长七十余千米，竟占全县的十分之八，全县人口二十六万，灾民就有二十四万还要多”。

黄水出豫后径奔皖境淮河两岸。皖北地势原较河南东南部低，加以川渠交错，湖泊相望，主要河流如涡、颍、淝诸水均来自豫东，并以淮河干流为其汇注归宿，因此，当黄溜南泛入境后，迅即顺势而下，汇注入淮，黄淮两水相聚暴涨，致使上下游“淮堤溃决，两岸一片泽国”，受灾县份计有十八个，被淹面积三百四十五万亩，财产损失二亿五千五百六十四万，灾民达三百万人。

阜阳县受灾最重，因黄水倒灌，“县城岌岌可危”，城外“数百里一片汪洋，其间村墟庐舍，禾稼牲畜，顷刻尽付洪波”。据国民党阜阳县政府的统计，“全县120个乡镇，有八十个乡镇埋于黄涛之中，最深者六米以上，淹没了2676092亩土地，漂走了166827间房屋，淹死了3053人，有572385人无家可归，僵卧街头，惨不忍睹”。凤台县“堤防溢溃，田庐淹没”，城关“平地水深三尺左右，庄稼被淹光，房屋全部倒塌”，继以日寇“烧杀抢掠，无所不为”，“天灾人祸，双管齐下，百姓流离失所，死者无数”。

此后，黄淮并涨，直迫苏北。据1938年9月9日《大公报》消息，夺淮而下的黄河大溜，“水头已入洪泽湖，泛滥东流”，加上“夏秋以来，飓风暴雨，平地水深数尺”，洪泽、高邮及宝应诸湖一时宣泄不及，水位骤升，“淮属及高、宝、江、泰等县滨湖地区圩堤溃决，田庐沉没，被灾区域逾十万方里，数百万灾黎待哺殷切”。当泛水高涨之时，“房屋小树，低者没顶，高者半浸”。虽然这里不可能对当年苏北的灾情提供更多的资料，但据此也已经令人惊心动魄了。

由于受当时的政治背景和军事环境的影响，黄河决口直至1947年3月

15日始经堵筑合龙，滚滚洪流，一连九年狂奔飞泻，在淮北平原上形成一个面积广袤的泛区，也就是著名的“黄泛区”。

因此，豫皖苏平原的广大民众经过黄水的此番残酷的洗劫之后，并不能如往昔一样重整家园。“开河渠，筑堤防，河东千里成平壤，麦苗儿肥来稻花儿香，男女老少喜洋洋”，这种在和平时期也难得一遇的年景，更成为遥远的梦幻，等待着人们的是一段似乎漫无休止万劫不复的苦难历程。

1939年夏秋之交，河南省“淫雨连绵，山洪暴发，黄水骤涨，贾、沙、颍、京、双各河会流泛滥，巨浸茫茫，汪洋似海，一、七等区沿河各县，顿成泽国，田园漂没，庐舍荡然。而被灾最重者则为七区扶沟、西华、淮阳、沈丘、项城、太康等邑，被淹田禾不下百余万顷，罹难灾黎亦达数百万之众”。

1941年凌汛期间，黄河“又决于太康境之王子李，6月间再决于太康境之逊母口，灾区益形扩大”，自尉氏以下，“横宽达百里左右，汪洋一片，灾黎嗷嗷。……其情之惨，笔难尽述，尤以自尉氏张寺集至太康逊母口之一段为甚”。

1943年夏间，“皖北各县，黄水泛滥，灾情很是严重。受灾的县份计有：太和、亳县、临泉、涡阳、蒙城、颍上、霍邱、寿县、凤台、怀远、定远、凤阳、五河、灵璧、泗县、盱眙、天长等十多县。灾区面积广袤，几达千里，各县不是全县就是大部沦为泽国”。

1946年夏季，皖北各县“大雨滂沱，匝月不止，沙河、淮河、泉河，既被黄水流灌，水位高涨平堤，而各县积水数尺，亦无法宣泄，浸达堤根，无土可以抢救，以致沙、淮、泉各河多告溃决，庐舍漂流，田禾淹没。阜阳、颍上、霍邱、寿县、凤台各县，十九逃难外乡就食，陆沉惨象，不忍入目”。

洪水中等待逃难的百姓

据统计，黄泛九年期间，豫皖苏三省共有四十四个县、一千九百九十三万四千亩的农田被淹，占泛区耕地总面积的35%。其中河南泛区二十个县淹田七百三十三万八千亩，占同区耕地总数的32%，安徽泛区淹田更广，竟达一千零八十一万九千亩，占耕地总数的49%；江苏泛区淹田总面积为一百七十七万七千亩，占所有耕地的14%。大量的村落被巨流无情地吞没了。1946年12月善后救济总署的一份调查报告向人们提供了一系列骇人听闻的数字：在豫东十七县中，被毁村落六千一百四十一个，占原有村落的45%，淹毁比例占50%以上的就有八个县，损失竟高达91%。

黄泛九年，洪水大约把一百亿吨的泥沙倾泻到了淮河流域，在泛区平原形成广袤的淤荒地带。河南省距决口最近，受灾最重，淤沙深度常在一丈五尺以上。安徽次之，一般在一米到两米，但颍水两岸淤积较重，可见到三至四米的淤积层，江苏省有些地方也有数寸至一尺的淤沙。淤沙使淮河流域大片良田沦为沙丘，并极大地恶化了生态环境。

1938年黄泛区人口经济损失状况统计表①

区域	人口变动				各业财产损失		农业减收	
	逃离		死亡					
	人数	占原有人口千分比	人数	占原有人口千分比	价值（千元）	占原有财产千分比	价值（千元）	占九年净产值千分比
（1）	（2）	（3）	（4）	（5）	（6）	（7）	（8）	（9）
河南泛区	1172639	173	325589	48	249466	185	224527	197
安徽泛区	2536315	280	407514	45	326096	188	181046	168
江苏泛区	202400	57	160200	45	41460	42	69167	74
总计	3911354	201	893303	46	617022	152	474740	151

以上应为近代以来淮河流域重大灾害的部分缩影。实际上近代以来淮河流域自然灾害的广度与深度比古代要大得多、深入得多，造成的影响也严重

① 引自南钟万等编《黄泛区的损害与善后救济》一书，参见唐元海：《淮河水利简史》，水利电力出版社1990年版，第309页。

得多。如清末、民国时期 95 年间，淮河流域共发生较大洪涝灾害 48 次（其中淮河水系是 28 次、黄河泛淮水灾 10 次）、洪涝灾害 86 次，平均 1.9 年发生一次较大洪涝灾害，平均 1.1 年发生一次洪涝灾害，几乎是年年有灾。从 1801 年至 1949 年的 148 年中，淮河流域共发生旱灾 76 次，占 148 年的 51%，平均不到两年就发生一次旱灾。19 世纪，全流域发生旱灾 53 次，20 世纪前半期发生旱灾 23 次[①]。

① 唐元海：《淮河综述志》，科学出版社 2000 年版，第 386 页。

第四章

追根溯源：淮河流域灾因探讨

灾害是指一切对自然生态环境、人类社会的物质和精神文明，尤其是人们生命财产等造成危害的天然事件和社会事件。灾害的成因既有自然的因素，也有社会的因素。自然因素包括与人类关系最密切的所有自然条件的变动，如气候、地形、水文、土壤等，社会因素包括一切人类活动对自然生态环境的影响，如人类不当的活动、人口增长与人地矛盾的激化、政治腐败、频繁的战争等。自然灾害的发生一般来说，都是通过自然变动过程和社会人类活动因素等共同作用的结果。淮河流域自然灾害频仍，应该说自然因素是主要原因，但灾害所导致破坏之严重后果，其中人为的因素也是不容忽视的。

一、灾害发生的自然因素

1. 地形、水系与灾害

自然界的水运动主要由两部分组成：一是地球面上的水平方向水运动，取决于流域的自然地理状况。二是空中垂直方向的水循环运动，取决于气候变化。淮河流域水旱灾害频仍，大都与地形关系密切。

淮河流域除西部、南部和东北部为山地、丘陵外，其余广大地区皆为平原。山地、丘陵面积约占三分之一，海拔高度在 50—2200 米之间，平原面积约占三分之二。海拔高度，西部与中部在 50—20 米之间，东部在 20—0 米之间。此外，还有众多的湖荡洼地间杂其中。这种特殊的地形造成淮河流域具有两种性质的水流。一是坡水，就是从倾斜度平缓的冲积土壤中流出的水。一是山水，即源于山岭之水。前者主要分布在淮河以北、黄河以南、贾鲁河至颍河一线以东、运河以西，包括苏北里下河区域。特征是坡度平坦，水流缓慢，洪水时洪峰不高，而平时水流主要源于冲积土壤外流水，黄河泛滥时，水顺着斜坡向南流，内涝十分严重。后者又分为以下两个区域：一是淮河以南、贾鲁河至颍河以西地区，为淮河水系的山水区域。二是运河以东、废黄河以北地区，为运河水系的山水区域。山水出于坡度陡峻的山区，水流湍急，洪水峰位高，但洪峰过后，流量会大减。由于流域山体植被覆盖率低，一遇暴雨，在水流的强烈冲刷下，水土多有流失，山水所经河流的中、下游河槽有泥沙，河底因沉积而增高，水位也逐年上升，易导致河堤溃决，引起旱涝灾害。

受这种地形条件的影响，淮河干流河道具有显著比降小的特征。淮河上游从河源—洪河口河道长度 364 千米，枯水水面总落差 177.32 米，比降 0.487%。淮河中游从洪河口—正阳关河道长度 155 千米，枯水水面总落差 5.4 米，比降 0.035%。正阳关—蚌埠河道长度 132 千米，枯水水面总落差 3.98 米，比降 0.030%。蚌埠—洪泽湖河道长度 203 千米，枯水水面总落差 0.35 米，比降 0.002%。淮河下游从洪泽湖—三江营河道长度 146 千米，枯水水面总落差 5.21 米，比降 0.036%。下图表就是淮河干《流河段比降图表》，从中我们可以看出一些问题。

淮河干流河段比降图表[①]

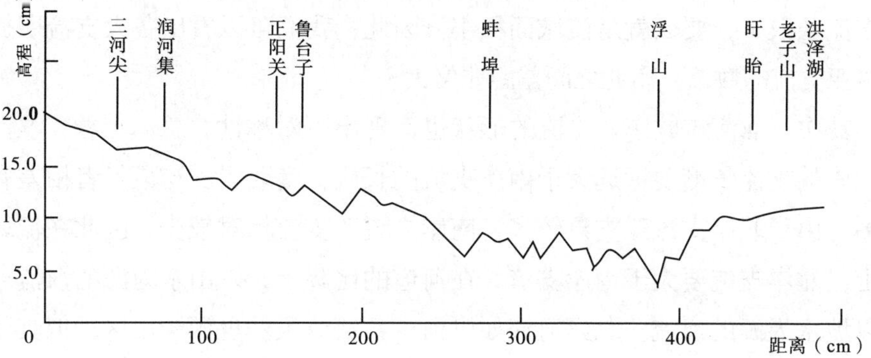

① 唐元海:《淮河水利简史》，水利电力出版社 1990 版，第 2—4 页。

从下图表中的数据中我们可以看出，淮河中游和下游河床比降都非常小，比流量相仿的其他河流的比降要小得多。全河大部分落差都集中于上游，中游比降十分平缓，尤以正阳关至洪泽湖间为甚，其中，蚌埠以下比降极缓，浮山至洪泽湖间，河底甚至出现倒比降，下段河床反而比上段河床高，这些河道特征使得淮河中游地段行洪能力很差，一遇大水，极易引发涝灾。由于洪水不能得到及时宣泄，很容易造成淮北平原的内涝。下游地段河道比降本已很缓，又处于里下河地区的锅底形地形之中，一遇洪水，更是容易形成洪涝灾害。

与淮河流域这种地形相联系，流域内还存在着极不对称的水系结构。这种水系结构的特征，一是支流众多，且南北支流极不对称。二是受黄河长期南泛的影响，流域水系变迁频繁，由此对淮河流域造成的水灾影响也是巨大的。

首先，我们来分析一下淮河流域南北支流数量不对称的现象。有关资料显示，在淮河上中游地区，直接入淮的支流，较大者南部有史河、淠河等14条，北部有颍河、洪河等20余条，更为重要的是北部众多注入淮河的支流本身又拥有众多的亚支流，如洪河亚支流流域面积在1000平方千米以上者有北汝河、臻头河，而流域面积在100—1000平方千米的亚支流则有38条；颍河亚支流流域面积在1000平方千米以上者有8条；涡河亚支流流域面积超过100平方千米的有54条。这类情况在淮北地区相当普遍。而淮南地区拥有许多支流的河流不仅总量少，且各支流拥有的亚支流的条数也远远低于淮北地区。如淮南地区较大支流——淠河亚支流仅有东、西淠河两条，其余要么亚支流条数少，要么就是流域面积小。因此，我们可以看出各大支流所拥有的诸亚支流的数量，南北之间差距非常大。

其次，淮河流域南北支流的形状也呈现出不对称性。总体上看，淮河干流北岸的支流长度要远远大于南岸支流的长度，南北岸支流最长者相差有一倍多。由于北岸支流亚支流较多，南岸支流亚支流相对较少，因此在流域面积上，北岸支流要大于南岸支流。在河道的比降上，以山水为源的河流要大于以坡水为源的河流。北岸河流如洪河、颍河等虽然也源于山区，但其流较长，在平原穿过的河道要长于穿梭于山川的河道，比降小的河道远远大于比降大的河道长度。因此，淮河北岸源于山水的支流河道比降总的说来仍是较小的。而淮河南岸以山水为源的河道，由于流程相对较短，水流奔腾于山谷中的河道在整个河道长度中所占的比例较高，其比降相对而言则较大。所以，南岸以山区、丘陵地形为主的支流短而陡，水流湍急。以平原地形为主的北岸支流长而缓。每当淮河流域遭遇暴雨后，来自南岸支流的山区洪水先到达干流，使水位迅速抬高，当北岸支流洪水随后到达时，加之干流在洪泽湖处发生了一个 90 度的大转折，流向由向东急速转而向南，极易造成下游发生壅水，比降又大为减小，洪水宣泄不畅，自然就形成洪涝灾害。

再次，淮河流域北部地下水位较高。淮北地势平坦，土壤渗水性强，在强暴雨连日不停时，土壤孔隙很快被水占据，地下水位将迅速抬高。地下水位升高，加重了淮河流域低洼地区涝渍的危害。

2. 气候因素与灾害

现代灾害科学研究表明，气候变化对自然环境与人类有着重要影响，由于生态系统和人类社会已经适应了长期以来的气候状况。因此，如果气候变化太快使得生态系统和人类社会不能适应的话，人们将很难应对这些变化，而一些极端气候事件发生频率的增加将会大大增加天气灾害的几率。所以，气候因素是导致自然灾害发生的主要原因之一。

淮河流域地处我国大陆东部地区，在中国气候区划中，以其为界，北部属于暖温带半湿润季风气候区，南部属于亚热带湿润季风气候区。大气环流是形成各种天气和气候的主要因素，某些特定的环流系统是导致大规模水、旱灾的重要条件，而降水的多少直接影响到水、旱灾的发生与否与大小。

受大气环流的影响，淮河流域的降水量具有几个显著的特征：一是年际降水量差别大，最大年份与最小年份降水量相差数倍。皖北亳州等四地平均相差 3 倍多，而最高者可达 6 倍[①]。淮河流域水、旱灾的发生多与这种降水年际的较大变化相关联。如 1931 年，从 6 月 17 日到 7 月 25 日，共计 39 天大暴雨，造成特大涝灾。1932 年是淮河流域大旱年，颍河阜阳站降水为 447.1 毫米，涡河涡阳站降水仅 221.5 毫米，淮河蚌埠站的降水也只有 376 毫米，而

① 安徽省水利厅：《安徽水旱灾害》，中国水利水电出版社 1998 年版，第 22 页。

上述三个站点的最大降水年及其雨量分别为：1956年1616.3毫米、1954年1342.9毫米、1956年1565毫米，最大与最小极值差分别是1169.2毫米、1121.4毫米、1189毫米。

二是淮河流域降水量的年内分配极不均匀。冬季，主要受蒙古高压控制，以北风为主；夏季，受低压控制，以南风为主，两种环流的交替变换时间在春秋两季。在年度气温变化时，冬夏环流的对比强弱和交替时间也相应变化。加之气旋波、切变线、低涡和台风等因素的共同影响，造成淮河流域降雨量年内的严重不均。在同一年内，夏季降雨量往往占全年降水量的三分之二，冬季降水量约占全年的百分之十，其余在春秋季节。从年际变化看，多雨年与少雨年的降水量相比，有时相差达4至5倍。

三是淮河流域降水在区域内的分布亦不均。淮河流域降水地区变幅约在600—1400毫米间，年均降水量约为750毫米，这一等雨量线正横过本流域的中部，但存在着从南到北、从东到西逐渐递减的特点，最南面降雨可在1000毫米上下，最北面只有500—600毫米，下游约为870毫米，中上游只有690毫米左右。淮河流域上述这种降水量的年际和地区分布特点是造成本地区水灾和旱灾的主要原因之一。

历史时期淮河流域气候的变迁也对淮河流域自然灾害的发生影响巨大。传统农业社会，社会生产力不发达，人类适应自然的能力有限，气候发生变动，直接影响包括农业生产在内的社会经济发展，加剧了自然灾害的发生。竺可桢先生通过长期对中国古代气候资料的收集整理，研究了中国近五千年来自然气候的变迁。他认为，中国近五千年来的气候，经历了四个温暖期和四个寒冷期，在这五千年中的最初两千年，大部分时间的年平均温度高于现在2℃左右，为温暖期。在此以后，气温有一系列的上下摆动，其最低温度在公元前1000年、公元400年、1200年和1700年，摆动范围为1℃—2℃。从公元1000年到20世纪中期，中国共出现五个低温期：12世纪上半叶、14世纪初、15世纪末、17世纪和19世纪中期。同时，他还提出了大约15世纪到19世纪中叶，中国进入所谓的“明清小冰期”的观点①。近年来不少学者的研究对此

① 竺可桢：《中国近五千年气候变迁的初步研究》，《考古学报》，1972年第1期。

都有所肯定[①]。

在气候低温寒冷期或"明清小冰期"，各种气候灾害具有群发性的特点，不但会频繁发生冻灾、雪灾，而且往往发生大旱、大涝、蝗虫、黄河漫决等严重灾害。以淮水结冰的记载为例（淮河是自然地理中最北的不结冰大河，淮河的结冰更能反映出淮北的严寒），梁天监十四年（515），"冬甚寒，淮泗尽冻"；宋嘉定十二年(1219)，"冬大雪，淮水合"；明嘉靖二十九年(1550)，"淮水冻合"；明嘉靖四十三年(1564)，"淮水冻合"；明万历四十七年(1619)，"大雪平地丈余，淮水冻合"；清顺治十年(1653)，"大雪平地丈余，淮水冻合"；清康熙九年(1670)，"十一月大雨雪，淮水冻合，车马行冰上，次年二月始解"；清康熙五十四年（1715年），"冬，淮冰合，可行车"。上述严寒现象都发生在气候低温期内。学者王成兴通过对大量数据的统计分析，认为淮河中下游流域奇寒与旱涝灾害有很强的相关性，奇寒当年的旱涝灾害是以涝灾为主，民间"大水之后必有大寒"的说法有一定道理。并且他认为：宏观天气厄尔尼诺现象[②]的确是影响淮河中下游旱涝灾害的一个因素，厄尔尼诺现象出现的当年，流域以旱灾为主；在厄尔尼诺现象的次年和反厄尔尼诺现象年，流域明显以涝灾为主[③]。王业键等通过对华东、华北气候冷暖周期中自然灾害出现频率的考察，也提出冷暖周期与旱涝多寡有关。冷期自然灾害较多，正常年相对较少；暖期自然灾害较少，正常年相对较多[④]。如清嘉、道以来，全国各主要流域的洪涝灾害相继进入加速发展阶段。据统计，从1841年到1843年，黄河就连续发生了三次大的漫决，即1841年的河南祥符决口，1842年的江苏桃源决口，1843年的河南中牟决口。1855年黄河自淮河决溢泛滥的次数也明显增多。1859年至1873年间，江淮地区竟发生了连续15年的洪水，有的学

① 参见任振球：《中国近五千年来气候的异常期及其天文成因》，《农业考古》，1986年第1期；刘光远等：《祁连山圆柏的最后年表》，《气象》，1984年第11期；张德二等：《近五百年来我国南部冬季温度状况的初步分析》，《全国气候变化学术讨论会文集》，科学出版社1978年版，第64—70页。

② "厄尔尼诺"一词来源于西班牙语"ELNino"，原意为"圣婴"。最初用来表示在有的年份圣诞节前后，沿南美厄瓜多尔、秘鲁沿岸，有一支向南流动的暖洋流，使这一带海温异常偏高，发生海洋之灾的现象。后来气象科学把赤道中、东太平洋海面温度持续异常偏高的现象，称为"厄尔尼诺"。厄尔尼诺现象是大范围海气相互作用的结果。

③ 张秉伦、王成兴：《淮河和长江中下游旱涝灾害年表与旱涝规律研究》，安徽教育出版社1998年版，第29—38页。

④ 王业键：《清代中国气候变迁、自然灾害与粮价的初步考察》，《中国经济史研究》，1999年第1期。

者称之为我国历史上洪水持续时间最长的一次[①]。这都说明了冷暖周期与旱涝多寡有关。

水旱灾害除了受厄尔尼诺现象这一宏观天气影响，尚与太阳黑子的活动有关。1636—1641 年是近五百年来我国干旱持续时间最长的一次旱灾，这次旱灾先后波及全国大部分地区，淮北地区也深受其害。当时的情形是：陕西绝粜罢市，木皮石面皆食尽，十亡八九。山西汾水漳水均竭，民多饿死。河北九河俱干，白洋淀竭，尸骸遍野，白骨如莽。河南大旱蝗，禾草皆枯，井涸河竭，洛水深不盈尺，草木兽皮虫蝇皆食尽，五谷种不入土。山东飞蝗蔽天，蝗蝻相生，禾尽食曹，草尽食树叶，屋垣井灶皆满，井泉湖泊尽涸，泗水断流。江苏淮北大旱，黄河水涸，蝗蝻遍野，流亡载道。湖北汉口、汉阳冬季湖水尽涸，坼如龟文，人行其上；黄州、英山蝗、大饥。湖南浏阳、临湘、安化、辰州、沅陵大旱民饥……据不完全统计，这一年黄淮海地区和长江中下游地区有 15 个县因干旱缺粮而发生饥荒[②]。这次特大旱灾于太阳黑子活动大幅度衰减相关。1616—1639 年的 23 年间有太阳黑子记载 17 次，太阳活动十分频繁。1639 年以后，太阳黑子记载迅速减少。或许 1636—1641 年的大面积干旱与此有关。在太阳黑子活动上升时期，是气候相对干旱时期，旱灾多集中于这一时期。当太阳黑子活动下降时期，涝灾多发生于此。

除洪涝灾害外，旱蝗等灾害的发生频次同天气也有直接的关系。“飞蝗之卵与螟之幼虫，皆隐藏于地下及稻根深处，其发育成长，纯赖温度之增高。若上年冬季严寒，冰雪所摧，则蝗卵幼虫必多殒灭；或平日雨量丰沛，亦可冲杀虫蛆，破坏虫卵。若乃夏令酷热，雨量减少，其直接影响，即使足以引起害虫疾病之细菌不能获得充分之湿度，无从发展；且因长期旱干，植物生长迟慢，抵抗力弱而易受损，而蝗螟幼虫在高温度之下发育强大，则是年虫害必烈，越年尤甚”。这即是上文中所说到的，大寒之年和大涝之年蝗灾少，而大旱年和次年蝗灾较多是连在一起的。这又进一步说明气候变迁与自然灾害的发生关系十分密切。

---

① 姚鲁峰：《19 世纪是我国特大暴雨洪水发生期》，《灾害学》，1991 年第 3 期。

② 中央气象局研究所等编：《华东地区近五百年气候历史资料》，《浙江气象科技》，1983 年第 1 期。

3. 黄河夺淮的影响

对淮河流域旱涝灾害成因的探讨，不能不涉及黄河对淮河的巨大影响，因为历史上淮河与黄河的关系非常密切。前文对历史时期黄河泛淮多有交代，这里再重点介绍一下黄河泛淮对淮河流域洪涝灾害的影响。从历史文献记载来看，远在西汉初年，汉文帝十二年（前 168），黄河在酸枣（今河南省延津县西南）决口，《史记·封禅书》记载："今河溢通泗。"泗水为淮河的支流，通泗势必入淮，这是有记载的黄河侵淮之始。时隔 36 年之后，即汉武帝元光三年（前 132），河决瓠子（今河南濮阳市西南），"东南注巨野，通于淮泗"（《汉书》卷二十九《沟洫志》）。此次泛滥遍及 16 郡县，历时 24 年之久，是历史上有名的一次决口。以后黄河又多次南溃，都泛及淮泗。不过黄河干流仍在河北平原游荡，向东北注入渤海，其决溢南泛入淮，仅局限在淮河流域的泗水及其入淮后的下游地区。到了南宋高宗建炎二年（1128），情况发生了根本性的转变。是年，东京（今河南开封）留守杜充为阻止金兵南下，"决黄河，自泗水入淮，为河南流不复之始"（《建炎以来系年要录》卷十八）。自此以后，黄河"数十年间，或决或塞，迁徙无定"（《金史》卷二十七《河渠志》），而以东南入泗夺淮为常，成为全面夺淮的先声，淮河下游干流入黄海水道也演变成为黄河下游的支流水系。

金大定八年（1168）至明昌五年（1194），黄河"水势趋南"，金代末年，因人为决口，黄河继续南徙。1232 年，黄河全线夺濉合泗入淮。1234 年，黄河干流南下夺取涡水入淮水。

元至元二十三年（1286），黄河南徙夺淮的势头更猛，黄河分三股南下入淮，主流经陈留、通许、杞县、太康等地，由涡水入淮，北汊大致沿古汴水流经的路径，至徐州汇泗水入淮，南汊则经尉氏、鄢陵、扶沟等地南下，夺颍水入淮。自此以后到元末 80 余年间，黄河在淮北平原上肆虐泛滥，淮河水系遭受严重破坏。

明清时期黄河对淮河的影响也十分严重。明洪武二十四年（1391），黄河干流开始由原来的循涡河入淮改折南循颍水入淮，黄河干流首次夺颍水入淮河，这也是干流南下达到的最西边界。其时，淮河中下游的干支流河道，几乎全为黄河及其岔流所夺，且多股河道同时并存，迭为主次，变迁极为紊乱，淮河水系遭受严重破坏。直至明嘉靖二十五年（1546），黄河才基本上固定在今废黄河一线，后至清咸丰五年（1855），黄河又在今河南兰考铜瓦厢决口改道北徙。

1938年6月9日，为阻止日军的进攻，驻守河南的国民党第二十集团军根据国民党当局的命令，在郑州花园口炸毁了黄河一段堤防，制造了震惊中外的花园口事件，黄河再次在淮河流域泛滥达9年之久，从而又一次给流域内人民的生命和财产造成惨重的损失。

从南宋建炎二年（1128）黄河南泛夺淮开始，到清咸丰五年（1855）黄河又在河南铜瓦厢改道北徙止，前后一共700余年，淮河实际上变成了黄河下游入海的河道，并且前后共有1万亿立方米的泥沙堆积在淮河流域中下游地区，特别是淮河下游地区，因而整个淮河流域面貌发生了巨大变化，这主要表现在如下方面：

首先，黄河南泛夺淮使淮河流域的地形、地貌、土壤结构发生了巨大变化。在地形、地貌、土壤上，由于黄河夺原来的淮河下游河段入黄海，加上泥沙的长期淤积，河床大部分被抬高，原来的淮河下游河段及其支流古汴河演变成为地上河，今废黄河一线成为地上河之后，遂将豫、皖、鲁、苏四省的完整的淮河水系一分为二，沂、泗、沭河流域成为独立水系，但因其入淮无路，或淤塞，或壅成湖，或乱流东注入海。同时，里运河东西大堤纵穿淮安和扬州之间，把江苏省淮南地区分为两部分。运东为里下河地区，由于黄水挟带大量泥沙，年复一年输送到海口积聚停滞，并受海流搬运南下，加上长江在海口淤积的泥沙受海流搬运北上，很快使范公堤以外的海岸向东延伸50—60千米，形成了6000多平方千米的沙滩和陆地，即今日的里下河滨海地区。这一地区成陆年龄短，土壤普遍含有不同程度的盐分，不利于粮食生长。由于河道不断延长，坡度也随之变缓，泥沙淤积日益增多和海潮的影响以致里下河滨海地区高于腹部地区，使腹部地区变成有名的“锅底洼”。由于黄河夺淮，黄水在淮河内地沿洪水漫流地区，大量泥沙淤积沉淀使整个淮北广大地区被覆盖，沉积了数层甚至数十层的冲积土，原来的青黑土变成潮土土壤，在河床和近河处接近沙壤，远河处又接近黏土，废黄河两堤高出两地面7—10米，两堤内侧或其他黄泛时流速特大的股流冲蚀成的糟行地形，形成坡河洼地，沉积的粗砂常随风飞扬，造成严重的沙荒。两堤外侧形成了背河洼地，土壤普遍盐碱化。

其次，黄河南泛夺淮使淮河下游入海河段阻塞。在河道上，由于淮阴以下河道，河床日益淤高，当时捍卫淮河洪水的高家堰即现在的洪泽湖大堤，不断延长加高，洪泽湖逐步形成，历史上有名的泗州城也就淹没在洪泽湖中，淮河失去下游入海通道，每遇汛期，上游来水与下游泄洪能力悬殊，导致洪泽湖水面的扩大与洪泽湖大堤的经常溃决。如清咸丰元年（1851），淮河大水决开洪泽湖大堤南端的三河口，洪水由三河口东入高邮湖，经金湾河、芒稻河于扬州三江营注入长江，冲出了一条畸形的入江水道。从此，淮河干流与黄河汇流入海的河势，一改而为南注长江，借道长江东入东海。但遇到较大洪水，这条入江水道排泄不及，就停蓄在高邮、宝应西部洼地，使原有的白马、宝应、氾光、甓社、高邮、邵伯等湖连成一片，湖面不断扩大。这时由于黄河入海口高仰，下流不畅，经常在淮阴以下决溢。加上黄、淮并涨，往往冲决洪泽湖和里运河大堤，洪水在里下河地区横流泛滥，使浩淼的射阳湖淤为平地。过去范公堤以外无河，后受黄淮不断冲击，出现了射阳、新洋、斗龙三港汊，曲折蜿蜒100余千米，东流入海。

洪泽湖是由人工筑堤拦洪蓄水而形成的，其前身是淮河流出低谷后形成的宽阔的河谷洼地，其变化与湖堤的沿革有非常密切的关系。自1855年黄河北徙后，洪泽湖入湖的泥沙减少，但泥沙淤积仍然存在，只是比较缓慢。1911年江淮水利局实测的湖底平均高程为10—11米，而1954年实测的洪泽湖地形图求得的湖底平均高程为10.04米，湖底平均高程相差不多。洪泽湖三河闸建成后，蓄水位被抬高，淮河水流受到湖水位的顶托，泥沙淤积的位置和黄泛时不同，主要沉积在湖的深槽和淮河入湖河口段，即所谓“淤河不淤滩”。尽管湖盆接受的泥沙淤积整体而言无显著变化，但淮河河口段泥沙淤积十分显著。据估算，最大淤积厚度可达5—6米，最小淤积厚度也有3米左右，平均每年增淤0.5米[①]。

关于洪泽湖的变化有必要叙述元、明、清三代统治者的政策。由于元明

① 胡慧芳：《淮河中下游地区环境变动与社会控制（1012—1949）》，安徽人民出版社2008年版，第32页。

洪泽湖晚霞

清三代统治者对大运河的重视，而分别采取了一些治河的措施。元代贾鲁采取“疏塞并举”的治河策略，使黄河复归泗水故道。明代前中期以“挽黄保运”为治河策略，分别采取“黄运分治”“分流保运”“引黄避运”“借河行运”等措施。刘大夏治河时，于弘治八年（1495）堵塞了黄陵岗（今河南兰考县东）、荆隆口等处决口，并采取“北岸筑堤，南岸分流”，迫使黄河水流入淮，以防黄河北窜（《明史纪事本末》卷三四《河决之患》）。该措施不但使淮北主要河流淤浅，而且使本来深广的淮河中下游河槽淤浅，造成淮水下流不畅，易在中上游泛滥成灾。万历年间，潘季驯治河时认为“合则流急，急则荡涤而河深；分则流缓，缓则停滞而沙积”，因而“筑堤障河，束水归漕；筑堰障淮，逼淮注黄，以清刷浊，沙随水去”（《明史》卷八四《河渠志》二）。这即为“束水攻沙”“蓄清刷黄”的策略，并为清代所沿用。“蓄清刷黄”策略即是自武家墩经大小涧至阜陵湖修筑洪泽湖高家堰大堤三十千米，以抬高洪泽湖中淮河水位再借以冲刷黄河洪水。但事与愿违，由于黄强淮弱，这一措施不但没有冲刷走运河中的淤泥，而且淤高了洪泽湖底，加重了淮河中下游的灾害。

再次，黄河南泛夺淮使淮河支流水系遭到了破坏。由于黄河夺淮泗，使原淮河支流沂、沭、泗等河均没有出路，潴壅成南四湖和骆马湖。当时为了漕运，虽开挖了泇河和中运河，但河道规模很小，泄水能力不大，泗、沂洪水在骆马湖以下，主要由六塘河经灌河入海，沭河下游由于不断受到沂河洪水的干扰，在淮河道断阻，下泄不畅，最后被迫在沭阳县西折向东北，两岸形成了青伊湖等一连串洪湖泊洼地，借蔷薇河经海州入海。原来在宿迁小河口入泗的古睢水，也不断受到黄水侵夺，原有河道被淤为平地，今日的濉河已非原貌，直接注入洪泽湖。

淮河北岸的颍河、西淝河、涡河、北淝河、沙河、汴河等支流，多次受到黄水侵扰，河床逐渐垫高，断面狭小，入河口普遍淤浅，水流不畅，如遇洪水，大则横流，吞没田园城镇，小则积涝成灾，禾苗减收。淮河中游干流自正阳关以下，淤积也很严重，加以下游被阻，尾闾不畅，使河水在干流两岸积聚，形成了城东、城西、瓦埠等一连串湖泊洼地。

第四，黄河南泛夺淮使大量的水利工程与湖泊被黄河泥沙淤没。由于黄河泥沙一而再、再而三肆虐于淮北平原，淮河流域汉唐以来修建的大量水利工程、上百个湖泊被泥沙淤没，连众所周知的八百里梁山泊也被淤为平原。颍州西湖在金元时期及明初期，屡遭黄泛侵袭，湖床普遍淤浅，滩地增多，湖面支离破碎。清代时，已成为零星积水的洼地了。

在700余年间黄河夺淮入海，其洪水开始漫流遍及整个淮北平原，导致淮北平原此前时期上百个大小湖泊沼泽，几乎全被黄河泥沙所淤没，由此造成的后果就是淮河水系调蓄功能丧失，汛期泛溢加剧，旱期失去灌溉的作用。黄河泛淮700余年间，淮水北部支流西南至颍水，东北至泗水，中间包括西淝河、涡河、北淝河、沙河、濉河和汴河等，几乎全被黄河的主流或岔流所流经和灌注，淮河干流自正阳关以下的中下游河道，也被黄河所夺，从而导致淮河水系紊乱不堪，河床普遍抬高，水流不畅，一遇汛期来临，就横流漫溢，造成涝灾。

第五，黄河泛淮后，苏北的海岸线快速东移，形成滨海平原，淮河下游地貌变化较大。“唐宋之世，范堤本为海岸”。11世纪，范仲淹修筑海堤，自盐城至南通长数百里，挡潮御卤，后人称之为范公堤。黄河泛淮后，大量泥沙经过海流波浪的搬运堆积，海岸线迅速东移，浅海滩地逐渐淤高，在范公堤以东形成了大约1万平方千米的冲积平原。这些土地逐渐被人们开发和利用，成为淮河下游沧海桑田历史变迁的典型事例。有诗人曾对这一沧桑巨变加以了描述：“此地当年浪里眠，于今壅筑万家田。春风牧笛横牛背，千载令人颂大贤。”“海水无波二十年，平沙一望接山巅。马蹄乱踏荒原里，笑指沧溟是渚田。蜃气苍茫是也非，曼罗初茁海莘肥。野鸥不记扬尘事，尤向滩头故故飞。”

第六，自黄河泛淮后，黄河水量的多寡就对淮河存在着很大影响。由于黄河流水长期借道淮河入海，淮河中下游北岸的众多支流水量就与黄河之水的多寡关系密切，或者说这些河流的水源主要来源于黄河地下潜水，因此，黄河的泛淮对淮河中下游流域洪涝灾害的发生所造成的影响巨大。有学者通过《清史稿·灾异志》及《清史稿·河渠志》中的记载，对淮河流域的水灾作了统计，指出清代淮河流域共发生水灾115次，明确记载是由黄河决溢引起的就达44次之多．所占比例为38.26%[①]。也有学者对淮河中下游流域15—20世纪洪涝灾害发生的次数进行过统计，见下表[②]：

时　段	次数	频率
15世纪（1470—1500）	15	48.39%
16世纪（1501—1600）	38	38%
17世纪（1601—1700）	42	42%
18世纪（1701—1800）	53	53%
19世纪（1801—1900）	43	43%
20世纪（1900—1980）	31	38.75%

上表分析显示：从15世纪，特别是从16世纪到18世纪，淮河中下游流域的洪涝灾害次数几乎呈直线上升，19世纪和20世纪则又有一个明显的下降，尤其是在1855年之后。我们也知道黄河改道北徙，离淮河而去也正是在1855年，应该说这绝不是偶然的巧合。合理的解释只能是淮河中下游流域的洪涝灾害（15—19世纪）不完全是气候变化的直接结果，而黄河泛淮对洪涝灾害的发生起到了巨大的影响作用。

二、灾害发生的社会因素

灾害的发生，首先是受自然环境某些具体条件的影响。不过，自然条件尽管可能随时带来灾害，但能否构成灾害及灾害程度如何，通常还取决于其他多种因素，主要是社会内部的经济、政治条件。因为自然环境作为外部条

① 郭迎堂：《从〈清史稿〉看淮河流域的水灾》，《灾害学》，1992年第1期。

② 张秉伦、王成兴：《淮河和长江中下游旱涝灾害年表与旱涝规律研究》，安徽教育出版社1998年版，第44页。

件，必须通过社会内部的经济、政治结构才能发生影响。历史时期，淮河流域灾害的发生除了自然原因，社会原因也是不容忽视的因素，这其中包括人类不当的改造自然的经济活动、政治腐败、长期的战争等。人类不当的经济活动导致了生态环境的破坏，而腐败的政治、长期的战争则大大降低了政府和人民的防灾、抗灾能力，从而在增加灾害发生频率的同时，也加深了灾害的严重程度。

1. 人类不当的生产活动与灾害

灾害的频发与长期以来人为因素作用于生态环境有极大的关系，尤其是在人口过度增长的压力下，忽视自然规律盲目开发、掠夺式开发，导致自然无情报复，以致人类不得不咽下自己酿造的苦酒。过度增长的人口给社会造成了压力。人口增加导致消费的增加。为了解决人们的吃饭等生活问题，历代以来国家、社会、群体和个人应对人口增长的主要方式就是扩大耕地的面积。可是耕地十分有限，在平原地区的耕地被全部开垦出来后，就不得不从平原地区向山区、湖区扩展耕地。这是人类不当生产活动一个方面的表现。

从平原地区向山区扩展耕地势必要破坏森林资源，而森林具有完整的生态平衡调节功能，是生态平衡的核心，具有多方面的环境保护作用，如调节气候、改善环境；涵养水源、保持水土，防止水土流失，减少江河淤塞和水旱灾害；防风固沙、保护农田，抵御和减少台风等灾害性天气。大量森林植被被破坏，既削弱了上游水源的涵养功能，洪水无所阻挡，滚滚而下，洪峰不断增大，又造成了严重的水土流失，使淮河流域水体含沙量剧增，由清变浑，河床不断垫高，河道逐渐淤升，使中下游及各支流的水流速度趋缓，洪灾风险日趋增大。

实际上，从远古至先秦时期，淮河流域因湿润的气候条件，植被繁茂，有大片森林存在。这一点我们在前文中有所介绍。如有关文献资料显示，当时在今新郑东有棐林和北林(《左传·宣公元年》)，今泗县东北有娄林(《左传·僖公十五年》)，今柘城境有株林（《水经注·获水》）。这表明此时淮河流域植被还是比较好的。战国以后，淮河流域农业开发进程加快，许多天然植被被伐。从隋唐至清代，由于人口增长较快，土地垦殖范围更大，树木生长范围更小。加之古代社会主要以柴薪、木炭为主要燃料，建筑又需大量木材，所以随着人口的增长，淮河流域树木砍伐比以前更甚，致使植被条件更趋恶化。

对于上述问题，历史上不少有识之士都有所记载。如近代初期曾任两江总督的陶澍在其论著中分析道光十一年（1831）江苏大水发生的原因时曾说："上游川、陕、滇、黔等省开垦太多，无业游民到处伐山砍木，种植杂粮。一遇暴雨，土石随流而下，以至停淤接涨。"（《陶文毅公全集》卷四十）林则徐一生关注民生，在实地勘查湖北水利的过程中，指出了上游开垦导致下游淤塞是引发灾荒的重要原因。他说道："襄河河底从前深皆数尺，自陕省南山一带及楚北之郧阳上游，深山老林尽行开垦，栽种苞谷，山土日决日松，遇有发水，沙泥随下，以致节年淤垫，自汉阳至襄阳，愈上而河愈浅"，致使"道光元年至今，襄河竟无一年不报漫决"。以经世著称的魏源在分析长江水患日增的原因时也深刻指出："蚕丛峻岭、老林邃谷，无土不垦，无门不辟，于是山地无遗利。平地无遗利，则不受水，水必与人争地，而向日受水之区，十去五六矣。山无余利，则凡箐谷之中，浮沙壅泥，败叶陈根，历年壅积者，至是皆铲掘疏浮，随大雨倾泻而下，由山入溪，由溪达汉达江，由江汉达湖，水去沙不去，遂为洲渚。洲渚日高，湖底日浅，近水居民又从而圩之田之。而向日受水之区，十去其七八矣。"（《魏源全集》上册）当然这一点现代人看得更清楚了，如学者钮仲勋指出："自明清以来，淮河中上游的山区和丘陵的森林植被遭受到严重的破坏，加剧了水土流失，这样，淮河流域的生态环境更趋恶化，长期以来成为洪涝、干旱、盐碱、风沙等多种灾害频繁发生的地区。"显然，陶澍、林则徐、魏源等人和学者的认识已经充分注意到了人地矛盾引起的对山林的过度开垦破坏了自然环境，导致了一些河流中下游水灾的发生，恶化了生态环境，或者说人地矛盾引起的过度开垦所造成的江河上游森林的破坏与中下游水道的淤塞之间有着很大的关系。

这里不妨再用一组数据对此进一步加以说明。有学者研究指出，为使明末清初淮河流域的社会经济尽快得到恢复与重建，清朝统治者实行鼓励垦荒和招徕人口、减轻赋税的政策，使淮河流域的垦田面积大幅度增长，人口也得到了迅速增加。如地处淮河下游漕运枢纽的济宁州，"顺治元年（1644）共册报17590丁，十年至十四年（1653—1657），新增3300，共20890。康熙元年至八年新增2043丁”。人口的急剧增加尽管给农业生产提供了充足的劳动力，但同时也带来了负面的效应。经过数十年的恢复与发展，淮河流域出现了“生齿日繁，荒地渐垦”的景象。个别地区人口的急剧增加，甚至形成了“人稠地满”的格局[①]。由于人口的压力，加上统治者的鼓励，大量的流民涌进山林进行垦殖，破坏了森林，加剧了淮河流域水系等生态环境的恶化。

关于山林的垦殖及森林被破坏的情况，这里以地方志为例再加以介绍。盱眙“邑境西南多冈岭，乾隆后期棚民占垦几遍，开凿既久，真气尽失，求所谓螺黛苍翠者，不可见矣”（光绪《盱眙县志稿》卷二）。光山“农民力作，地半腴硗。南境多山田，缘岩被陇，斜畛侧町，几乎无土不辟……近时生齿愈蕃，间有远趋陕、汝、桐柏诸地任土开垦者”（民国《光山县志稿》卷一）。来安，“今山地之辟不遗余力，大抵由外乡山民习种杂粮，土人享有典租微利，遂致穷山尽谷无复丛林蔚书之观”（清《来安县志》卷四）。霍山，“境多山，平畴百阡之所登，恒不及三分之一，故谷不足供民食，附城必资邻籴。西南二百里中，必借山粮糊口，山高寒峭而多石，所出常苦不丰，更必资樑山、伐山、猎山之利以佐之”（清《霍山县志》卷二）。光山、霍山等地处大别山区，是淮河及其支流中上游重要的水源涵养地，且当地土质疏松，坡度较大，在开山垦荒、植被破坏后，滞留地表径流的能力大为降低，水土流失加剧，不仅导致了农业生产出现“初垦终荒”的不利局面，而且更为严重的是引起了山洪的暴发。1926年南京金陵大学森林系教授罗德民博士偕同助教及学生对淮河流域冲塌及淤塞的原因进行过考察，并书写了报告。其中指出：“所最足惊心触目者，即中国北部及中部各省，因人口增加，焚林锄田，深入山地，致全部森林日趋荒废。因此昔日森林所保存之土地，均被雨水洗刷净尽，濯濯童山、石骨嶙嶙，绝无涵蓄水源之能力。其结果每遇倾盆大雨，则顷刻沟浍盈溢。及天霁雨止，则复转瞬干涸如故。”[②]以上虽然探讨的是明清时期淮河流域森林植被遭破坏对境内环境的影响，但它同样适用历史上淮河流域人地矛盾的解释。

---

① 高升荣：《清代淮河流域旱涝灾害的人为因素分析》，《中国历史地理论丛》，2005年第3期。

② 陈嵘：《历代森林史略及民国林政史料》，京华印书馆1934年版，第99—100页。

人类不当的生产活动另一方面表现是盲目围湖造田和围垦河滩地。湖泊是自然环境各要素相互作用的综合产物，可以说是气候变迁的一个方面的反映。先秦时期，淮河流域湖泊密布，如成书于公元6世纪初的《水经注》，对当时淮北的人工陂塘和天然湖泊记载，数目有近百个之多。邹逸麟先生根据历史文献的记载统计，这一时期黄淮海平原主要湖沼分布规模也不下数十个[①]。在历史的不同时期，淮河流域的湖泊处于不断地形成和消失之中，北宋以后淤浅速度加快，到明清时期，大部分湖泊消失。导致淮河流域湖泊的消失既有气候方面的原因，或黄河泛淮带来的泥沙淤积，也有人为占湖围垦的原因。历史上，淮河流域出现过几次围湖造田的热潮：

第一次是魏晋南北朝时期。此期，如曹魏政权把屯田作为一项基本国策，为了军事上的需要，大兴水利陂塘工程。如曹操在淮北开展大规模屯田，从许下开始，在其附近的临颍、西华、汝南等地修建了大批灌溉工程和陂池。如在汝南，遏汝河造新陂；在萧（今安徽萧县）、相（今淮北市西北）二县界，兴陂遏，开稻田。夏侯淳领陈留济阴（今河南开封东南）断太寿（今河南睢县）水作陂。其后邓艾修淮阳、百尺二渠，“大治诸陂于颍南、颍北……淮南、淮北相连接。自寿春到京师，农官兵田，鸡犬之声，阡陌相属”（《三国志》卷二八《魏书·邓艾传》）。咸宁年间（275—279），杜预又议毁陂还耕，“大坏兖、豫州东界诸陂……交令饥者尽得水产之饶……水去之后，添淤之田，亩收数钟”（《晋书》卷二六《食货志》）。

第二次是唐前期。这一时期，在淮河流域新建或重建的陂塘工程就达80处之多，规模大的可灌溉近万顷，规模小的也可灌溉近百顷。如唐时仅在淮北兴建的水利工程就有数十项，其中灌溉达上百顷者有：陈留（河南开封县）观省陂；汝阴（安徽阜阳）百尺堰、椒陂塘；下蔡（安徽凤台县）大崇陂、黄陂等；长社（河南许昌）堤塘；符离（安徽宿州东北）重修隋牌湖堤；虹县（安徽泗县）童陂；亳州决淤筑堤；新息（河南息县）增浚隋玉梁堰；平舆（河南平舆县）葛陂等。当时唐河南道（相当于今山东、河南两省黄河故道以南和江苏、河南、安徽省淮河以北地区）地最为富饶，其正仓、义仓和常平仓所贮粮食居于全国之首。唐代前期所需要的粮食，绝大部分都来自以淮北为主体的河南道。

① 邹逸麟：《黄淮海平原历史地理》，安徽教育出版社1993年版，第176—177页。

第三次是宋金元时期，北宋时期的政府对毁废的陂塘不加以修复，而且多开垦为田，如北宋咸平六年（1003），“颍州诸县陂塘荒地计千五百余顷，可募民耕佃，因命宗旦经度之，其民自占者三百二十余家”（《宋会要辑稿·食货七》）。治平三年（1066）都水监言：近年京畿诸路州县例多水患，详见其因，盖为豪势人户“陂泽之地，为田于其间”，以致“陂泽填塞，无以容蓄，逆致泛溢”（《宋会要辑稿·食货七》）。

政府还利用河道进行淤田，如熙宁年间（1068—1077）设立了管理放淤和淤灌的专门机构“提举沿汴淤田”“总领淤田司”等，并确立了相应的奖惩制度。《宋史·河渠志》载：京东、京西一些碱卤地区经连年放淤，“尽成膏腴，为利极大”。乾隆《灵璧县志略》说汴河引黄河水溜田对肥田改土的作用，“浊流经过，泥沙停积，其地肥美，旱涝无虞”。有时为赶上淤灌的季节，汴水漕运也要暂时让路，“候矾山水至，开四斗门引水淤田，权罢漕运三二十日”（《续资治通鉴长编》卷二六二）。金贞祐四年（1216），“砀山诸县陂湖，水至则畦为稻田，水退种麦，所收倍于陆地”（《金史》卷五〇《食货志》）。元代不但对湖陂滩地继续围垦，而且对黄河退滩地和其他河道滩地也不放过。如至大元年（1308），提举司仅在归德府（治今河南商丘市）和汝宁府（治今河南汝南）境内已开垦“濒河荒地约六万余顷，岁收其租”（《元史》卷二二）。

第四次是明清时期。这一时期由于人口数量猛增，人地关系矛盾非常突出，政府鼓励垦殖，人们也将屯垦目光集中于河湖滩地，由此掀起了历史上最大一波对河湖滩地垦殖的高潮。在这一背景下，淮河流域众多的河湖滩地被开垦出来，如淮河北岸原有北五湖和南四湖等湖群，湖泊众多，一片水乡风光。其中北五湖地势较高，明清两代政府都把它们作为运河水柜和黄河洪水的滞洪区。随着当地人口压力的持续攀升，人们开始泄水围垦，到乾隆十四年（1749），北五湖、南四湖已尽成平陆。淮河南岸众多的湖泊、港汊和平原洼地命运也是如此。现据部分县志资料记载，淮南部分地区湖泊围垦情况列表如下：

明清淮南部分地区湖泊围垦统计表

湖泊名称	所在地	垦殖情况	出自文献
紫润湖、大团湖、月牙湖	商城	召民佃种，高阜不能蓄水	嘉靖《商城县志》卷三《图籍志·水利》
焦冈湖、董峰湖、钱家湖、穆杨湖	凤台	皆周数十里，盖昔时淮水游陂，停汇渐淤成陆，民今垦殖其中，小涨即淹没见告矣	光绪《凤台县志》卷三《沟洫志·坝闸》
化陂湖	凤阳	湖广 80 余顷，常涸，为居民垦种，仅存三之一	光绪《凤阳县志》卷二《舆地·山川》
宝应湖、白马湖	宝应	民贪小利，占湖为田，白马旧湖面积日削，宝应湖口收束如瓶	《宝应县志》卷三《水利》

除了围湖垦殖，原有千年历史的芍陂也被陆续围垦致苟延残喘。芍陂始建于春秋时期，后代陆续对其有所修整，多时可灌溉良田万顷，明清以后，水面日渐萎缩，原因之一就是占地围垦。对此，万历十一年（1583）黄克缵的《安丰塘积水界石记》说，明成化十九年（1483），“豪民董玄等始窃据贤姑墩以北至双门铺，则塘之上界变为田矣”，嘉靖末年豪民彭邦等又开垦了一片陂塘，“而塘之中界又变为田矣”，芍陂“以古制，律今塘，则种而田者十之七，塘而水者十之三”。此后陂边淤地仍不断遭到蚕食，为了掠夺芍陂土地，有势力的地主甚至设法盗决陂堤。芍陂面积大部分被垦占，灌溉效益大减，对旱涝的调蓄作用大大降低。

在围湖垦殖之外，人们对河滩地的围垦也日益加剧。明清时期，长江中下游和淮河流域沿岸的滩地基本上也已被开垦出来。右图是明清时期淮河流域安徽各县河滩地开垦的情况（单

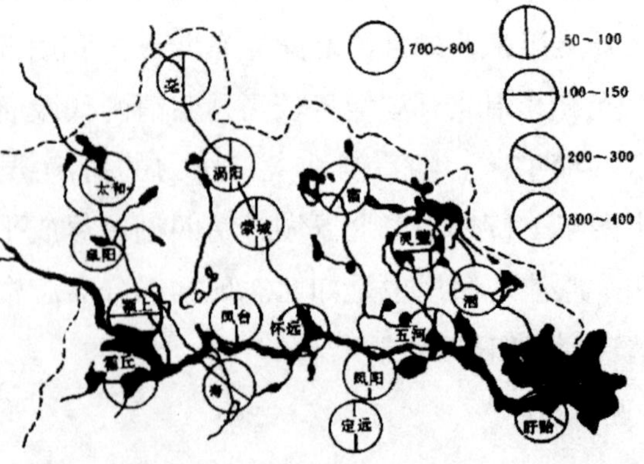

位：亩）[①]。

直至今天关于淮河流域河滩地的开垦与行蓄洪之间的矛盾仍然是人们谈论的话题。新中国成立后，伴随着淮河的治理，人民政府在淮河流域中下游陆续设置了行蓄洪区20多处。行蓄洪区涉及河南、安徽、江苏三省。如安徽沿淮境内有名的行蓄洪区有阜南蒙洼，颍上城西湖、城东湖、姜唐湖、邱家湖、唐垛湖行洪区，蚌埠荆山湖等。行蓄洪区是淮河干流防洪体系的重要组成部分，蓄洪区本是沿河低洼地，行洪区本是河道的一部分。由于淮河流域有着复杂的地理和气候条件，依靠干流加固堤防和修建大坝等工程难以从根本上解决防洪问题，因此，必须利用干流和部分支流两岸一连串的湖泊洼地作为行蓄洪区，用来滞蓄洪水，行蓄洪区就成为淮河流域防洪工程体系的重要组成部分。

但长期以来，行蓄洪与群众的生产生活一直存在着矛盾。行蓄洪区既是洪水滞蓄的场所，又是区内群众赖以生存的生产生活场所，行蓄洪区同时担负着防洪功能和保障区内居民的生存和发展功能。淮河流域因人多地少，“人水争地”矛盾非常突出，枯水时农民就在退出水面的洼地和河道中耕种居住，并搭起小土堤围护，进而形成行蓄洪区内众多的庄台。一些行蓄洪区被不断开发利用，导致行蓄洪区的调蓄洪水能力大大降低，也给防洪调度方案的制订和实施、行蓄洪区及时顺利启用带来一定的难度。在干流遭遇特大洪水时，政府往往要启用行蓄洪区分洪，调节洪峰，缓解淮河大堤的压力，这又会严重影响到行蓄洪区居民的生产与生活，区内群众大多数处于贫困状态，有的行蓄洪区经数次分洪、蓄水，导致群众生活十分困难。据了解，淮河干流现有的20余处行蓄洪区内，光是安徽省目前居住的群众就有70万人。由此有理由认为，淮河流域各县河滩地能够开垦的几乎都被开垦出来了。这种盲目的围湖造田和对滩地的侵占，表面上看增加了耕地，实则破坏了当地的生态环境，使水利蓄泄失宜，遗患无穷，这也成为淮河流域水灾频发的主要原因之一。

总之，人类不当对山区、湖区、河道的开发和掠取给社会经济生活和自然生态环境带来巨大的影响。一方面，人类通过自身的努力，活动范围迅速扩大，带动了当地经济的发展和社会的进步，确实维持了部分人的生计，在某种程度上缓解了人口压力带来的生存问题。但另一方面，盲目开垦也造成

① 金胜一：《近代中国地域性灾荒政策史考察——以安徽省为例》，《北京大学学报》，1997年第4期。

千里淮河第一坝闸王家坝及坝内的村庄

了生态环境的严重破坏。过度的开发，导致森林植被和动植物种类减少，激化了人与自然环境之间的矛盾，造成经济发展与生态环境的恶性循环。关于这一点，恩格斯也曾说过："当西班牙的种植场主在古巴焚烧山坡上的森林，认为木炭作为能够获得最高利润的咖啡树的肥料足够用一个世纪时，他们怎么会想到，以后热带的大雨会冲掉毫无遮掩的沃土而只留下赤裸裸的岩石呢？"[①]因此，理解环境问题，不能仅从现状和现实运行的角度考虑，还应考虑社会发展问题，考虑整个社会与环境系统之间的长期变化。在发展经济满足人们需要的同时，应注意到生态环境问题，保持两者之间的协调发展。

2. 政治腐败与灾害

一般来说，政治清明，经济发展，此时虽然可能会有自然灾害发生，但由于官府的重视，社会对灾害的抵御能力会有所增强，灾害也会在一定程度上得到控制，其危害程度也会降低。反之，政治腐败，经济不振，水利失修甚至荒废，社会对自然灾害的抵御能力就会下降，即使出现较小的灾害，也可能产生较大的危害。历史上任何一个政权兴起时，往往由于采取休养生息政策，比较重视兴修水利，这一时期的农业就发达，社会就稳定。随着时间的流逝，政权中腐败因素增加，官府忽视水利建设，以致河渠淤废，陂塘失修，就会导致或加剧自然灾害。据统计，从1351年到1450年的100年间，正史中关于淮河流域旱涝灾害的记载只有10次，平均每10年才发生1次，远低于

① 《马克思恩格斯选集》第3卷，人民出版社1972年版，第519页。

该地区旱涝灾害发生的平均数，这一时期正是明朝政权初兴之时。建国伊始，明太祖朱元璋奖励垦荒，实行屯田，大兴水利，这些措施对减少旱涝灾害的发生起到了重要作用。而在1151年至1200年的50年间，正史中的旱涝记录多达27次，频率为54%，这也正与北宋末年战乱的社会状况基本吻合。清建立之初到乾隆时期，尤其是康雍乾“盛世”之时，政治比较清明，经济实力雄厚，荒政对保持国家稳定、维持社会再生产的正常运行和社会的良性互动发挥了重大作用。晚清人士金安清的一番话可谓颇有见地：“乾隆六十年中，各省绝鲜大水旱，故百姓充实，丁粮鲜逋欠者。盖朝廷日以民事为重，慎择疆吏，凡监司以下至牧令，皆以才德自奋，虽不尽廉平，而地方咸日有起色，百废具举故也。”（《水窗春呓》卷下）张海珊的话则更加使人深思：“古云‘救荒无奇策’，愚认为不在奇策也，在上之人身体斯民之疾苦，用实心、行实事而已。”这都表明了政治腐败与灾害的关系十分密切。只有统治者能关心人民，把人民疾苦看成自己的疾苦，为人民真诚地办事，救荒才能取得好的效果。

事实上，历代统治者都无法脱离政治腐败的现象。政治腐败对灾害的影响总体而言体现在政治的衰败方面。政治的衰败表现如下：

一是缺乏集中统一、坚强有力的中央政府和主管水利的专门机构。治理灾害最需要一个集中统一、坚强有力的中央政府和主管水利的专门机构。然而我们看到清朝中后期，政府官场腐败现象严重，中央政府对地方和官员的管控力不断地削弱。民国建立，只是推翻了一个专制王朝，但继起的是无数强盗的专制政府。政治衰败在纵向的政治关系中表现为下级对上级的游离性，不听命令，自行其是。在横向的政治关系中表现为各个地方之间矛盾纠纷的大量产生，而上级政府却没有协调和解决这一问题的能力。这种政治衰败在民国初年北洋政府统治时期达到了极点，南京国民政府时期权力虽有所集中，但也未能改变这一状态。

政治的衰败对灾害的治理和防范影响很大。如民国时期多次主持运河决口复堤的官员韩国均说过：

南河盛时，岁岁举工，道厅营汛，各有恒职，一旦有事，调遣指挥，可从容布置。今则仓促组织，鲜可托付，多方求助而多不应。①

1911年，张謇组织成立了江淮水利测量局。1914年安徽省督军倪嗣冲以皖境淮河治理由皖人自筹为由，不许江淮水利测量局派人入皖境内测量，而且拒绝支付皖苏三七分摊的江淮水利测量局的经费。全国水利局毫无办法，只能自筹代垫。因此，江淮水利测量局于民国八年（1919）公布的导淮计划只能规划江苏，而不能皖苏两省统筹兼顾，全面安排。

二是治理灾害的专门机构与地方行政机构不协调。政治的衰败也表现在治理灾害的专门机构与地方行政机构不协调。从明朝开始，在黄淮治理中实施河营汛兵制度，潘季驯总理河道时兼任兵部尚书，黄河沿线的地方官皆受其节制，同时也可以直接指挥河营汛兵。清代一袭明制，林则徐任东河总督时，就专程检阅过驻守徐州的河营。明清以来河督和漕督的地位很高，权力很大，这有利于集中行使权力。黄河北徙后，河督和漕督相继裁撤，与黄淮治理有关的水利机构不再隶属于中央政府，权力大大缩小，丧失了治河的功能。如北洋政府虽然设置有隶属中央的水利局督办运河工程局，但它没有动员调动地方资源的权力。南京国民政府时期又改督办运河工程局为江北运河工程处，隶属于江苏省政府建设厅的水利局。有资料显示这一机构的状况：

> 地位与权力，均异常卑小，不特运河工程处无指挥县政府及命令人民之权力，即水利局本身，对于县政府与人民，亦不能直接指挥命令。同时与运河关系最切之各县政府，不但不能命令水利局与运河工程处，并且不能指挥各段工务所，水利局与县政府文书往来，均用公函，双方如不得省政府命令，无论分工合作，皆不可能，一遇紧急之时，水利局因不能召集民夫，束手无策，县政府亦因无材料经费，爱莫能助。②

三是政治的衰败还体现在政府能力的式微，无法解决各种水利矛盾，导

① 汪汉忠：《灾害、社会与现代化——以苏北民国时期为中心的考察》，社会科学文献出版社2005年版，第170页。

② 汪汉忠：《灾害、社会与现代化——以苏北民国时期为中心的考察》，社会科学文献出版社2005年版，第172页。

致小灾变成大灾，轻灾变成重灾。1935 年黄河在山东董庄决口，山东省省长韩复榘听信山东绅士关于黄河南流有利于山东的说法，对著名水利专家、黄河委员会委员长李仪祉的堵口建议"阳是而阴违"，对行政院的命令软抵硬抗，致使洪水灾害由鲁南扩大到苏北。洪水即将到达江苏境内时，江苏在苏鲁边界筑堤打坝，山东方面则派兵武装毁坝。洪水进入江苏境内后，苏北各县之间又是筑坝、拆坝，下壅上溃，矛盾百出。这种"省与省相逆，县与县相逆"，致使本来很平常的决口，演变为一场泛滥面积达 12215 平方千米，祸及山东、江苏 27 县，受灾人口 341 万人，伤亡 3750 人，经济损失达 1.95 亿元的巨灾。

政治腐败对灾害的影响也体现在吏治的腐败方面。一般来说，王朝衰落，吏治的腐败就十分严重。吏治的腐败降低了政府和百姓抵御自然灾害的能力，或加重了自然灾害的危害程度，使得荒政的实施效果大打折扣。这也是导致和加剧灾荒的重要原因。孙中山在《中国的现在和未来》一文中曾经指出："中国人民遭到四种巨大的长久的苦难：饥荒、水患、疾病、生命和财产的毫无保障。""所有一切的灾难只有一个原因，那就是普遍的又是有系统的贪污。这种贪污是产生饥荒、水灾、疾病的主要原因。"① 孙中山的看法表明，吏治败坏与自然灾害之间的关系极大。而吏治败坏与自然灾害之间的关系主要又体现在诸如救灾中报灾、勘灾、蠲免、赈济和安抚，防灾中仓储和水利等环节，都存在着腐败现象。以下我们以明、清和近代多方面的事例加以说明。

明朝时，在救灾、减灾中的各环节如报灾、勘灾、蠲免、赈济和安抚，防灾中的仓储和水利等环节，都存在着腐败现象，即使是在明初政治比较清明的情况下也是如此。

一是报灾中匿灾不报或无灾报有灾、小灾报大灾。

明朝在报灾、勘灾过程中的问题相当多。在报灾过程中，有些官员往往匿灾不报或虚报灾情。灾害发生后，有些地方官员匿灾不报或无灾报有灾、坐视民患的事件在明朝屡屡发生。洪武二十一年（1388），山东青州府民饥，"有司不以闻"（《明太祖实录》卷一八八）。洪武二十二年（1389），山东郸城等县陨霜伤稼，"县官不以闻"（《明太祖实录》卷一九六）。洪武

① 《孙中山全集》卷一，中华书局 1981 年版，第 89 页。

二十七年（1394），河南府祥符、阳武、封丘三县三年为河水暴决浸没，“有司不以言”（《明太祖实录》卷二三四）。永乐五年（1407），河南、安徽郡县旱涝，“有司匿不以闻，甚至有言风调雨顺、禾稼茂实者。及遣人视之，民所收十不及四五，或十不及一”（《荒政要览·诏谕》）。匿灾不报带来的结果必定是延误放赈时间，大大加重灾害的危害程度。官员这样做无非为了逃避责任，或以此粉饰太平、猎取名声。当然也还有因虑“勘覆之劳”而“匿不以闻”的。正统八年（1443），因府县官畏难怕苦不愿勘查灾情，致使凤阳、颍州一带逃民“苦不可恤”，“动以万计，流离转徙”（《明英宗实录》卷一〇二）。

明朝地方官虚报灾情有两种情况：一种是大灾报小，讳饰灾情，如洪武二十七年（1394）山东宁阳县水灾，“民实被灾者千七百余户，而使者所录止百七十余户”（《明太祖实录》卷二三二）。一种是无灾报有灾、小灾报大灾，希图蠲免，甚至有些地方官在境内没有灾情时趁着各地奏报灾情“附下罔上，诬稔为荒以图苟免”（《明宣宗实录》卷一一二）的情况并不少见。正统十年（1445），直隶淮安府海州知州秦贵并赣榆县官吏便曾“以有收田地妄报灾伤，希免粮草”（《明英宗实录》卷一三六）。成化十七年间（1481），户部在提及这一问题时认为“四方报灾间有不实，皆由所司因循姑息之弊”（《明宪宗实录》卷一〇二）。小灾报大灾的情况如洪武时，高邮州发生水灾，太祖命进士某前往勘查，尚未至灾所，州同知刘牧即以灾册至。进士问：“未曾沿丘履亩，先进是册，为何？”同知回答：“马前册。”进士不允，坚持亲诣灾所。刘牧即与当地田主将已熟禾稼尽行铲去，引水灌其地（明《大诰·水灾》卷三二）。

二是勘灾中，一些不负责任的官员往往消极怠慢，敷衍其事，拖延时日。

明代救灾的各种制度颇为详尽，按规定，勘灾官员既要对整个受灾情况和收成情况作详细的了解和预测，还要将受灾人户姓名、受灾顷亩及该征税造表入册，在明后期的勘灾报告中甚至细致到几分几厘。然而，这些规章是要依靠各级官员落实的，如果所有工作按照规定来办，必定是既耗时又耗力，所以一些官员希望将大事化小，小事化了。特别是自洪武、永乐朝之后，吏治日渐败坏，详尽的制度反而成为官员推卸责任的借口。各级官员，“惟以薄书为急，不以生灵为念，遇有水旱灾伤，非甚不得已不肯申达。县上之郡，郡上之藩府，动经旬月，始达朝廷。及至行下遣官检勘，动以文法为拘，后患为虑，因一之诈疑众皆然，惟己之便不人恤？非民阽于死亡，狼戾惨切，朝廷无由得知，及至发廪之令行，赍银之敕至，已无及矣”（《大学衍义补》卷一六）。如成化六年（1470），山东六府并南直隶凤阳等三府“夏麦已全无收”“虽累经报灾伤，有司未免照例覆勘，辗转迟延”，因而导致“人心不安，流移道路”（《明宪宗实录》卷七九）。洪武二十七年（1394），山东宁阳县洪水，滨河居民多为漂流，田禾皆浸没，诏遣使者查勘被灾户数，使者并不认真查勘，朦胧回报：“灾不甚，民妄诉。”再复之，同样诡言灾情轻微，最后县民诣阙诉言：“民实被灾者千七百余户，而使者所录止百七十余户”（《明太祖实录》卷二三二），这才得出真相。

三是一些官员救灾中贪污赈款，中饱私囊现象严重。

明朝在救灾的过程中，尚存在一些办赈的官员经常利用职务之便侵吞赈款、中饱私囊的现象。这些官员把办赈视为发财的大好机会。如明成化二年（1466），淮扬等处连年饥馑，上命官赈济，然而官员“止凭里长作弊，有钱者报名关粮食用，无钱者饿死无辜”。尽管当时差都御史吴齐领官银，前去买粮救济，但是“中间有等贪滥官员，全无恤民之心，专务克落之计，却将前项官银假以煎销为名，掺和铅铜在内，每户人与一二钱者或三五钱，各自前去有粮处所籴买，及至彼处，验得钱银不堪使用，未免忍饿空回”；“及将领出常盈等仓米麦粮，给予各州县官吏，里老大户人等总领，给与饥民，岂知总领之人通同，将前项官粮掺和糠秕、水、土在内，又行加倍扣除使用，方得给散”（《皇明条法事类纂》卷一四）。另外，蠲免和缓征钱粮本来是政府减轻灾民负担的一项利民措施。但是一些地方官员因担心蠲免或缓征钱粮导致地方财政拖欠，不利于自己升迁，也有为了中饱私囊者，经常是一面行蠲免、缓征之政，一面催征如故，“利民”之策往往化为“害民”之政。明英宗对此曾有所评论：“朕继位以来，屡诏蠲逋负、轻徭役。但有司奉行弗至，拊字乖方，甚至通同豪猾肆意侵渔，以致小民产业荡然”（《明英宗实录》卷一二九）。

四是在备灾环节也存在着官仓和水利部门腐败的行为。

官仓腐败的行为表现在任官仓颓塌或侵吞仓谷等。“洪武初，令天下县分，各立预备四仓。官为籴谷收贮，以备赈济，就择本地年高笃实民人管理”（《明会典》卷四〇）。预备仓曾经在明代的防灾、救灾中发挥过十分重要的作用。但随着社会的发展，明代仓储遭到严重的破坏，甚至“官仓储谷，十处九空，甚者谷既全无，仓亦无存矣”（《农政全书》卷四三）。正统二年（1437）五月，户部奏称：“各府县洪武时俱设预备仓粮，随时散敛以济贫民，实为良法。近岁有司视为泛常，仓廪颓塌而不葺，粮米逋负而不征”，致使“凶岁缺食”（《明英宗实录》卷三〇）。宣德三年（1428），户科给事中宋征指出：“洪武中所籴郡县预备仓谷，岁歉则散，秋熟则还。数年来有司官史与守仓之民，或假为己有，或私借与人，俱不还官，仓廒颓废”（《明宣宗实录》卷四二）。大学士杨士奇对此痛心疾首：“洪武年间所置预备仓粮，多由州县不得其人，视为泛常，全不留意，以致土豪奸民盗用谷粟，捏作死绝逃亡人户借用，虚写簿籍为照。是以仓无颗粒之储，甚至拆毁仓屋，间遇饥荒，民无所赖，深负祖宗仁民之心”（《明英宗实录》卷六九）。

水利部门腐败的行为还表现为一些官员在对待水利事业时，消极怠慢。如永乐十年（1412）秋，河南、安徽大水，灾民遍野，河南、安徽都、布、按三司竟然坐视大水为患，既不上报朝廷，也不积极救灾（《明太宗实录》卷一三四）。

由此可见，明代在救灾、防灾的过程中存在的问题相当多，以上谈论的其实只是一部分问题。这些问题在明初还表现得不太明显，随着社会的发展，各项制度不断废弛，吏治不断腐败，这些问题也越来越严重，最终成为明代灭亡的重要原因之一。

清初，政治比较清明，经济具有一定的实力，加上救灾管理体制相对完善，荒政得以有效地贯彻，自然灾害对人民和社会没有造成太大的危害。清政府的救荒政策对保持国家稳定、维持社会再生产的正常运行和社会的良性互动发挥了不小的作用。清朝中期嘉庆、道光以后，政治上日趋腐败，大大小小的官吏，生活奢侈靡费，挥霍无度，各级官吏贪污成风，任人唯亲，官僚主义弥漫。加上治河官员严重腐败，致使河政中弊窦丛生，大量的河防经费被治河官员以各种手段贪污、挥霍，河防工程质量每况愈下，由此导致全国各大河流得不到有效的治理，连年漫决，泛滥成灾。

嘉庆、道光以后，政治的腐败首先体现在荒政中的就是遇灾拖延不报、匿灾、捏造灾情、挪用克扣赈款、玩忽职守等。

根据清政府的规定，地方如发生自然灾害，地方官须搜集有关情况，包括灾害发生的时间、地点、造成的破坏等，迅速报告给所属州府官员和该省督抚司道，该省督抚汇总后应立即将所辖地方灾情向朝廷"飞章题报"。在上报灾情的同时，上级主管官员还需派查灾委员奔赴灾区会同地方官进行勘查。如灾情异常严重，该省督抚须亲自赴灾区查勘。清政府规定，查灾委员必须选用能认真负责的人员充任，如不据实查勘，地方官要根据情节严重程度受到不同的处分。此外，对于勘灾时限和不受理报灾、不亲自勘灾、弄虚作假、被灾情况不实、冒报灾伤等情形，清政府都规定了期限和严厉的处罚办法。但实际情况是，尽管清政府有这一系列实施荒政的具体规定，而各级地方官员或为免除麻烦，或为了政绩，或为了中饱私囊，往往捏造灾情、隐匿灾情、挪用克扣赈款等。

捏灾，即捏造虚报灾情，"以丰为歉"，即将本来是丰收的田地故意报灾奏请蠲缓赈济，借机肥己，或"秋成尚称中稔，灾分直捏至四分处"，"或小有偏灾必从重详报，委员勘验，利之以贿，即可以灾重禀复"（丁日昌《抚吴公牍》卷二一）。嘉庆十四年（1809），松筠参奏，署固原州知州吕荣同、隆德县知县徐炳南联衔奏报，州县东北二乡所属五千六百五十七村庄秋禾被水被霜被雹，成灾七八分不等。但事实上，受灾并没有禀报的那样严重，一般只是"成灾二三分"（《清仁宗睿皇帝实录》卷二一九）。1884年10月，《申报》有一篇题为《官场痼疾》的文章，其中写道："如水旱之灾，由州县申报大宪，大宪入奏，其多有不实之处。大部奏报，以小灾为大灾，以偏灾为全灾，而办蠲办赈，则又反其道而行之。"晚清，捏灾已成积习，以至于"无岁不荒，无年不缓"。这样做的目的并非"体恤民情"，而是为了贪污，地方捏灾"希图灾缓，借此可以影射，督抚不察灾之虚实，擅以掩饰奏请，从中谅可分肥"。

匿灾，即与捏灾正相反，"以歉为丰"，明明境内发生自然灾害，且灾情很严重，地方却隐匿不上报。掩盖灾情的结果，必然是灾年"照常催征"。官吏如此做无非为了掩盖自己预防灾荒不力的责任，粉饰太平，以邀功请赏。嘉庆七年(1802),前任山东巡抚和宁称济宁、金乡等州县,间有飞蝗,不伤禾稼。和宁解任后,新任巡抚祖之望复加查勘,经查实沂州、济宁、东昌等府州五十多个州县均受蝗灾。实际上,山东全省“被蝗处所竟有十之六七”(《清仁宗睿皇帝实录》卷一〇二)。光绪十年(1884),安徽颍州府(今阜阳一带)七州县连遭灾荒,尤其是1887年、1898年大水灾,致使“近河之地两季未收一粒”,百姓无以为生。但是,官府“放赈无多”,而且“急催税银”。其中的原因,正如有人进行揭发的那样:“皆因去岁州县为浮收计匿灾不报,即报亦不实故耳。”晚清诗人高旭曾经赋诗对此加以深刻地揭露:“天既灾于前,官复厄于后。贪官与污吏,天地而蔑有。歌舞太平年,粉饰相沿久。匿灾梗不报,谬冀功不朽。一人果肥矣,其奈万家瘦。官心狠豺狼,民命贱鸡狗。屠之复戮之,逆来须顺受。况当赈灾日,更复上下手。”地方官吏的徇私枉法,使本已蒙受灾荒打击的广大民众雪上加霜。

挪用克扣赈款等。晚清,各地办赈有“清灾”“浑灾”的说法。所谓“浑灾”,相对“清灾”而言,指办赈一片混乱,或赈款(银)被挪用、克扣,或应该得到赈济的灾民被“遗漏”,不该赈的却“冒领”。为此,清政府常常强调办赈时需“选派妥员”。但实际上,“浑灾”较普遍存在,贪官污吏往往视办灾为利薮,“官则肥己营私,吏则中饱滋弊”(《清宣宗实录》卷四七)。嘉庆十三年(1808),黄河决口,江苏淮安一带洪水泛滥,朝廷下令立即放赈,各州县先从州县粮库中拿出粮食赈济灾民,又从户部调出大批赈银到灾区。总督铁保派江苏查赈知县李毓昌往山阳县查赈,李毓昌“亲行乡曲,钩稽户口,兼得山阳知县王伸汉冒赈状,具清册,将上揭”。王伸汉非常害怕,贿以重金,但李毓昌不为所动,后来竟被王伸汉设计毒死。第二年七月,事情查清,案情大白,涉案人员均受到严惩。经查,山阳一案,该管知县“收银二千两”。御史周钺对此指出:“设遇此类道府,又可信乎!道府亦不能遍历村庄,仍委之委员,盖不足凭矣。其要惟在督抚得人耳。至若以查灾为难,因而相率讳灾,则其咎更重矣。将此通谕知之。”(《清史稿》卷一六)

光绪八年(1882),安徽发大水,直隶候补道周金章领取赈银17万两,赴安徽办赈。到了灾区,他仅仅拿出2万两充赈,余下的15万两则“发商生息”(《清德宗实录》卷一六八）。1893 年，黄河在利津决口，该县知县钱镛和汛官王国柱领取 2 万多两银子，作为“灾民购房买牛之用”。但事实上，他们只发下一小部分，大部分银子则“尽以肥己”。为了报销，他们还“逼令灾民出具甘结，威胁势迫，以少报多，以假混真”。不仅如此，对灾民还“催比征科”，共征银“三万余两，尽饱私囊”（《光绪朝东华录》三）。

玩忽职守，假手胥役。清制规定，地方遇灾，该管州县及查灾官员须亲历灾区，核查田地灾情，不得“假手胥役”。每次灾荒发生，有关上谕总要反复强调，各地督抚奏折中也总是声称遵旨执行。但实际上，这些平日里养尊处优的州县官员、查灾委员根本不愿下到气候交通、吃住条件都较为恶劣的灾区，绝少能做到亲自下去查勘。绝大多数情况下，都是“人数开自庄长，造册委之书吏”（《朱批档》，光绪二十一年九月二十二日李秉衡折），“编户审丁造册各事概付书吏、门丁、里长、保正之手”（《录副档》，光绪十九年七月十四日，湖广道监察御史叶庆增折）。领到赈银后，“酌提若干先肥己囊，其余或归诸士绅，或委之胥役，任其随意放给，府、县并不过问”（《录副档》，道光十九年九月初九日，掌江西道监寨御史方允镮折）。于是，胥役、家丁、幕友、保正、庄长、里长、绅衿在查灾办赈中相互勾结，上下其手，“群起而相挟制，迭出而事把持，而弊愈辗转，不胜穷诘”（《录副档》，光绪十九年七月十四日，湖广道监察御史叶庆增折）。而玩忽职守、假手胥役的结果就是救灾有名无实，灾害后果严重，饥馑时现。如嘉庆十一年（1806）六月，“六塘河决，西水为灾，高邮夏大水，大饥”（民国《江苏通志稿》）。道光二年（1822），“赈淮属饥民，免嘉庆中民欠”（民国《泗阳县志》）。咸丰七年（1857）颍上，“四月雨雹，蝗蝻入城，五月大疫，人死过半，白骨遍野，岁大饥，食树皮，野谷殆尽”（光绪《颍上县志》）。光绪二十四年（1898）霍邱，“春，淫雨，坏二麦，是岁大饥，斗米千余钱，流离饿殍相望于道”（光绪《霍邱县志》）。由此也可看出，救灾中玩忽职守，假手胥役，后果严重。

乾隆、嘉庆时期，大量的圩田、湖田、滩地、沙洲被开垦出来。但因这些围垦的地亩因侵及河道和湖淀内部影响正常的蓄泄功能，清政府多次下令禁止这种行为，并命令地方官严行查禁：“凡地关蓄水及出水者，令地方官亲自勘明，但有碍水利，即不许报垦。如有私将塘池改垦为田者，查出重罚。”但是，一方面，占垦的无地贫民视之为生计，不肯罢手，占垦的豪强势力太大，地方官怕麻烦，不想招惹。而负责查禁的胥役往往借查禁之机，百般勒索，从中牟取私利，不肯尽心盘查。而且，开垦地亩既是地方又是国家赋税的重要来源。地方官可以通过报垦升科为自己赢得政绩。所以，地方官也并不认真严查。但是，“地方官所报升科者，不过十分之一二。而豪强之兼并，奸民之侵蚀者，不知凡几”。受益最大的是豪强及奸民，而不是国家和普通老百姓。

清朝政治腐败对灾害的影响还突出地表现在河政的腐败上。总体上来说，清政府对河政的重视程度超过以往各代，如清朝设置专门治河的官员河督，河督隶属中央，职权等同于地方督抚，权力很大。之下增设各道、各厅，同时还配有治河的兵丁，文武河员数百，河兵万千余。嘉庆、道光以后每年都投入了大量的治河经费，而治河的成效却并不那么显著，河患不断加剧，其中，河政的腐败是最重要的因素。河政的腐败主要表现在以下方面：

一是侵占或挪用治河经费。清嘉庆、道光后，各级官员贪污严重，屡禁不止。腐败、贪污的手段多样，如有的直接将河防治理的经费贪污或挪用。治河经费已经成为治河人员希图攫取的对象。如在南河“淮扬游击刘普、淮徐游击庄刚、睢南同知熊辉、丁忧睢南同知莫沄，素号四寇。又捐职淮徐道书潘果、郭聪有费仲、尤浑之称”。熊辉、莫沄、潘果、郭聪家财丰厚，“皆系积年侵冒工帑所致”（《清仁宗睿皇帝实录》卷六五）。治河官员贪污猖獗，久为人知，户部官员也借河员奏销时趁机勒索。经过种种侵蚀之后，真正用于治河的经费很少。河防经费没有保障，治河的效果自然受到影响，抵御灾害的能力自然下降。大量河政官员生活奢靡，一切用度务求精美，以致“厅员奢侈挥霍，已成风气，间有二三朴实自好者，共指为不合时宜”（《清宣宗成皇帝实录》卷四〇二）。由此看出河工生活奢靡挥霍的普遍性，而其后则是侵吞经费现象的大量存在。

治河的经费不仅为河员所贪，还成为河官们平日迎来送往的经费。在江南河工，经常有过往官员及举贡生监幕友人等，前往求助，河督及道厅等官慷慨资助，“尤为河工漏卮”。道光皇帝后来知道后，意识到问题的严重性，屡次降旨禁革。谕令指示河督“遇有往谒求助之人，即将其人指明参奏，并着两江总督明察暗访，力祛弊源。东河也着照此办理，并责成山东巡抚加意稽查，以挽积习而救河防”（《清宣宗成皇帝实录》卷四五五）。但是，在官官相护的官场风气下，河督从未举发一人，参劾一人，道光皇帝的努力几乎没有收到任何成效。

二是冒领冒销河工经费。嘉道时期，除一般的加长丈尺通融开报外，另案报销成为一种侵蚀治河经费的办法。另案原为例价不敷之时，厅员借其名目以通融报销。但是，自嘉庆十一年（1806）加价之后，岁修、抢修二项价银已经增至两倍，本不应再有另案。但是，另案工程不仅没有减少，反而日渐增多，另案开销已经成为河员借机侵蚀的又一种办法。据工部称，河员经常把“明系岁修工程，不能坚实，甚或只将情形较轻处所，略事补苴，转将实系沉蛰朽腐者”，留为另案开销（《清仁宗睿皇帝实录》卷二二六）。更有甚者，工员为了领取治河经费，竟然偷偷将堤岸戳损。而且这一现象还很普遍，更说明事态的严重。

嘉庆十五年（1810），吴璥路过扬州时曾向两淮盐运使阿克当阿谈及河工中存在的冒领冒销现象。他说：“厅员营弁中诚实者少，不肖者多，不愿无事，只求有工。”曾有人禀报一段工程，他亲自查看，“直不用办”。又如外河厅同知王世臣承办一段土坝，他“将坝刨开，只有一半工程”。无工程可兴办者，借支银两，以便私用，“云俟将来办公时再行扣除”。吴璥认为预先支领河工经费的事情以前肯定有人办过，否则不会如此肆无忌惮。吴璥还提到“从前修办四五座坝工，也就用银十万两左右，如今修办一项竟用至十余万两。他在任前后六七年只用银一千余万，此数年来竟用过三四千万”（《清仁宗睿皇帝实录》卷二三八）。可见，其中肯定大有问题。吴璥所言揭露了多数厅员期望有工的心理、禀报工程中的无中生有、承办过程中的不实甚至无可办之工却预先支领经费的诸种弊端。

三是偷工减料或采办物料不实。物料是办理河工的基础，河员在领到经费采购物料时，往往并不尽职，或将其作为肥己之资。外工的存在与购料诸种弊端有着一定的关系。外工即代厅员办工的幕友人等。他们对工程物料价格非常熟悉，各处揽办工程，其中偷减侵蚀之弊，大半与他们直接有关。而且外工身份特殊，他们不是在官人役，对工程质量不负责任。“迨至所办之工或有疏失，工程罚赔治罪，而伊等转得置身事外”（《清仁宗睿皇帝实录》卷二五四）。这种身份使得他们更加有恃无恐。这种弊端嘉庆时期就已经存在，道光时期更加严重。当时“河工积习，厅员出息，但问办料州县，游幕之徒，借署内熟识之人，出入招摇。其在河工者名为外工，类皆盘踞有年，购料必经其手，交收、查验如何蒙蔽，又复熟谙，故能久为河工之害，自由其手”。他们正因为对河工奏销程序比较熟悉，所以能将采办物料之事玩弄于股掌之中，为自己牟取私利，致使购料经费被随意侵蚀，导致物料短缺或以次充好，“至交料勘估时，总河并不亲身验看，委员等从中索费，层层剥扣，以致料秸虚凑成堆，不敷抢护”（《嘉庆道光两朝上谕档》）。具体情例如嘉庆十二年（1807），淮安捐职通判张茹璧向钦差大臣英和揭露盱堰堤石等存在的问题。据称该处厅营各员“并不照估筑坝，将石块约略安放，桩木全行偷减，又兴筑土石工程亦不照例取土”。这势必造成工程质量的下降，防灾能力减弱。一旦遇到险情，河决成灾的后果十分严重。

四是玩忽职守，敷衍塞责。嘉庆、道光以后，由于政治腐败，所用河官大多昏庸无为、不负责任。包世臣在《论治河优劣》中曾尖锐地分析道：“自潘、靳之后莫能言治河者，其善者防之而已。”“至河堤之深浅，堤面之高下，问之司河事者，莫能知其数。”“报有志桩存水之文，测量实水，则与报文悬殊，问之司河事者，莫能言其故。”这反映出所用河官的昏庸无为、不负责任。具体事例如：

道光二十一年（1841）六月，黄河在河南祥符决口，据前往江苏赴任途经河南的按察使李星沅记述，河督文冲“视河工为儿戏，饮酒作乐”，与同在一省的河南巡抚牛鉴“久不相能”，专搞摩擦，“厅官禀报置不问，至有大决”。决口后，又提出迁省会，“听其泛滥，以顺水性”，“汴人欲得其肉而食之，恶状可想”（《李星沅日记》）。黄河决口，洪水下注涡河、淝河、沙河等进入皖北。同年七月，道光皇帝连发数谕命安徽巡抚程楙采采取防护措施，并将安徽境内水情、灾情及时上报，但是程楙采毫无反应，直到一个月后方才上报灾情，而且内容简单，对皖北水情、灾情轻描淡写，对道光帝敷衍塞责。这使得道光帝很是不满，严厉斥责，这位皖抚才详细上奏了灾情，中央政府直至八月中下旬方才根据灾情进行救灾。《安徽省志》称程楙采“性刚正而善最笃”，乃是一名能臣（《安徽省志·大事记》）。但他在一个多月的时间中没有上报灾情，使道光帝和清朝中央政府不知具体灾情，无法做出对策。

光绪二十七年（1901）冬，河务专家扬州堤工局总办丁葆元被委派主持淮扬运河高、宝交界处工程。第二年，丁葆元正在赶办筑坝放水事宜，此时两江总督一职由刘坤一换成了张之洞。丁葆元得知此讯，“惊惧万状”。因为丁葆元曾率员查办过张之洞被劾事由，与张结下了怨隙。后张之洞刚莅任，“果有严札前来，督责一般迎合者，又复布散谣言，谓观察（丁葆元）购料不实，用人不当。观察乃功名之士，利害切身，忧与劳积，身膺重病。此项要工几败垂成”（《梦蕉亭杂记》卷二）。

民国时期，一些大灾同样与当时的政治腐败有关。由于政治腐败的影响，在灾害的救助和防灾、减灾中大小官员滥用公款、中饱私囊，水利工程建设和管理中，人浮于事、敷衍塞责、“把堵河渠”，不重视防灾减灾工作等现象也处处存在。

一是大小官员们滥用公款、中饱私囊的现象严重。

民国二十二年（1931）八月二十八日的《申报》有这样的报道：

皖省堤款，数年未加清理。侵蚀挪借，视为故常。前岁水灾发生，此项秘密，遂完全暴漏……除长岳监督毛钟才侵蚀堤款，逃逸无踪。其次……等项，亏蚀更多。各县县长，财政局长，各征收局长，亏蚀或挪借捐款者，多或逾万。

民国二十三年（1932）五月十二日的《大公报》的报道有：

运河沿岸各县治运亩捐，大多为各县当局所挪用。即有少数解省之款，又被省府当局挪充急需，以致治河工款，反告向隅。

1931 年江淮大水发生时，在苏北治河中出现了这样的事情：

淮安加子埝八十余里，仅用洋三万余元。宝应加子埝亦数十里，仅用洋五千余元。淮阴、高邮为数尤少。而水利局之夏防费，竟开三十三万余元，数目相差，竟如是之巨。①

高宝段工务所所长李仲强借口运堤决口账册被毁，将该所所存公款及单据，一概遗失无余，以致十二万工款，究竟作何用途，迄无簿册可证。

可是，当时附近的民众都知道，早在灾情稍有吃紧之时，李仲强等就移到生火待发的轮船上“办公”，账册怎么会被毁掉了呢？答案显而易见，那就是李仲强等人为掩盖贪污公款的事实而蓄意将账册销毁了。

除了管理人员贪污腐败外，普通的闸夫、汛兵也置身其中。洪水宣泄和河道航运历史上就矛盾不断，盐商私枭时常收买闸夫“枉法启闭”，“向例淮水泛滥，开启双全闸以利宣泄”。1931年大水，“该闸亦循例启放，乃该闸坚守员赵筱斋,胆敢留底板四块不启,蒙报完全开放,以致水流宣泄不畅”。赵筱斋留底板四块，仅仅是为盐商所给的50元“陋规”。事情败露后，该所所长赵履祺竟然“任其逃逸”。负责春修夏防的情况如：

汛兵向恃屯垦为生活，并不支薪。自入民国以来，或盗卖所垦之田，或敲诈人民之产，甚至民间耕牛，偶在堤上吃草，亦可私自罚金。至于每岁修防之费，大概被彼辈分肥，上下相蒙，已非一日。②

二是防灾、救灾态度消极，人浮于事，工作敷衍塞责。

对于灾害历来主张以“防”为重点，因此，在汛期前做好各项防灾的准备工作非常重要。就是这样一个常识性的问题,却引不起政府和官员的重视。如苏北运河每年都有应对汛期洪水的“春修”，原为防灾之预备，故积土积石积柴，为春修最为重要的工程。但是，1931年春修时，江苏省水利局对这项工作：

虽开支五万余元之春修费，然对于积土工程，则完全未做。故当

① 高大同：《高一涵监察工作文选》，凤凰出版社2015年版，第402页。
② 高大同：《高一涵监察工作文选》，凤凰出版社2015年版，第401—402页。

七八月水陡涨，急于抢险之时，数百里长堤，同时缺土。麻袋蒲包，亦同时告罄。贻误河工，实非浅鲜。[①]

大水后查勘河堤时：

高邮以下，积土全无，而宝应、淮安一带，虽存有积土，然已多半供筑路之用，所余无几，而且此项积土，至少为五年前之物，其土中树木，高者二丈有余。[②]

当时的江苏省水利局也是规模之大，用人之多，积弊之深堪称惊异：

该局之内，自局长、处长、总工程师、副总工程师、工程师、佐理工程师、工务员、测绘员，以至科员、办事员、试用办事员等共计七十一人。所辖江都段、高宝段、淮邳段三段工务所，自所长以至工务员各十一人，计三十三人。工务所之下，共分为十余汛，每汛自修守员、修守副员以至队目、堡兵，少者十余人，多至三十余人，约计不下四百人。局内上级人员，其工作仅为文书册籍计划考核，绝少参与运河工程之实际工作。至于下级人员，大都有名无实。甚至因袭从前积习，迄今未除。[③]

不仅人浮于事，而且“三段工务所所长。所习者皆为土木工程，并无一专习水利工程者。其于河工，素无相当经验，故对于出险时之抢救，及出险后之堵塞，皆束手无策”。1931 年运河决口 26 处，总长度为 800 余丈。

民国三十二年至三十三年（1942—1943）河南大旱，并产生严重的饥荒，当时正在重庆美国新闻处工作的美国人格兰姆·贝克有这样的报道：

在这一年（1942）中，就我观察到的国民党的所作所为而言，尽管

① 高大同：《高一涵监察工作文选》，凤凰出版社 2015 年版，第 402 页。

② 高大同：《高一涵监察工作文选》，凤凰出版社 2015 年版，第 402 页。

③ 汪汉忠：《灾害、社会与现代化——以苏北民国时期为中心的考察》，社会科学文学出版社 2005 年版，第 176 页。

他们说得动听，但其中绝大多数是表面文章……许多这种官样文章是专门做给海外人士，特别是给美国公众看的。其中一个令人痛心的例子是“印度饥荒救济委员会”。这个委员会由蒋夫人和其他一些知名人士负责。那时因为日本人占领了缅甸，并切断了缅甸对印度的大米供应，印度孟加拉邦发生了饥荒，饿死大约二百万人。当时中国的河南省也处于饥荒之中，其程度和孟加拉邦同样严重。由于河南地处前线，没有什么外国贵宾前往，重庆国民党就不承认河南发生了饥荒，而且禁止报刊提到此事，当然也不可能有什么“河南饥荒救济委员会”。

实际上，正是这些人应该对本国人民所遭受的苦难负相当的责任。①

格兰姆·贝克还对河南灾区不少政府官员和军官的所作所为进行了记述，并把河南发生的这一切，看作“证明国民党正在走向自我毁灭的最不祥的征兆”。

三是“把堵河渠”，损公肥私，谋求一己之私利。该情形如亨丁顿所说：

山东省城以北，历次开掘有无数并行之小渠，每隔三十里而一见。此等河渠之功用，即在宣泄运河过量之水。当平日无用之时，渠口塞以泥土，渠底即无水渍，其中土壤优美……似此价值高贵之沃土，地方之贪官劣绅，即把堵而据之以为已有，遣人于渠底实现耕种，彼等则坐享其成。一旦大雨不止，运河水发，照例应将渠口开掘，以资宣泄。然彼等贪官劣绅，明知一度大水，必有荒年，灾荒既已不免，彼等一切不正当之财源，必将断绝，其他财源既已不保，则此渠底沃土种植之物，更不能遽行放弃，遂不肯开掘渠口。数百年来，凡遇此等官绅当道，渠口从不开掘。一九二一年（民国十年）之情形，亦即如此。故运河终至于泛滥，淹没附近之平原。而彼官绅把占之渠底，因两岸渠堤高筑，独得免于巨灾；百姓田地，较渠底面积更大什百倍者，尽成泽国。其中足以维持数十万人口生命之一年收获，遂尽归乌有矣！②

① 李文海：《中国近代十大灾荒》，上海人民出版社 1994 年版，第 283—284 页。

② 邓拓：《中国救荒史》，北京出版社 1998 年版，第 96 页。

民国十年（1921）8省大水，江苏50余县遭灾，苏北盐城县堰堤横决。据当时的《大公报》披露：

> 盐城县新兴市旧有永丰堰一座，专为防御西水而设，堰内田地一千数百顷，赖该堰为保障，全堰沟口41条……沟口决于去岁夏历九月二十日，当未决之前一日，水上已泛漩涡，邻近各家募集渔船数艘，急谋堵岛，花费不过十余元，（董事）坚不承认，以为无虞，其尤奇者，沟口既决，邻团奔来抢救，（董事）犹恐人多滋事，命其子侄撤去桥梁，断绝交通，将家中什物稻麦搬运一空，谋一己之安全，不顾全堰之安全，又命人潜开邻团沟口，希图嫁祸，迁延复迁延，遂至不可收拾。[①]

四是水利废弛。水利废弛就是大部分水利工程遭到严重的破坏，水利不修，或官员不负责任，敷衍塞责等。后者前文有所论述。就前者来说，民国时期水旱灾害如此严重与大部分水利工程遭到严重的破坏，水利不修关系密切，如民国二十一年（1931）江淮大水，天气异常，江淮流域大范围的洪水固然是主要原因，然而更重要的问题还在于，从北洋政府到南京政府，都是勇于内战而漠于民生的政府。执政的旧军阀、新军阀，不但造成了国家的极端落后状态，而且还在连年争战中把本来就少得可怜的一点抗灾设施也破坏殆尽。当时，以政治态度“不偏不倚”著称的《东方杂志》发表署名文章指出，“盖严格论之，此次水灾，纯系二十年来内争之结果，并非偶然之事”，“苟无内争，各地水利何至废弃若此。各地水利，苟不如此废弃，纵遇水灾，何至如此之束手无策”[②]。

五是赈灾中的弊端。当然，民国时期，在赈灾的过程中也存在不少的弊端，如急赈缓办、克扣赈款等。民国二十年（1931）特大灾害发生后，国民政府9月拨给安徽急赈款30万元，但直到11月还未下发，灾民嗷嗷待哺，死亡枕藉，仅皖北26县即死亡6万余人，其中空待赈济而死的占多数。何以如此？安徽查赈专员张公衡道出实情，“省政府主席陈调元先将此款归他支配，继

---

① 李文海等：《近代中国灾荒纪年续编（1917—1949）》，湖南教育出版社1993年版，第35页。

② 沈怡：《水灾与今后中国之水利问题》，《东方杂志》卷二八，1931年22号。

则主张办粥厂，后来因为国民政府救济水灾委员会督促分配此款，陈调元仍假工赈为名扣留不发，因而形成急赈缓办，以致引起公愤，不断上告、请愿”①。

1931 年 11 月出版的《皖灾周刊》对借贷“美麦”事进行了揭露：“国府向美国购来赈灾的所谓‘美麦’45 万吨，然而到现在还是‘空谷足音’，令人如堕五里雾中。还有令人悲愤的是，政府始终麻木不仁，漠视民命，对于这次救灾工作，一点也不紧张，一毫也不注意。救灾积极有效方法尚无所闻……现在灾民是涸辙之鱼，忍死待赈。恐怕‘美麦’没有运到，他们已经都变成饿殍了。”②

以上，我们以明、清、近代以来多方面的例子，探讨了政治腐败与灾害的关系，史上其他时期的情况大致与此相同。当然，就总体而言，新中国成立前历代统治阶级的剥削和苛政是灾害发生的根本原因。针对清朝嘉庆、道光时期的政治，龚自珍曾言：“不论盐铁不筹河，独倚东南涕泪多。国赋三升民一斗，屠牛那不胜栽禾？”深刻揭露出社会衰败之时，人民大众遭受的实际痛苦。邓云特在《中国救荒史》一书中指出：“我们考察旧日典籍记载，从来灾荒的发生，带根本性的原因无不在于统治阶级的剥削苛政。自成周以后，史实的表现，尤为显著。中国社会自西周以后三千年间，虽王朝屡更，而统治的性质基本不变。鸦片战争以后，中国变为半封建半殖民地社会。但是封建势力的统治仍然笼罩一切。况且在历代封建的剥削日益加重，官府赋役征虐之外，再加上社会各统治阶级层的暴敛侵掠。这实是丧失农民防灾力的主要原因。”种种盘剥之下，人们抵御自然灾害的能力降低，而自然灾害对人类社会的打击程度与人类自身抵御灾害能力成反比。因此，自然灾害对百姓的打击异常严重与当时腐败的政治有着密不可分的联系。

三、战争与灾害

邓云特先生对战争与灾荒之关系也有过一段精辟的论述。他说：战争是“造成灾荒之一人为条件。战争与灾荒，此两者在表面上本有相互影响之关系。质

① 安徽省地方志办公室：《安徽水灾备忘录》，黄山书社 1991 年版，第 40 页。

② 引自安徽地方志办公室：《安徽水灾备忘录》，黄山书社 1991 年版，第 40—41 页。

言之，战争固为促进灾荒发展之有力因素”，“我国历史上各时期掠夺之战争，其破坏之酷烈，常超过吾人之想象。此等掠夺战争之直接结果，即为整个社会经济之衰败，尤以农业方面所受之打击为最甚”①。说明战争对灾害造成的影响很大。过去传统的小农经济本来抵御自然灾害的能力就很弱小，战争的爆发，或受其影响则进一步降低了民众原本就很弱的抵御灾害的能力，加剧了灾害的发生，加深了灾害发生的程度。

历史上的战争对淮河流域灾害造成的影响是巨大的。淮河流域地处南北要冲，历史上就是兵家必争之地。《读史方舆纪要》记载：“江淮之间，五方之所聚也，百货之所集也，山川薮泽之富远近不能及也。”历史上，淮河流域往往成为南北政权同时并存并以之为界的标志，如三国、两晋、南北朝、南宋与金对峙时期就是如此。上述时期，淮河流域俨然成了北南双方进行战争的战场，由此对淮河流域造成的灾害损失巨大。

战争对灾害的影响，首先表现为以水代兵，人为决河造成损失。这里既有人为决黄河给淮河流域带来的灾害的影响，也有人为决淮河给淮河流域带来的灾害的影响。

以河水作为战争工具的做法，历史上曾多次发生，人为造成的灾害巨大。如923年，五代时的后梁决黄河东注以隔唐军，使河水泛溢于豫东、鲁西南地区。1128年，南宋东京留守杜充决河，以阻金军，造成黄河南泛达700年之久，淮河流域人民遭受了无穷无尽的灾难。最近的一次人为决河是在抗战时期的1938年6月。蒋介石国民政府为了阻挡日军的西进，掘开黄河的花园口南岸大堤，造成了黄淮流域的大水灾。

1938年6月9日，根据蒋介石的命令，第二十集团军司令商震所部将郑州附近黄河花园口南岸的大堤炸开，黄水从决口处缓慢流出后改道。11日上游大水，黄河水暴涨。洪水沿着贾鲁河、颍河、涡河、茨河等河道向东南奔流，平地漫溢，由十几里扩展到100多里，在人口稠密的淮北平原上横冲直撞，然后在正阳关至怀远一段倾注于淮河干流。黄河水入淮后，横溢两岸，造成水灾。黄河洪水经洪泽湖、高宝诸湖及废黄河入江入海。由于宣泄不及，在河南、安徽、江苏的大片土地上泛滥成灾，造成三省44个县市受灾，死亡89万人，391

① 邓拓：《中国救荒史》，北京出版社1998年版，第101页。

万人流亡，直接经济损失 109176 万元。此外，这次黄河花园口决口还造成历时九年之久的黄泛，加重了洪泽湖和其他河湖的淤塞，加重了淮河的创伤，给 1950 年淮河大水灾直接埋下了祸根。

至于用决淮水及附近河水来淹没敌军的事例也不鲜见。如南北朝时，南朝梁为了攻取寿阳（今寿县），堰淮水灌魏，于梁天监十三年（514）开始筑浮山堰，次年成而复溃，又于次年（516）最终筑成。此项工程十分浩大，夏天疾疫，冬天寒冷，工役死十之七八，而更大的灾害还在后面，史载，“至其秋，淮水暴涨，堰坏，奔流于海，杀数万人，其声若雷，闻三百里”（《南史·康绚传》），“漂其缘淮城戍居民村落十余万口，流入于海”（《魏书·萧衍传》）。据初步统计，从梁天监五年（506）至陈太建九年（577），短短的 70 年间，发生在淮河流域的水攻记录就达到 7 次之多，其中，合肥 1 次，徐州 3 次，寿县 3 次[①]。

抗日战争时期,类似花园口这样的“以水代兵”的事例尚有许多。如根据《江苏省近两千年洪涝旱潮灾害年表》的记载，1938 年 6 月，“日寇决苏北运河大堤，里下河遂成为泽国”。

解放战争时期，国民党曾想“以水代兵”破坏苏北解放区。1946 年大水，高邮运河最高水位曾达“一丈七尺四寸”，人坐在堤上能洗手，汛期由 8 月 20 日到 10 月 6 日，长达 66 天，其中水位在“一丈六尺”以上的就有 49 天。正当解放区军民万分紧张地进行防汛抢险的时候，扬州的国民党军队，一方面要人民政府开运河东堤上的归海坝，把淮河洪水通过里下河地区泛流入海，一方面却加固归江各坝，不许开归江坝排洪入江。为此，中共代表团周恩来致函国民政府，要求迅速开放归江各坝，让淮河洪水安然入江。国民政府迫于舆论压力，不得不于 7 月 10 日将归江各坝全行开放。

战争对灾害的影响，其次表现为水利工程和森林植被被破坏，加剧了战乱地区的生态失衡，导致了旱涝灾害时常发生。

以水利工程的损毁为例，历史上淮河流域多次成为南北政权对峙的地区，因此实际上成为南北方进行战争的战场。其结果就是，一方面人口大量减少，土地荒芜，农田水利失修。如宋金对峙时期，宋金双方长期征战在淮

① 武汉水利电力学院、水利电力科学研究院:《中国水利史稿》(上册)，水利电力出版社 1979 年版，第 7 页。

河一线。因此，黄河在1128年被人为决口南徙后，金政权对其决溢的状况根本无暇顾及，也不去堵塞，而是有意让黄河水去为害北宋政权，最终演变成黄河长期夺淮的态势。再有，宋金双方长期在淮河一线征战致使“陈、蔡、汝、颍之间土广人稀”，农业生产长期处于衰败状态。当时睢州、归德府、郑州、许州等地人口密度为60—70人/平方千米。沿淮各州人口密度普遍偏低，一般仅有10—20人/平方千米，或更低。人们为躲避战乱，像候鸟一样生活，加之黄河不断南泛，农业生产和农田水利遭到极大的破坏。

抗战时期，日军于1937年底到1938年上半年，占领了盐城、徐州、淮阴等地淮河流域广大地区，导淮工程被迫中断，已建设成的水利工程大多也在战火中损毁殆尽。“八一三”上海鏖战正急，国民党江苏省政府主席陈果夫“令三河坝工程处暂停工作，其石子移供江阴封口用，所有水泥、钢骨亦备作军用”。尚未完工的工程基础中的钢管和钢筋也被投入新四军兵工厂的熊熊炉火中，成为杀寇抗敌的追击炮和枪支弹药。抗日战争期间，运河大堤更是破坏严重，仅里运河堤上就有大小碉堡57个，纵横深壕随处可见，渗漏、塌陷不下百余处。根据《苏皖边区人民抗战八年中所遭受灾害及对于联合国善后救济总署之要求》一文的统计，运河一线的30座水闸中，全部破坏的有8座，大部破坏的有22座。同时，在日伪统治区，苏北不仅堤坝失修，而且河道被随意阻塞，“敌伪修筑公路不建桥梁，即以土填河为坝以作通道”，致沂河“下游各河阻塞”，“而沭河下游……日寇架设木桥通车，桩基抛石甚多，形成一拦河坝……”抗战胜利后，国民党为对付解放军，又“恣意破坏河堤，砍伐树木，挖掘战壕”，甚至在溃退时妄图决河阻止解放军南进。

以森林植被的毁坏为例，战争在破坏广大地区社会生产的同时，也摧毁了战乱地区的山林植被，使战乱地区的生态失去了平衡，使水土流失现象更为严峻，旱涝灾害时有发生。如豫皖苏平原一带原有大量的农田防护林，但在清代中期大多数毁于战火。清军为剿灭捻军，所到之处，烧杀抢掠，使豫、皖一带东西三百余里、南北二百余里之间，杳无人烟，河南森林被焚毁。后来的军阀混战又破坏了太平天国战后中原复兴起来的路旁植树及农田防护林，如1927年冬，江苏省教育林第一林场第三区，因政局不宁，常有土匪出没林间，红枪会众，纵火焚林，七日不熄，损失林木约共三百万株，为我国人工林横遭破坏的罕见之例。

关于军阀混战损毁林木的情况，陶直夫的论文揭露说，地方军阀在河南筹饷，借口“不忍”向民间摊派，就变卖栽种在黄河堤岸上的树木。“民众起来说情了……树木是防河水泛滥的，千万不能拔起出卖；若是要饷项，还是由民众摊派”，“等到款项重新告罄，便设法演同样一套把戏，老百姓无可奈何，只得再筹钱缴去。不过，因为民众实在‘集腋’不成，以致防堤树木全数被斩的事实，据说也屡见不鲜”。

抗战时期，我国森林资源破坏现象也比较严重。如“日寇占领长沟后……抓去四十多人打圩，砍伐树木，一次就砍一万多棵，拉去牲畜30多头，衣服食物无计其数，抢粮食一百多石”①。有学者曾感慨说道：“凡被战事波及的省份，所有林木几尽被焚毁砍伐；至原有营林机构亦大部停止工作。据调查结果，因战事而使森林直接被毁的地区计达21省，间接受害的地区遍及26省。总计损失达全国森林蓄积量的10%以上。”②

总之，战争不但破坏了广大地区，包括淮河流域的社会生产。同时，战争还大量地毁坏了战乱地区的水利设施、山林植被，极大地削弱了这一地区的抗灾能力。

战争对灾害的影响，再次表现为军费开支庞大，间接影响到了改善环境的可能性。

民国北京政府时期，政局动荡不定，“皖省时入漩涡，军费出款因之大增多或逾岁入之半，少也至三分之一，他项政费遂受影响”。如“1923年收入总额约九百余万元，而军费支出达四百万元。1924年军费更扩张至五百二十八万元。合附属军事机关百万元，共六百余万元。当时教育厅行政各项费用之拖欠额常在四个月以上。1925年因孙传芳与奉军战争，军费益增。1926年以援赣之役损失约三百万元，于是皖省岁出入更为紊乱矣”③。“1927年春皖省始隶属于民国政府，十一月始成立省政府……是年皖省亦未办预算，盖以军事未遑及此。当时财政情形据财政厅厅长1928年呈

① 朱超南：《淮北抗日根据地财政经济史稿》，安徽人民出版社1985年版，第12页。

② 陈嵘：《中国森林史料》，京华印书馆1951年版，第178页。

③ 胡慧芳：《淮河中下游地区环境变动与社会控制》，安徽人民出版社2008年版，第81页。

部文所称：本年收入项下原可无所增减，只以反正伊始，军费浩繁，且皖省全境均属军事范围，财政遂受重大影响。迨何健、刘兴军入皖，政务委员会迁芜，以后财政愈入紊乱之境。省库之损失已不堪设想。又奉中央命令将原属省办之凤芜两关及烟酒印花面派员接办，均经逐一移交，于是每年又骤少四五百万之收入……收入锐减，支出复漫无限制”[①]。

财政拮据，限制了历届政府改善环境的可能。各省预算用于水利兴修、植树造林上的经费少之又少。而这一点经费实际上还不能全用于水利建设等方面。一些军阀“将修堤修围之经费亦据为己有，用作军费。同时复用种种苛捐杂税的名目，强掠人民之财产，使人民亦无法预见顾及到防修堤围之事”。安徽省“自民十六年迄今，所用于水利者，除机关费外，每年事业费最多者不过二万数千元，少者仅千元而已……殊无开发水利之可能”。

以上，我们分析了战争对洪涝灾害、水利工程和森林植被损失等的影响。实际上战争造成的社会生产力的破坏也是巨大的。战争所到之处，农民纷纷避难，四散奔逃，不能及时耕种。战争中大量普通百姓惨遭杀害，大量青年壮年被征去当兵，造成生产劳动力缺乏。劳动力是农业生产中起重要作用的因素，劳动力的大量丧失，势必影响正常的生产活动。农业生产是防荒的重要措施之一，农业生产的中断严重降低人民的备荒能力，引发了严重的灾害。而淮河流域地处南北要冲，历来是兵家必争之地。可以想见，历史上各个时期的战争也是造成淮河流域中下游地区淮北生态环境恶化的一个重要社会因素。

---

① 胡慧芳：《淮河中下游地区环境变动与社会控制》，安徽人民出版社 2008 年版，第 82 页。

第五章

官府应对灾害的措施及其弊端

灾害与整个社会紧密相连，是社会运转情况的重要反映，通过灾害可以揭示出一定社会的诸多本质的内容。同时社会也会对灾害产生诸多方面的影响。著名学者李文海先生曾说："自然灾害曾经给予我国近代的经济、政治以及社会生活的各个方面以巨大而深刻的影响。同时，近代经济、政治的发展也不可避免地使这一时期的灾荒带有自己时代的特色。"[①]其实，这一说法也同样适用于古代社会。要想真正揭示灾害的本质内容，必须首先了解与灾害相互关联着的当时社会的政治、经济以及社会生活各个方面的状况。因此需要探讨一下灾害与政治、社会诸多方面的关系以及政府和社会应对灾害的措施。

一、灾害对时局的影响

在传统中国社会里，国家的权利中心是君主，君主代表的就是国家，君主政治即是国家的政治。因此在灾害的背景下，君主政治的清明与否与社会治乱之间有着极为密切的关系。实际而言，历史上政治较为清明的时期，加上阶级矛盾相对缓和，经济状况良好，统治阶级重视，灾害所造成的危害程度就小。而在政治腐败、国弱君昏、阶级矛盾或民族矛盾突出时期，灾害往往就成为诱发大规模流民、匪盗和农民起义的重要条件。

在古代历史上也曾出现过统治阶级代表人物比较重视对灾害治理的事例。唐初，自然灾害严重，由于唐太宗君臣对灾害有比较清醒的认识，并对

① 李文海：《中国近代灾荒与社会生活》，《近代史研究》1990 年第 5 期。

灾害采取积极的应对措施，唐代在比较短的时间内就渡过了难关。“太宗即位之初，霜旱为灾，米如谷涌贵，突厥侵扰，州县骚然”（《贞观正要》卷一）。霜灾、旱灾等自然灾害造成了粮食价格居高不下，“是时，自京师及河东、河南、陇右饥馑尤甚，一匹绢才得一斗米”。在这次以关中地区为中心的旱灾中，由于唐太宗“志在忧人”，并且积极采取措施“锐精为政，崇尚节俭，大布恩德”，赢得了百姓对政府的理解与配合，“百姓虽东西逐食，未尝嗟怨，莫不自安”。

明朝建立后较长一段时间，朝廷对灾害治理的重要性也提高了认识，如开国皇帝朱元璋出身于农民，他比较重视救治灾荒，关心农民疾苦，他的民本思想对继任者影响较大，一般也都能把救荒作为一项重要的政务，尤其是对流民往往采取了一系列户籍重置政策，从而稳定了当时的社会。据有关文献记载，永乐十九年（1421），“河南水灾，民多流亡，长史不加恤”（《明史》卷一六〇）；宣德元年（1430），“河南旱荒，民多转徙”（《明史》卷一六〇）；景泰五年，“南直隶淮安、徐州、河南、山东等处连年旱涝，始者公私颇有储蓄，去岁以来，私蓄全无，今者公廪亦空，民多流离死亡”（《明英宗实录》卷二六〇）等，大量的流民出现，产生了相当严重的社会问题，这种状况迫使明朝官府改变此前的“强遣”办法，而采取相应的附籍安置措施，大大缓解了由灾害引发的社会危机。

清代乾隆以前，尤其是“康乾盛世”时期，情况与唐初、明初等时期类似。此一时期的自然灾害也是频发，甚至自然灾害发生的次数比清中后期都要多，局地范围内官民冲突也时有发生，但是由于清朝政治比较清明、经济形势良好，政府在灾害的救治方面的措施也得以有效的实施，自然灾害对社会的打击与破坏比较小，政府的救灾措施对保障社会的基本稳定和良性运转发挥了较大的作用。晚清时有人对此评价道：“乾隆六十年中，各省绝鲜大水灾，故百姓充实，丁粮鲜逋欠者。盖朝廷日以民事为重，慎择疆吏，凡监司以下至牧令，皆以才德自备，虽不尽廉平，而地方咸日有起色，百废俱举故也。”（《水窗春呓》卷下）

不过，历史上君主政治清明的时期并不多见，正是因为政治的腐败，加上灾害频发，引发大规模的人口流动，社会的稳定受到威胁，同时匪盗现象也得以滋生，如果再向前发展一步，或许就发生大规模农民起义，从而加剧政局和社会的动荡。

1. 灾荒与流民

所谓流民，是指政治、经济、社会等的原因，暂时、永久或周期性地离开其劳动生息的乡村而到外地谋生的农民，其中绝大多数是为了逃避灾害、战乱而离乡背井。在苏皖淮北一带，为逃避灾害而出外谋生，被称为“逃荒”，为避开战乱而出外谋生，被称为“跑反”，这也是淮河流域一带流民产生的普遍现象①。

在中国古代，灾与荒结成了不解之缘，有灾必有荒。严重的灾害发生后，“草根树皮吃尽”，“人相食”，饥民遍野，流民涌动。受到饥饿与死亡威胁的灾民，被迫流落四方，形成成千上万乃至数十百万的流民潮。秦汉以来，流民在历朝层出不穷，总是和自然灾害紧密联系在一起。而流民的大量存在，无疑会对社会的稳定构成潜在的威胁。

历代关于由灾害引起的人口流动现象，虽然官私文献记载有所缺漏，仅有“民庶流亡”等空洞文词，没有切实的数目可资统计，但从少数史籍记载的片段文字中也可见一斑，见下表：

朝代	灾情	资料来源
西汉	元狩四年冬，有司言关东贫民徙陇西、北地、西河、上都、会稽，凡七十二万五千口。	《汉书·武帝纪》
西汉	末年……饥旱……流民入关者数十万人。	《汉书·食货志》
东汉	永兴元年，秋七月，郡国三十二，蝗，河水溢，百姓饥穷，流冗道路，至有数十万户，冀州尤甚。	《后汉书·桓帝纪》
曹魏	建安初，关中百姓流入荆州者十余万家。	《晋书·食货志》
晋	河东、平阳、弘农、上党诸郡流入之在颍川、襄阳、汝阳、南阳、河南者数万家。	《晋书·王弥传》

① 关于近代流民现象产生的根源，有不同的观点。如池子华认为，主要是自然经济解体的推力和中国近代工业化的吸引力。参见池子华：《中国近代流民》，浙江人民出版社 1996 年版，第 21—30 页。彭南生认为，“中国农民离村既不是城市工业化所产生的‘拉力’，也不是农村经济关系变更所产生的‘推力’”，而是“源于人口压力”。参见彭南生：《近代农民离村与城市社会问题》，《史学月刊》1999 年第 6 期。

续表

朝代	灾情	资料来源
晋	时流人在荆州十余万户。	《晋书·刘弘传》
五代	汉南流民襁负而至者，日以千数。	《周书·贺兰祥传》
晋	关西百姓流移就谷，相与入汉川者……十余万口。由是散在益梁，不可禁止。	《晋书·李特载记》
隋	大业末，许绍任夷陵通守，是时……流户自归者，数十万口。	《唐书·许绍传》
五代	同光三年，是时两河大水，户口流亡者十四五。	《旧五代史·庄宗本纪》
宋	流民转徙东下者六七十万人。	潘长吉：《宋稗类钞》卷一
宋	韩琦知益州，岁饥，流民载道……檄剑关民流移欲东者，勿禁，凡抚活流亡共一百九十万。	《康济录》
宋	庆历三年，陕西饥……河中、同华等饥民相率东徙，发廪赈之，凡活一百五十万人。	《康济录》
宋	庆历八年，河北京东西大水，饥……流民……各以远近受粮，凡活五十余万人，募为兵者又万余人。	《文献通考》
宋	许昌是岁适大水，灾伤，西京尤甚，流殍自唐邓入吾境，不可胜计。	叶梦得：《石林避暑录》卷一
宋	孝宗乾道二年，两浙江东大饥，淮民流徙江南者数十万。	《宋史·孝宗本纪》
元	至大元年……北来贫民八十六万八千户。	《康济录》
明	宣宗宣德四年……山西饥民流徙南阳诸郡，不下十余万。	《通鉴纲目三编》
明	景泰四年，正月……山东、河南饥民就食者坌至……全活百八十五万余人，给饥民五十五万七千家。	《明史·王竑传》
明	成化十三年……籍流民得十万余户。	《明史纪事本末》
明	成化二十年，九月，巡抚左佥都御史叶琪奏，山西连年灾伤，平阳一府逃移者五万七千八百余户，内西邑县饥饿死等男妇六千七百余口，蒲州，临晋等县，饿殍盈途，不可数计。	何乔远：《名山藏》
清	光绪二年，十一月，江北旱灾较重，饥民四出，兼以山东、安徽灾黎纷纷渡江，前赴苏、常就食者千万。	《东华续录》

上述表中与历史时期淮河流域灾害引起的人口流动有关的事例，虽然不

一定具体，或具有针对性，但也足以表明大量人口流动的一般趋势。大抵灾荒程度愈重时，人口流动率也愈高。

进入民国以后，因灾荒所造成的农村人口流动现象，也很严重。我们以民国二十年（1931）长江、淮河流域大水为例来说明。民国二十年，长江、淮河流域发生大水，其后，鄂、湘、赣、皖、苏各省农村人口流离失所的很多。据有关调查，每千人中离村的平均有一百二十五人，约占灾区总人口百分之四十，其中百分之三十一，属于全家迁徙，百分之九，属于单身出走。有关此次江淮水灾区域农民流离的情况统计见下表[①]。

省名	每千人中流离之人数	举家流离者所估之百分率	流离人口（个人与举家合计）占总人口之百分率	流亡地点所占之百分率		
				本县	外县	未详
湖　南	129	14	25	57	36	7
湖　北	69	44	48	68	23	9
江　西	94	20	28	55	25	20
安徽南部	285	46	61	76	9	15
安徽北部	47	15	19	33	40	27
江苏南部	50	31	34	94	3	3
江苏北部	165	41	47	68	29	3
各县平均	125	31	40	71	19	10

从上表中可以看出，江苏北部流离人口占总人口的47%，安徽北部占总人口的19%，尤其是苏北几乎占到流离人口的一半以上，居相邻地区的第二位。

灾害引起农村人口大量流离的现象，也可以从近代部分城市人口激增的情况得以说明。如拿民国元年（1911）和民国二十六年（1937）的人口来比较，南京人口由不到二十七万增到一百万人，上海人口由百万左右增到一百六十万，北京人口由八十万左右增到一百六十万……在长期的封建社会制度和半殖民地半封建社会制度的统治和压迫下，都市人口和农村人口一

① 资料来源：金陵大学农业经济系：《1931 年水灾区域之经济调查》，《金陵学报》1932 年二卷一期。

样，死亡率常常超过出生率，这样大量的人口增加，主要原因当然不是自然的增殖，而是农村人口的移聚。由于中国城乡资本主义都不发达，这种移聚现象同资本主义国家因都市工业发达及农业资本主义化所引起的人口集中现象，又有所不同。中国农村人口大量进入都市，很大程度上就是由于灾荒的影响。

以下是 1937 年金陵女子文理学院社会学系对南京南东瓜市与附近的棚户人口来源进行的一份调查，见图表如下：

来京原因	家数	百分比	来京原因	家数	百分比
逃荒	66	45.51%	政变	2	1.37%
经商	18	12.41%	随军	1	0.68%
谋生	17	11.72%	随兄	1	0.68%
生于南京	15	10.34%	家庭不和	1	0.68%
做工	6	4.13%	不明	16	11.03%
疾病	2	1.37%	总数	125	100%

由上表可以看出，南东瓜市与附近的棚户人口移聚的最大原因为逃荒，占了 45.51%。若是再加上谋生（11.72%）和政变（1.37%），这两者与逃荒实际有一定的关系，则总共占比 58.6%。因此能够得出：南京棚户人口有十分之九以上是由农村移来的，而他们移来的原因大半是由于灾荒。

民国二十四年间，国民党政府的中央农业实验所曾就两省一千零一县的农村进行较详细的农民离村调查。结果查得全家离村的共一百九十二万余户，占农户总数百分之四十八；仅青年男女离村的共三百五十余万户，占总农户数百分之八十九。这些农民大多数都是因为灾荒而迫不得已离村的。

这些大量流离的受灾人口对政府、社会造成的影响是十分明显的。如以明朝时期为例，长期的灾荒与大量的人口外逃，对明代北方社会造成的破坏极其严重。这种破坏不但导致了大面积的土地抛荒、农业生产的萎缩，而且使地方行政管理体系陷于瘫痪状态。明万历年间，许多大臣在给皇帝的奏疏中都真切地讲述了明朝末年政府和社会面临的上述形势。

万历十五年（1587）七月，李懋桧在上疏中称："今天下民穷财尽，所在饥馑，山西、陕西、河南等处，百姓流离，僵死载道，疾苦危急之状盖有

郑侠所不能图者，陛下不得闻且见也。”（《明神宗实录》卷一八八）

万历十七年（1589）五月，四川道御史李光祖上言：“比年北则伤旱，南则伤水，河南、山东、南直（凤阳府）、浙江等处至人相食，骄军悍卒，在在鼓噪，鼠窃狗盗，往往啸聚，时事之可忧者，亦未有甚于此时者也。”（《明神宗实录》卷二一一）

万历三十三年（1605）正月，给事中胡忻在上言中称：“畿辅之间，析骸易子，江之南北，山之东西，无地不流离，无人不怨苦。”（《明神宗实录》卷四〇五）

万历三十九年（1611），御史马孟桢上言：“畿辅、山东、山西、河南，比岁旱饥。民间卖女鬻儿，食妻啖子，铤而走险，急何能择。一呼四应，则小盗合群，将为豪杰之藉，此民情可虑也。”（《明神宗实录》卷四〇五）

万历四十四年（1616）九月，山东巡抚李长庚在上奏中称：“东省异灾之余，死徙流离十之六七，幸而存者，非沟壑残躯，则萑苻遗党。目前最苦无如开征一节，非用一缓二，少纾其急，哀此孑遗，鲜有存者。故旧逋当蠲，逃户当免，荒地当宽，旱蝗当议，存留当酌。”（《明神宗实录》卷五四九）

从上述明朝地方官员的奏疏中我们可以看到，在灾害的冲击之下，明代后期许多地区的民户大量逃移，地方社会实际上陷入近乎土崩瓦解的混乱局面，已经严重冲击到了明朝政府的统治。

长期受到各种水旱蝗灾严重影响的淮北人民不仅荒年外出逃荒，即使丰穰之岁也会“逃荒”或“趁荒”。这种“逃荒”或“趁荒”，实际上是通过“逃荒”或“趁荒”积蓄财力以应对未来的残酷灾害，名为“逃荒”或“趁荒”，实为“备荒”。苏北和皖北地区某些灾害特别严重的地方大都有以“逃荒”或“趁荒”为名加以“备荒”的风俗习惯。每到秋后，苏北里下河地区会有许多农民泥门闭户去江南打短工，做小生意混生活，甚至乞讨度日，乞食者被称为“下河箬子”（里下河方言，箬子即篮子，意思是里下河来的讨饭乞丐）。皖北地区的不少地方农民秋后会“身背花鼓走四方”，或通过“猢猴撮把戏”来达到“逃荒”或“趁荒”的目的。这种习俗甚至已经演变成为淮北各地颇具特色的标志符号。

2. 灾害与盗匪、农民起义

（1）灾害与盗匪

历史上，灾害的发生、发展，还滋生了众多盗贼、流寇，或者更进一步，爆发大规模的农民起义，从而加剧政局的动荡，或最终推翻政府的统治。邓拓（邓云特）说："我国历史上累次发生的农民起义，无论其范围的大小，或时间的久暂，实无一不以荒年为背景，这实已成为历史的公例。"他还说，农民起义酝酿发生的过程，最初采取的形式较为和缓，多是抢米和分粮，"集合这无数饥民抢米、分粮的斗争，遂形成各地方的农民斗争局面。农民斗争的局势，必然迅速展开。历史上各时期所谓'流寇''盗贼'的啸聚倡乱，十九由这而起"[①]。这一点，统治阶级也是承认的。封建统治阶级所谓的"饥寒生盗心"，在某种程度上揭示了饥民转化为盗匪的事实。自然灾害频繁发生，救灾活动的不力往往导致饥民逐渐流离而为匪。饥民一旦流为盗匪，抢劫活动职业化，就成为社会的不安定因素。

关于灾荒与盗匪、政局的关系，我们以明清或民国时期为例来说明。学者陈新业对明朝时期淮北的匪患曾进行过研究，据其统计，这一时期淮北匪患至少发生70次[②]。以下是这一时期淮北灾害与盗匪关系的若干事例：

景泰四年（1453）十一月至次年正月，淮北等地大雪严寒，人民、牲畜冻死以万计。困窘民人鬻子卖女仍不足以资生，灾民沦为匪盗者甚众（《明英宗实录》卷二三八）。

成化二年（1466），总督南京粮储右都御史周瑄奏称："直隶凤阳……等处，流民甚众，时或抢掠粮饷。"（《明英宗实录》卷二八二）

成化八年（1472），兵部奏言："南北直隶水旱相仍，淮河淤塞，湖水耗竭，所在多转徙之民，行舟被劫掠之害。"（《明英宗实录》卷一〇〇）

嘉靖元年（1522），淮北各地相继出现地震、水潦、蝗蝻、冰雹等灾。二年，淮北复震、亢旱、淫雨，民人大饥，疫疠流行，灾民死亡无数，人相食。亳州、盱眙、五河境内盗贼蜂起。凤阳、泗州饥民2000余人啸聚劫掠过客商船。三年，江

① 邓拓：《中国救荒史》，北京出版社1998年版，第144页、147页。

② 陈新业：《明至民国时期皖北地区灾害环境与社会应对研究》，上海人民出版社2008年版，第375页。

北寿州、泗州等地强盗群起不绝（《明世宗实录》卷三四、卷三六）。

万历十六年（1588），淮北大饥，兵部右给事中李廷谟题奏凤阳等地“以比年饥馑，民不聊生，所在盗起”（《明神宗实录》卷二〇六）。

万历二十一年（1593）大水灾后，颍州出现了两个相对规模较大，影响盛极一时的“匪盗”势力。一个是以颍州瓦店人王自检为首的匪盗势力。一个是艾亭人李大荣为首的盗匪势力，多为饥民（《明神宗实录》卷三九〇）。

万历二十八年（1600），皖北及其周边苏北、鲁西南、豫东等地饥荒，流民千百成群，攘窃剽劫日闻，久而不散，白莲教活动由此而盛(《明神宗实录》卷三四四)。

崇祯八年（1635），黄淮涨溢，徐州、萧县大雨，有蝗，萧县人程小予与宿州北境之乾贼有隙，乃构陷之，官府不察而逋之急。乾贼乘岁饥民流，遂据所居梧桐山为乱，并与邑民王道善、张方造联合，焚掠乡镇，数百里道路为之梗塞，人烟几绝，宿州城内甚至也是匪迹四布。直至崇祯十六年（1643）六月，淮徐道何腾蛟督兵伐讨张方造等，十月，平之（乾隆《颍州府志》卷一〇）。

清朝嘉庆七年（1802）十二月，宿州“教匪”王潮名结党滋事，乘夜袭击宿州城，杀死知州张鼎、营都司杨荃等官员，放火劫狱，城守把总胡玉等阵亡，宿州城失陷，王潮名等遂据州署。后在官兵的联合围剿下毙命于据守的州署（光绪《宿州志》卷一〇）。

嘉庆十年（1805），蒙城刘茂修、李潮士与宿州余连、余勇先结党不法。宿州官府捕之孔急，余连等暗与刘茂修计筹劫掠亳州，又令其党樊名扬纠约宿州等地股匪联合行动。行经官兵竭力剿之，匪徒刘潮贯等32人被同时擒获。虎口脱险的刘茂修鸠党羽盘踞亳州官家寺，据民庄制造器械，胁迫良民服役，附近居民纷纷逃离家园。后官兵对刘茂修进行围剿，刘茂修等被围歼（光绪《宿州志》卷一〇）。

道光年间，淮北匪患渐成燎原之势，形成了从数人到一二百人不等的大小股“捻”，至咸丰、同治年间演变成为声势浩大的捻军起义。当时淮北除捻军外，其他股匪盗患也是层出不穷，如咸丰二年（1852），皖、豫边境冯金彪，亳州宋红占，蒙城张狗，凤台刘洪立，宿州李殿元等所谓十八铺著名“捻首”举事(光绪《宿州志》卷一〇)。八年(1858)，太和匪盗攻略城镇村寨。蒙、亳匪首张隆等东犯五河，知县孙超潜遁，五河城郭市庐及西南乡村尽遭焚掠，境内土匪也闻风而动，“乘势劫掠，衙署、民居、街市荡然一空”（光绪《五河县志》卷七）。

光绪二年（1876）闰五月，皖北亢旱，捻军运动失败后“漏网捻首”旷同、席小猴等纠集数百人，竖旗封子山，劫掠萧县永固寨。宿州代理知州、凤颍同知言金南、游击李鼎荣闻言，不敢怠慢，迅疾驰禀上台。六月初，旷等四处出兵焚掠，肆无忌惮。后在旷家楼董事的协助下，缚捕旷同等献与官府，并借助旷同设法捕获其他要犯，此事遂平（光绪《宿州志》卷一〇）。

光绪二十四年(1898)十一月底，在曾经爆发捻军起义的淮北涡阳一带，又发生了一次规模巨大的民变事件，即刘疙瘩、牛世修等领导的涡阳灾民举事。这次举事引起了清政府的高度关注，并四处调集兵力，联合镇压，举事最终被绞杀。这次举事持续时间不足20天，但在当时的淮北，绝对是惊天动地的大事。一则它发生在捻军失败之后不久，二则其规模和战斗力极盛，对清朝在淮北的有效统治形成了很大的冲击。

民国时期，从辛亥革命爆发的那一天开始，淮北的匪盗也没有停止过。没有匪患的年份可谓微乎其微。这一点，正如1927年出版的《东方杂志》刊文所说的那样：

> 淮北自改国以来，土匪蜂起。大者揭竿为旗，聚众千人，有钢枪盒子炮等犀利之军械，横行乡里，集镇为墟。每破一圩，死伤者以百计，掳去者称是；其家筹资赎回，必罄其资产之所值，名曰“财神”，所至大小农户俱弃家而逃……十五年间，未遭匪难者，盖寥寥可数。

以下我们仅举数例加以说明。民国二年（1913），土匪黄二成等率众数百攻陷蒙城县城，烧杀抢掠，阅三昼夜始去。黄二成等又破涡阳王家圩，杀人80余。十二年（1923），淮北土匪蜂起，尤以宿县、灵璧、泗县等10余州县为最。凤阳匪情一日数报，官民一夕数惊。十三年（1924），太和土匪抢掠光武庙等处牲畜、枪械，谋攻县城。盱眙县土匪先后在西泊冈镇、许家营抢劫、杀人数起。其中姜匪在许家营劫掠、杀人后，又将近百名男女发辫相缚，驱入空屋纵火，死者尸首相粘，无从辨认。十七年（1928）秋，豫匪王太攻劫阜阳李鼓楼寨，几经周折攻占后，大肆报复，无端杀戮居民，合寨无人幸免于难。土匪撤走后，邻村居民王焕章掩埋死者尸首，略经集合点验，尸体共4720具，掩骸占地达40亩。二十年（1931）冬，阜阳李辅仁鸠集匪众数千，窜犯阜阳等地，攻寨掠财杀人……[①]

仔细分析明清、民国时期上述淮北地区匪盗产生的原因，可以看出灾害导致的贫困和饥饿是其中的重要方面，再加上统治阶级的残酷剥削与压迫，以及救助的不力等，贫困和饥饿紧密相连，使民生脆弱不堪，若再加上外力的冲击，那么，窘迫的民生就会陷入难以自拔的饥荒之中。民众食不果腹，衣不遮体，无以维生，只得走上非法为盗为匪的道路。前述光绪二十四年（1898），刘疙瘩等起事失败后，刘疙瘩所部有千余人被杀。后来，清军从这些死者腹中发现其所食皆草而知悉所谓的“匪盗”，“其实皆饥民”（民国《涡阳县志》卷一五）。饥民流而为匪对社会秩序、人民生产生活产生严重影响。在盗匪发生的情况下，官府和地方为控制局势，平息事端，多方调兵，穷于应对，这无疑也使盗匪发生的区域法制与秩序崩坏，社会不稳，严重冲击到政府的统治。

（2）灾害与农民起义

前述内容我们探讨了自然灾害与流民、灾害与盗匪现象。灾害一开始会引起农民的流离，进而才会产生匪盗，再进一步发展下去就会引起农民起义了。

在灾害的影响下，小规模的农民反抗斗争，有时会酝酿成为大规模的农民革命。通过历史上几次大规模的农民起义，我们都能看到灾害的背景。秦末陈胜、吴广起义，是因为在大泽乡遭遇大雨，道路不通，延误行期，只好揭竿而起。新莽时，“连年久旱，百姓饥穷”，因而爆发了王匡、王凤领导的绿林军起义。东汉末年桓帝、灵帝时期，或连年久旱，或淫雨成灾，或蝗虫伤禾，致使百姓饥馑，流离道路，转死沟壑，从而爆发了黄巾起义。隋大业七年（611），山东、河南等地发生大水灾，淹没四十余郡。次年山东大旱，关

① 陈新业：《明至民国时期皖北地区灾害环境与社会应对研究》，上海人民出版社2008年版，第388—390页。

中不仅旱，且有时疫，灾民皆以树皮草叶为生，甚至人相食，官仓虽有粮食，但“吏皆惧法，莫肯赈救，由是益困”，终于激起隋末农民大起义。唐末黄巢起义的直接原因也是自然灾害，尤其是旱灾和蝗灾。《旧唐书·黄巢传》说：“黄巢，曹州冤句人，本以贩盐为事。乾符中，仍岁凶荒，人饥为盗，河南尤甚。”两宋灾害的数量、强度、广度都超过了前代，大大小小的农民起义也就空前频繁。元末刘福通领导的红巾军起义与黄河泛滥造成的严重水灾有关，黄河两岸灾民有百万户之多，而治河官吏的残暴使灾民们忍无可忍，因而有“石人一只眼，挑动黄河天下反”的民谣。明崇祯末年，西北、中原6省发生特大旱灾，当时的延安府地区全年无雨，草木枯焦，灾民无以为生，地方官吏仍旧催索租赋，把灾民逼上了武装起义的道路，并最终将明朝推翻。清太平天国运动前夕，广西、广东也是灾害严重，如“道光二十八年，广东、广西地方大饥，群盗所在剽掠，而广西之柳、庆、思、浔、梧、宁五府一州间为尤甚”，这为爆发太平天国运动创造了条件。20世纪最初10年，严重的水旱虫灾和饥荒连绵不断，大批饥民纷纷参加了“抗粮”“抗捐”“抢米”风潮，极大地增强了反抗清政府的斗争规模和声势，加速了清末社会变革的到来，辛亥革命也由此爆发。

关于灾害与农民起义的关系，我们重点以唐朝为例加以说明。以下是唐代主要基于灾害的农民暴动列表简况[①]：

时间	暴动及其地点	原因	史料来源
武德初	京畿	频年不熟，关内阻饥	《旧唐书》卷七五；《唐会要》卷四〇
咸亨初	关中	关中旱、饥	《金石萃编》卷六一；《资治通鉴》卷二〇一
永淳元年	关中	旱饥、雨涝、疫	《旧唐书》卷五、卷七五、卷八七
神功元年	江淮	关东饥馑，蜀、汉逃亡，江淮以南征求不息	《旧唐书》卷八七
神龙二年	洛州	都成谷贵	《旧唐书》卷九三
乾元中	澧州	水、旱	《全唐文》卷六一九

① 见阎守诚：《危急与应对：自然灾害与唐代社会》，人民出版社2008年版，第152—153页。

续表

时间	暴动及其地点	原因	史料来源
乾元中	睦州	江淮凶饥	《权载之文集》卷二〇〇
乾元、上元间	开州	岁比凶灾	《权载之文集》卷三二
肃宗时	颍州民	米谷未丰，百姓流离，至于困弊	《旧唐书》卷一五二；《唐大诏令》卷八四；《元次山集》卷六
宝应元年	江淮	江淮大饥，人相食	《资治通鉴》卷二二二；《新唐书》卷一四九；《韩昌黎集》卷八二；《文苑英华》卷七七五
宝应元年	舒州杨昭	三吴饥，人相食	《文苑英华》卷七七五
宝应元年	新安沈千载	三吴饥，人相食	《文苑英华》卷一四六
广德中	常州张度	旱	《新唐书》卷一四六
永泰初	宣饶方清、陈庄	岁凶	《新唐书》卷一四六；《册府元龟》卷六七一
大历中	巴南诸州獠民	岁俭	《旧唐书》卷一三七；《舆地纪胜》卷一七五
大历中	淮南民	旱	《新唐书》卷一六二；《文苑英华》卷五八八、卷九二四
大历中	莫州民	岁俭、人饥	《全唐文》卷九九三
贞元十四年	京畿民	旱	《新唐书》卷一六五；《权载之文集》卷四十七
贞元二十一年	京兆民	旱、关中大歉	《旧唐书》卷一三五；《韩昌黎集》卷三七；《韩昌黎集卷外集》卷六
元和六年	辰溆张伯靖（蛮）	大水	《旧唐书》卷一五五
长庆二年	淮南民	饥	《旧唐书》卷一一六
长庆二年	汴州	旱	《旧唐书》卷一六七
太和初	京师民	饥	《全唐文》卷九七一；旧书卷一四〇
会昌时	湖外	旱	《全唐文》卷七四八、卷七五〇
大中五年	蓬州	饥寒	《新唐书》卷一四九、卷六五；《全唐文》卷七七七
大中六年	衡州邓裴	湖湘旱耗，百姓饥荒	《文苑英华》卷五六八
大中七年	华州	关中少雪	《资治通鉴》卷二四九

续表

时间	暴动及其地点	原因	史料来源
咸通八年	怀州	旱	《资治通鉴》卷二五〇
咸通十年	陕州	旱	《资治通鉴》卷二五一
乾符元年始	王仙芝、黄巢	旱、蝗	《旧唐书》卷二〇〇

通过上述表中内容可见，唐代基于灾害的农民暴动广泛地存在于唐代的各个时期，农民暴动的地点波及甚广，但在京畿周围、河南以及江淮地区较多，引发暴动的灾害种类多样，涉及旱、蝗、水灾等，这些灾害的结果都是引发大规模的饥荒，由饥荒进而引发暴动。这里不妨再以唐末农民大起义为例做进一步分析。

唐末爆发的大规模农民起义有庞勋领导的桂林戍卒起义，王仙芝、黄巢起义。唐懿宗咸通九年（868），庞勋在桂林领导戍卒起义。九月，他们回到淮徐境内，时正值"淮徐大水，征赋不能办，人人思乱，及庞勋反，附者六七万"（《新唐书》卷五二）。而这一带自唐懿宗咸通三年（862）起，不是水灾，就是旱灾，蝗灾，已经连续发生了多年。起义军向北攻占徐州后，"乃令群凶四出，于扬、楚、庐、寿、滁、和、兖、海、沂、密、曹、濮等州界，剽牛马挽运粮，以夜继昼"（《旧唐书》卷一九）。许多灾民和小股起义军加入庞勋的队伍，起义军迅速发展到二十万人。

庞勋起义失败后不久，王仙芝、黄巢大起义爆发（874）。这次起义爆发的地区是在郓、曹、濮三州，既靠近黄河，又有巨野泽，还是内涝区，因此河泛、滨湖、内涝兼有，也是蝗灾理想的发生地。此前庞勋起义军就曾在这一带活动，当地不少灾民加入庞勋起义军。后王仙芝、黄巢起义军起，许多庞勋起义军旧部加入，因此双方有一定的联系。黄巢起义之初，各地灾荒仍旧持续不断。唐僖宗乾符二年，即874年"秋，七月，蝗自东而西，蔽日，所过赤地"。这次蝗灾的受灾面积相当大，对灾区农业生产破坏极大，加上而后乾符四年、五年持续严重的水、旱、蝗灾，促进了黄巢起义的发展。中和元年（881），唐京西都统郑畋在其颇有影响的《讨黄巢檄文》中说："近岁螟蝗作害，旱暵延灾，因令无赖之徒，遽起乱常。虽加讨逐，犹肆猖獗。"（《旧唐书》卷一七八）显然，这篇檄文明确地把蝗灾、旱灾作为黄巢起义的原因。虽然黄巢起义在唐政府的全力镇压下最终归于失败，但在它的打击下，唐朝大夏将倾，倒塌是不久的事了。

关于灾害与农民起义的关系，实有必要再提一提清咸丰五年（1855），黄河在河南铜瓦厢改道后所造成的捻军发展态势。捻军起事之初，主要在安徽淮北一带活动，黄河就像一道屏障阻碍着捻军的发展。此前，黄河下游流经豫、苏等省，把安徽和山东分别隔在黄河两岸南北。这使得鲁皖两省的捻军不易沟通消息，协作行动，也为清兵的"进剿"提供了便利。《中兴别记》论说：改道前，"山东兖州之邹、滕、峄，济宁之金乡、鱼台，曹州之曹、单皆在河北，捻骑每临流而返，不能飞越"，清军"皆依河为险"。改道之后，黄河北徙，原来的河道断流，屏障既失，也就无险可守。其情形如山东巡抚崇恩奏云："正河下游曹、单两县现据兖州沂曹济道达镛禀报，业已断流二百余里，河面尽成平陆。"时济南知府李天锡也向朝廷报告："黄河断流处所，无险可扼，南面有水沟一道，仅宽丈余，水深数尺及二三尺不等，往来行人涉水而过。曹、单两县河长二百一十九里，处处可通。"①

黄河铜瓦厢改道后第二年春天，张乐行率一部捻军攻打河南永城，随后跨过黄河故道，深入山东境内。此后多年间，淮北地区的捻军与山东曹州一带的捻军经常越过黄河故道，互通声息，协同作战。由于淮北的捻军事先已与太平军达成一致，他们北进山东境内后，马上也将鲁西南的捻军号召起来，"剪发为记"，"头扎红巾"，"手执黄旗"，形成声势浩大的与清廷抗争的武装力量，而河决铜瓦厢所引起的黄河大改道，无疑正是产生这种局面的重要因素，清政府也在太平天国和捻军的双重打击下陷入极其困难的境地。

由上可知，自然灾害是农民起义的导火线，自然灾害为农民起义创造了条件，并直接促成了农民起义的爆发。

---

① 李文海等：《中国近代十大灾荒》，上海人民出版社1994年版，第51页。

二、灾害应对的官方措施

频繁、严重的自然灾害，往往导致人口的死亡、流徙，土地的荒芜，从而影响到农业生产，阻碍社会经济的发展，甚至引发农民起义，危及政权统治。为了稳定社会，维持统治，保证社会再生产的正常进行，历代统治阶级也不得不重视灾害的救助工作。从历代关于灾害的救助的内容来看，一般包括灾害救助的基本程序、救灾的措施、备灾的措施等方面。救灾的措施、备灾的措施是灾害救助的主要内容，一般可分为消极的应对灾害的措施和积极的应对灾害的措施。灾害救助的基本程序有报灾、勘灾与救灾等，消极的应对灾害的措施包括蠲免、赈济、调粟、借贷、抚恤、工赈、除害等，积极的应对灾害的措施有重农、实仓储、兴修水利与治河等。

1. 历史上的报灾、勘灾与查赈

灾害发生时，政府通过报灾、勘灾与查赈确定具体灾情和待赈人口状况，这是救灾的基础工作，是日后进行救灾的根据。如实、及时是报灾、勘灾与查赈的关键。

地方遭受水旱灾害等，州县官吏将灾情及时上奏，称为报灾。报灾是整个救灾工作中的第一步，是对自然灾害所造成的破坏和损失由受灾地区逐级向上报告的一道程序。地方被灾后，只有将灾情及时上报，政府尽快制订救济方案，才能尽量减少灾害造成的损失。勘灾，宋代称为检视或检放，是指地方官吏或同上级乃至朝廷临时派遣的官员共同勘查核实受灾范围、程度的活动。查赈是调查需要救济的灾民人数和等次，两者都是政府确定救灾方案的依据。勘灾与查赈基本上是和报灾同步进行的，地方官吏完成勘查工作后，要将堪灾所得的结果汇总造册，迅速上报，上级有关机构接报后要在最短的时间内奏请蠲赈。

报灾、勘灾，是中国传统救灾政策运行机制中的重要环节，也是政府临灾救助迈出的第一步，正如朱熹所说，“救荒之务，检放为先”（《朱文公文集》卷一三）。秦汉以来，各朝各代可以说对报灾、勘灾的政策都有所规定，一旦发生灾荒，各地都必须及时逐级向上直至朝廷如实报告灾情。地方官在复查核实时，往往把灾情分作十分，明确受灾几成，也就是所谓的分数。

秦朝田律对报勘灾情已有规定，如指出，遇到旱灾、暴风雨、水潦或虫灾损伤了禾稼，地方官要及时如实上报。两汉荒政的实施已走向程序化，如从建始元年（前 32）汉成帝诏“郡国被灾什四以上，毋收田租”（《汉书》卷一〇）和哀帝令“灾害什四以上，民赀不满十万，皆无出今年租赋”（《汉书》卷一一）看，两汉荒政措施中诸如“被灾什四以上”等的量化规定，皆得益于报灾勘灾这一重要的环节。

唐时灾害的上奏，成为中央政府决策的依据。据《唐六典》卷一，唐代下级呈报上级、地方奏报朝廷的灾害公文形式有表、状、疏的形式。地方遇到灾害，“其应损免者，皆主司合言。主司谓里正以上。里正须言于县，县申州，州申省，多者奏闻”（《唐律疏议》卷一三）。经过本州的核实，由地方长官统计灾害造成的损失以及受灾人口，以便上级政府确定赋役蠲免和赈给数量，然后由州政府上报尚书省。柳宗元《柳河东集》卷三九的《为京兆府诏应等九县诉夏苗旱损状》，就是贞元二十一年（805）柳宗元为京兆尹王叔起草灾害上奏状。

到了宋代，报灾、勘灾已经走上制度化。宋代，百姓向县政府报告灾情称“诉灾”。最初，报灾没有什么限制，往往“秋诉夏涝”或者“冬诉秋旱”。北宋淳化二年（991）正月，政府出台了报灾时限规定：凡荆湖、江淮、二浙、四川、岭南百姓向官府报告水旱灾害，“夏以四月三十日，秋以八月三十日为限”（《燕翼诒谋录》卷四），从此成为定制。县官接到报告检查核实后，上报州官。州官复检后上报朝廷，确定受灾分数和户等及赈济蠲免比例。后来，又规定特别严重灾害可以免去复检。突发性灾害，不受时限，但必须在受灾一月之内上报。元朝把江南秋灾上报时限延长到九月底。明初报灾不拘时限。弘治十年（1497）始定夏、秋灾上报时限各为六月、九月底。万历九年（1581）改为内地分别为五月、七月，沿边各为七月、十月（《明史》卷七八）。

明朝也形成了一整套比较完善的救灾程序。洪武元年（1368）八月下诏规定：“凡水旱之处，不拘时限，可随时申报。”（《农政全书》卷四四）洪武二十六年（1393）定“凡各处田禾遇有水旱灾伤，所在官司踏勘明白，具实奏闻……差官前往灾所覆勘是实，将被灾人户姓名、田地顷亩、该征税粮，数目造册缴报本部立案，开写灾伤缘由具奏”（《明会典》卷一九）。弘治年间（1488—1505）开始规定：“夏灾不得过五月终，秋灾不得过九月终。”（《明史》卷七八）万历九年（1581），更是明确规定：地方凡遇重大灾伤，州县官亲赴现场勘明，申呈抚、按。巡抚不待勘报，速行奏闻；巡按不必等候部覆，即将勘实分数作速具奏，以凭覆请赈恤。

清朝开国之初，要求地方有灾，及时上报。顺治六年（1649），江南、江西、河南总督马国柱奏报，江南、凤阳、滁州、淮安、扬州、苏州各属州县所及河南磁州、罗山县冰雹伤稼，请敕抚按确勘，以行蠲恤。上谕：“着照所奏速行确勘蠲恤。嗣后直省地方，如遇灾伤，该督抚按即当详察被灾顷亩分数，明确具奏，毋得先行泛报。”（《清世祖实录》卷四五）十年（1653），户部议覆科臣李开生有关报灾立限疏请：夏灾限六月终。秋灾限九月终。先将被灾情形驰奏。随于一月之内查核轻重分数，题请蠲豁（《清世祖实录》卷七九）。十七年（1660），正式定制：“夏灾不出六月终旬，秋灾不出九月终旬。”（《清圣祖实录》卷三三）后来历经康熙朝至雍正六年（1728），遂固定为州县官员报灾限期40天，上司官接到奏报后限5日内上报，“其堪报限期，州县官扣除程限，定限四十日；上司官以州县报到日为始，定限五日，统于四十五日内题报，如逾议处”①。

清朝勘灾有一套严格程序，比起明朝更完备，受灾人户要填写简明申报表。经核对后，申报表作为勘灾底册，交勘灾人员一一核查。勘灾之后，州县官将结果汇总造册，然后上报。清初规定，歉收地方五分以下不成灾。乾隆初年起，凡受灾五分之处也算成灾上报。户部接到各地报灾题请后，还要派员复勘，复查属实，勘灾结果便可作为蠲免的依据。若需要赈济的人户，还加审户程序，划分为极贫、次贫各个等级。

报灾、勘灾、查赈，是历代朝廷救灾的前提，是政府救灾后续行动的依据。明清两朝对报灾、勘灾要求尤其严格，若迟报逾限或报灾不实，要给予不同的处罚。匿灾不报，更要予以严惩。清朝规定：州县官在一月之内迟报者，罚俸六月；超过一月以外的，降一级调用；两个月以外的，降二级调用；超

①　《刘坤一遗集》（第六册），中华书局1959年版，第2767页。

过三月以上者革职。督抚司道府官，以州县报到之日算起，如果逾限的，也照此例处分（光绪《大清会典事例》卷二八八）。

当然，报灾、勘灾和查赈过程中的弊端也很明显。历代政府应该说对报灾、勘灾和查赈等各个灾害环节都有所规定，也对官员的渎职行为规定了严厉的处罚办法，但即使如此，由于各种情况，报灾、勘灾和查赈过程中的弊端还是大量的存在。如唐开元八年（720）的豫州刺史裴纲，“顷岁不登，合议蠲复。部人有诉，便致科绳；县长为言，仍遭留系”（《唐大诏令集》卷一〇三）。为了自己的政绩，裴纲竟然采取强制措施来阻止下情上达，直到御史推按，方才真相大白，将他贬到岭南。

还有如上文中提到的明永乐五年（1407），河南郡县旱涝，有司匿不以闻，甚至有言风调雨顺、禾稼茂实者。及遣人视之，民所收十不及四五，或十不及一。洪武时，高邮州发生水灾，太祖命进士某前往勘查，尚未至灾所，州同知刘牧即以灾册至。进士问答：“未曾沿丘履亩，先进是册，为何？”同知回答：“马前册。”进士不允，坚持亲诣灾所。刘牧即与当地田主将已熟禾稼尽行铲去，引水灌其地。1884 年 10 月《申报》的文章载“如水旱之灾，由州县申报大宪，大宪入奏，其多有不实之处。大部奏报，以小灾为大灾，以偏灾为全灾，而办蠲办赈，则又反其道而行之”等，可见报灾、勘灾和查赈过程中匿灾、捏灾等并不是个别的现象。这肯定严重影响到了其后救灾的成效。

2. 政府救灾的措施及成效

（1）历代政府救灾的措施

报灾、勘灾和查赈是救灾的基础，在此基础上开展对灾民的救灾工作，这是办理赈务最关键的环节。救灾工作的实际执行状况直接关系着灾民是否能够得到救济。中国历朝政府的临灾救助措施，主要包括赈济、蠲免、缓征、转移灾民、调粟、借贷、抚恤安辑等。

赈济：

赈济是指封建国家为帮助灾民渡过眼前难关而无偿发放救济粮款及其他物资的救灾措施，主要实施于灾情紧急严重之时。重灾之年，国家必须采取有效的赈济措施，使人民以得衣食，才能恢复生产，安定团结。赈济是历代政府抗灾、救灾的重要措施，而且是救灾中一种最直接、最有效的措施。就赈济的形式而言，主要有谷赈、银赈、布帛赈、粥赈、工赈等。就赈济的时间而言，有长有短，历朝历代中清朝的赈济制度最完备，有正赈、大赈、展赈等。不管是何种形式的赈济，对于处在水深火热之中的灾民，尤其是缺地少地、食不果腹的灾民来说，无疑都是最佳的救助方式。以下分别加以论述。

谷赈。谷赈或称赈粮在诸多荒政中，是“古今所称”的“最善者”，是临灾急赈中运用最为广泛的一种形式。谷赈赈济的对象是灾后“生借无门，坐以待毙”的“穷民无告者”，即最为贫穷的灾民。情况较好的往往通过“称贷富室”等求活“百计”可以度过灾害而“不至流亡”的“稍得过之家”（《续文献通考》卷四二）。

谷赈起源很早。相传“齐景公之时，霖雨十有七日。公饮酒，日夜相继。晏子请发粟于民，三请，不见许。遂分家粟于氓，徒行见公，曰：‘坏室乡有数十，饥氓里有数家，百姓老弱，冻寒不得短褐，饥饿不得糟糠，里穷而无告，无乐有上矣！’……再拜请身而去。公驱及之，曰：‘……请奉齐国之粟米财货，委之百姓……’晏子乃返，命禀巡氓，家有布缕之本而绝食者，使有终月之委；绝本之家，使有期年之食……三日吏告毕上：贫氓万七千家，用粟九十七万钟”（《晏子春秋》）。这可说是最初见于典籍的赈米政策。汉代以后，一直奉行。

据史书记载，汉文帝后元六年（前158），“夏，大旱蝗，诏发仓庾以赈民”（《汉书·文帝本纪》）。光武帝建武六年（30），诏曰：“往岁水旱……百姓无以自赡，命郡国有谷者给禀。”（《后汉书·光武帝本纪》）魏明帝景初元年（237）九月，“冀、兖、徐、豫四州遇水，遣侍御史循行没溺死亡及失财者，在所开仓赈救之”（《三国志》卷三）。晋惠帝元康五年（295），“荆、扬、兖、豫、青、徐等六州大水，诏遣御史巡行赈贷”（《晋书》卷四）。唐玄宗开元二十年（732），江南、淮南旱，河南数州水损。第二年二月，玄宗以检校尚书右丞皇甫翼充河南、淮南道宣慰使，检校尚书吏部侍郎刘彤充江东、江西道宣慰使，尚书兵部侍郎李镇充山南道宣慰使，参与地方灾害赈给。宋徽宗大观三年（1109），“江、淮、荆、浙、福建旱……发粟振之”（《宋史·徽宗本纪》)。元至元十年(1273),“诸路蝗蝻灾五分,霖雨害稼九分,赈米凡五十四万五千五百九十石”(《元史·世祖本纪》)。洪武二十七年(1394),定“灾伤去处散粮则例,大口六斗,小口三斗,五岁以下不与”(《续文献通考》记明太祖时事)。永乐十四年(1420),“北京、河南、山东饥,发粟一百三十八万石赈之”(《通鉴纲目三编》记明成祖时事)。清乾隆七年(1742),黄淮交涨,淹民田庐,沛县护城堤决,清政府除对被灾民众予以赈济,又赈济当地贫者“米二千八百三十四石、银四万三千六百九十四两各有奇”(《清朝文献通考》卷四六)。以上就是史书中所见历代政府实施谷赈的若干事例。

银赈。银赈即赈钱,是指发放银钱救济款。布帛赈,主要指发放布、帛,以使灾民有蔽体之衣。粥赈就是直接赈济灾民以食物。以谷赈民,有时不便于流通,因而又施行赈银的方法,这也是遇灾急赈的一种形式。而布帛赈、粥赈等也素为传统社会荒政的重要手段。

据史书上记载,西汉哀帝绥和二年(前7),郡国多地震,河南、颍川河决,流杀人民,坏败庐舍,哀帝遂“遣光禄大夫循行举籍,赐死者钱,人三千”(《汉书·哀帝本纪》)。北魏延昌二年(513),夏四月庚子,“以绢十五万匹,赈恤河南郡饥民”(《魏书·世宗本纪》)。宋元祐八年(1037),十二月丁巳,“出钱粟十万,赈流民”(《宋史·哲宗本纪》)。宋嘉定元年(1208),九月,“出安边所钱一百万缗赈饥民”(《宋史·宁宗本纪》)。元中统三年(1262),七月,“以课银一百五十定,济甘州贫民。大德七年(1303),以钞万定,赈归德饥民”(《元史·食货志》)。明万历十七年(1589)正月至八月,皖北大旱,淮河竭,井水涸,野无青草,流徙载道。霍邱等地“担水千钱”(乾隆《颍州府志》卷十)。是年十月,督理荒政右给事中杨文举根据各地灾情轻重,委官赉领银两九万向江北凤阳等七州府饥民七十余万分投给散,人均银1.29钱。七州府中,凤阳、庐州因灾情“为甚”,所得赈银稍丰,其余稍少(《明神宗实录》卷二一六)。清嘉庆六年(1801),“以直隶水灾,拨赈银一百万两,截漕米六十万石。江苏、安徽、山东、河南诸省之因灾赈恤者,节次糜帑,均不下数十百万。资于捐输者,如十九年江苏、安徽之灾,至二三百万两”(《清史稿》卷一二五)。以上就是史书中所见历代政府实施银赈的若干事例。

史书上也有关于钱、粮兼赈和粥赈的记载。钱粮兼赈，一般是在储粮不敷之时实行的。如明正德三年（1506），凤阳、淮安、扬、庐等处灾荒重大，“以银十万两、粮三十万石赈济”（《明武宗实录》卷四四）。乾隆十八年（1753），“以高邮运河之决，拨米谷一百十万石，银四百万两，赈江苏灾，此其最巨者。其后直隶、山东、河南、江苏、安徽诸省之灾，发帑截漕及资于捐输者，不可胜数”（《清史稿》卷一二五）。

粥赈的事例也较多。如汉献帝兴平元年（194）四月三辅大旱，是时“谷一斛五十万，豆麦一斛二十万……帝使侍御史侯汶出太仓米豆，为饥人作糜粥”（《后汉书·献帝纪》）。后唐长兴四年（933）三月，“命左谏议大夫尹日就于寿州开仓，赈其饥民。又命供奉官田处岩、梁希进等于寿州城内煮粥，以救饥民”（《册府元龟》记后周世宗时事）。北宋景祐元年（1034）正月，“诏开封府界诸县作糜粥以济灾民，诸灾伤州军亦如之”（《宋史·仁宗本纪》）。元顺帝至正十二年（1352），“五月，起复余阙为淮东宣慰副使，守安庆……明年春夏大饥，人相食，捐俸为粥以食之”（《康济录》）。明景泰四年（1453）春夏，凤阳等州府淫雨连绵，夏麦无收，河水泛滥，岁大饥。总督漕运右佥督御史王竑在对凤阳府等灾区予以赈粮的同时，“又委官于河上，每遇经过舟船，量令出米煮粥”，赈与灾区流徙趁食灾民。据称此举先后使185万余灾民赖以存活，英宗因是“诏嘉赏之”（《明英宗实录》卷二三一）。

清朝对施粥的办法也推行甚力。据黄彭年《畿辅通志》所载，当时粥厂林立，颇具规模。同时京师每年十月初一至次年三月二十日，五城都设厂煮粥赈济，五城御史必须亲身散给，都察院堂官随时察看，每城日给米两石，柴薪银一两。各直省省会也照京师五城办法，在每年冬月煮粥赈济饥民。乾隆五十七年（1792）前后“京城各厂，领赈者已不下二万人”（《清高宗实录》卷一四〇八）。具体事例如下：雍正三年（1725），“复准江南睢宁、宿迁二县水灾，动支积谷，自十月初一日为始，煮粥散赈五月”。嘉庆十一年（1806），“有淮扬贫民就食该处，岁底展煮赈一个月，又山西被旱，赈毕，复将平蒲等属二十六州县煮赈展至四月底止，襄陵等四县展至六月底止，计口散给粥米”。除政府行为外，民间亦多有此举，此不再举例。

工赈。工赈即以工代赈，指官府利用赈济钱、粮兴办兴修水利、修葺城池等公共工程，让灾民参与劳作，获得相应的钱物。政府在灾荒之际兴建工程，一方面劳动力比较充足，另一方面灾民为生计也能通过从事劳动获得报酬来解决。此外，灾荒之际，受灾民众数量比较多，这些人如果无事可做，往往人心浮动成为社会的不稳定因素，以工代赈把这些人集合起来从事某项工程，对于保持社会稳定的意义十分重大。我国古代以工代赈主要用于灾后的工程修复建设，特别是水利工程，如堵筑决口、兴修水利、修筑城工、植树固堤等。

以工代赈之法最早行于春秋时期，相传齐国“景公之时，饥。晏子请为民发粟，公不许。当为路寝之台，晏子令吏重其赁，远其兆，徐其日，而不趣。三年台成，而民振。故上悦乎游，民足乎食”（《晏子春秋》卷五）。此即为后来以工代赈的事例。其后各朝代也屡有以工代赈之法行灾后赈济。

据史籍所载，唐时“卢坦为宣州刺史，江淮大旱，当涂县有渚田久废，坦以为岁旱，苟贫人得食取佣可易为功，于是渚田尽辟，借佣以活者数千人”（《渊鉴类函》记唐代事）。宋代以后这方面的事例渐渐多了起来。宋神宗熙宁六年（1073），“诏，自今灾伤，用司农常法赈救不足者，并预具当修农田水利工役募夫数及其直上闻。乃发常平钱斛，募饥民兴修；不如法赈救者，委司农劾之”（《文献通考》记神宗熙宁时事）。“欧阳修知颍州，岁大饥，公免黄河夫役，得全者万余家。又给民工食，大修民诸陂，以灌民田，尽赖其利”（《康济录》）。朱熹在其有关著作中也有这方面的建议，如“检准常平免役令诸兴修农田水利，而募被灾饥流民充役……其工直粮食，即以常平钱谷给……令逐州计度，令兴修处雇募作役”（《朱子大全集·奏救荒画》）。

以工代赈在明、清也是经常实施的一种赈济形式。如明朝弘治时，河决沛县，百姓流离，时任河南副都巡抚孙需“乃役以筑堤，而予以佣钱。趋者万计，堤成，而饥民饱，公私便之”（《开封志》记明孝宗时事）。万历间，御史钟化民救荒，“令各府州县查勘该动工役，如修学、修城、浚河、筑堤之类，计工招募，以兴工作，每人日给米三升。借急需之工，养枵腹之众，公私两利”（《康济录》）。“王汉知河南县、邑大旱。汉贷万金易粟于淮、徐，浮河而至，既以赈饥，即因以修城垣”（《怀庆府志》）。

清朝中后期，各河频繁决口，堵筑决口、兴修水利也是常见的以工代赈的工程项目。乾隆二年（1737）七月，乾隆皇帝曾给总理事务王大臣谕旨说道：“开渠筑堤、修葺城垣等事，酌量举行，使贫民仰工就食，兼赡家口，庶可免于流离失所。”他令各省督抚一一确查，分别缓急，预为估计，“将来如有水旱不齐之时，欲以工代赈者，即可按籍而稽，速为办理，不致迟滞，于民生殊有裨益”（《清高宗实录》卷四六）。具体事例如：乾隆二十五年（1760），“直属有司有应修河道沟渠等工，将上年截留北仓漕米所存十万石，作为修浚河渠，以工代赈之用”（《筹济篇》）。嘉庆八年（1803），河南封丘横家楼河决，水势甚为凶猛，“上饬布政使瞻望抚恤，复遣鸿胪卿通恩等治赈，兵部侍郎那彦宝赴工，会同东河总督嵇承志堵筑。明年二月塞”（《清史稿》卷一二六）。嘉庆十六年（1811）七月，“江南李家楼河决，安徽十余州县遭水灾，进行以工代赈”；同年，“以畿辅灾歉，命修筑任丘等州县长堤，并雄县叠道，以工代赈”（《清史稿》卷一二九）。

由于清朝中后期，河决频繁，堵筑决口、兴修水利成为政府的一件大事，清政府对以工代赈的工程项目更为重视。其灾害赈济集历代之大成，赈济又有正赈、大赈、展赈等之分。正赈，又称急赈或普赈，指一旦灾情发生后，不等朝廷批复，及时开仓赈济，不论成灾分数，也不分极贫、次贫，对灾民一律给赈一月。完成勘灾、审户程序之后，政府根据受灾程度和灾民贫困状况，在普赈基础上加大救助力度的赈济，称之为大赈。大赈赈期起始时间，一般赈四月者，从当年十一月起赈，三个月者从十二月起赈，一两个月者从第二年正月起赈。如果“地方连年积歉，抑或灾出非常”，则“将极贫加赈自五六月至七八月不等，次贫加赈自三四月至五六月不等”。其赈期也有从九、十月开始的。清朝政府还针对重灾区的极贫户在正赈、大赈之外，再追加赈济，叫作展赈。

关于赈济标准。元代以前，政府发放救济粮款的具体情况，史书记载不详。元代凡有水旱灾，例行赈济，验口发放，赈期多为两三个月。明初，一般每户给米1石。洪武二十七年（1394）规定赈粮标准，大口6斗，小口减半。永乐二年（1404），降为大口1斗，6—14岁6升，5岁以下不给。清前期赈济粮银多寡和赈期长短，视灾情轻重而定，无统一标准。直到乾隆初年才定制，各直省灾民，大口日给米5合，小口减半。

就以上历代官府的赈济效果情况来看，应该说是有成绩的，文献中也不乏“全活数万人”“民沾实惠”等的记载，但对官府灾害赈济的成绩，我们不能估计过高，因为这些记载不能掩饰住灾害赈济中的种种弊病。史籍中对这方面的记载，可以说所在皆是，如《元史·世祖本纪》言：“尚书省臣言：近以江淮饥，命行省赈之，吏与富民因缘为奸，多不及于贫者。”《通鉴纲目三编》记明英宗时事载：“天顺元年，夏四月，直隶、山东饥，遣会都御史林聪等赈之。聪屡请发帑，徐有贞曰：发帑赈济，徒为有司乾没耳。李贤曰：有弊胜于无赈。”《大学衍义补》说：“备荒之政，不过二端：曰敛曰散而已……有司苟且具文谴责，往往未荒而先散。及有荒歉，所储已空，饥民有虑后患者，宁流移死亡，而不敢领受。甚至官吏凭为奸利，给散之际，饥者不必予，予者不必饥。收敛之时，偿者未所受，受者不必偿。其弊非止一端！”所以，不能对灾害赈济的成绩作过高的估计。

蠲免、减征与缓征：

蠲免。蠲免即是免除赋役，减征和缓征即是减轻赋役、暂缓征收赋役的意思。灾荒之年，民饥无食，如果再强逼征收赋役，民必力不能支，反而会逼民为盗。于是，政府常常在此无奈之际，顺应形势，蠲免税赋，以解民困，争取民心。中国古代社会没有不重视蠲免、减征与缓征等基本救灾措施的。但从实施的情况看，各代有所不同。

汉代以前主要是薄征，如《周礼·大司徒》载“荒政十有二聚万民，其二曰薄征”。汉代主要是轻敛。如西汉本始三年（前71）大旱，宣帝诏“郡国伤旱甚者，民毋出租赋”（《汉书》卷八）。汉代除免征田租外，还有免征刍稿、更赋口算等项。如永平十八年（75），因牛疫和旱灾，章帝下旨：“勿收兖、豫、徐州田租、刍稿，其以见谷贩给贫人。”（《后汉书》卷三）建光元年（121）秋，阴雨连绵，伤害庄稼，“诏除今年田租。其被灾甚者勿收口赋”，“随顷亩减田租”（《后汉书》卷五）。

隋唐时期有免赋、免役、免调、免积欠和缓征措施，并有了根据受灾程度蠲免的规定。如隋文帝开皇五年（585），水灾，免租税；六年（586），也有同样的情形。十八年（598），又免除遭水灾地方的租调。唐武德七年（624）规定，凡水旱霜蝗灾损十分之四者免其租；桑麻无收者免其调；田耗十分之四者免租调；耗七者课役皆免（《旧唐书》卷四八）。上元二年（675年），高宗敕："自余诸州，咸享年遭旱涝虫霜损免之家，虽经丰，家产为复，宜更免一年租。"（《册府元龟》卷四九〇）永隆元年（680）正月，高宗诏："河南、河北涝损户，常式蠲放之处，特免一年调。"（《册府元龟》卷四九〇）开元二十年（732）九月，"河南道宋、滑、兖、郓等州大水伤稼放今年地租"（《册府元龟》卷四九〇）。开元二十八年（740）十月，诏曰："如闻徐泗之间，丝蚕不熟，虽庸课已纳，虑百姓艰辛，今年地税，特宜放免。"（《册府元龟》卷四九〇）贞元八年（792）十二月，河南、河北、山南、江淮诸州水灾，德宗赦云："其州府水损田苗及五六分者，今年税米及诸色官田种子并减放一半；损七分以上，一切全放。"（《册府元龟》卷四九一）大和八年（834）九月，水潦，"江淮、浙西全损田苗处全放其年青苗钱，余也量议蠲免"（《册府元龟》卷四九一）。大中九年（855年）七月，水旱、疾疫，"扬、润、卢、寿、滁、和、宣、楚、濠、泗、光、宿州去年合征两税钱物量百姓疾疫处，准分数于上供、留州、留使三色钱内均摊放免"（《文苑英华》卷四三六）。

宋代的蠲租胜过前代，这与政府的施政有极大的关系。北宋建国之初，就诏令："凡有灾沴，必示蠲除。虑一谷不登，则百姓失所。属自春夏，时雨尚愆。深念黎元，失于播植。所宜优恤，俾获昭苏。应诸道所徵今年夏租，委在处长吏，视民田无见青苗者与放免。"太祖乾德元年（963）四月，下诏各州长官，对遭受旱灾特别严重的农家，可免租，不必事先呈报。随后每遇灾荒，都照例这样做，并且比前代做得更要认真（《宋史·食货志》）。开宝元年（968）六月下诏也强调：凡民田被霖雨河水冲坏的，可免当年夏税。所以马端临说："宋以仁立国，蠲租之事，视前代为过之，岁不胜书。"（《文献通考·国用考》）宋代蠲免、缓征之例也很多，如真宗大宗祥符二年（1009）秋七月"乙亥，蠲京东徐、济七州水灾田租"（《宋史》卷七）。英宗治平元年（1064）出现大范围水灾，这一年"畿内、宋、亳、陈、许、汝、蔡、唐、颍、济、濠、泗、庐、寿、楚……高邮均大水，遣使行视，疏治赈恤，蠲其租赋等”（《宋史》卷二五）。

元代税制，取法于唐。当时遇灾蠲免，较宋代尤勤，大则普遍蠲免于全国，小则蠲免于一路两路，几乎没有一年不实行。蠲免、缓征之例，如至元二十四年（1287），“时淮、浙饥馑，谷价腾涌，免江淮租税之半，运湖广、江西粮十七万石至镇江，以赈饥民”（《元史》卷一七三）。大德九年（1305）七月，“扬州之泰兴、江都、淮安之山阳水，免其田租九千余石”（《元史》卷六十四）等。至治二年（1322）六月，“洪泽、芍陂屯田去年旱、蝗，并免其田租”（《元史》卷二八）。

明清两代对蠲免也都很重视。明太祖朱元璋亲身经历过元末农民战争风暴的洗礼，深知民困而国家危亡的道理，因此开国之初就对蠲免等救灾的政策比较重视。太祖洪武四年（1371），下诏免田租。七年下诏免夏租，又立蠲免条例，规定凡遭受水旱的地方，不拘时限，只要经过查勘，灾情属实，税粮即可蠲免。随后或蠲免于全国，或行于一省、数省，或单免夏税，或单免秋粮，或缓征负欠，或蠲缓若干成，遇有灾伤，都依例实行，这后来成为明政府实行灾荒救助的惯例。蠲免、缓征之例，如永乐八年（1410），时皇太子令“扬州、淮安、凤阳至陈州去岁水灾之处，有工匠在京应役者，悉罢，遣还家，令营衣食”（《明太宗实录》卷一〇〇）。宣德九年（1434）二月，因凤阳等地连年亢旱，诏令尽行停止一切买办科征，后又谕户部停征南直隶等地七年以前所欠粮草、盐粮等(《明宣宗实录》卷一〇一)。弘治十八年(1505),户部以江北凤阳等四州府灾伤太甚，议准巡抚都御使张缙等奏请，缓征该四府十五石起运兑军粮米，“俟弘治十八年以后，以三年为期，徐补完足”。在带征执行过程中，若再遇灾害之年，带征税粮还可以暂停征收，向后展缓一年或数年（《明孝宗实录》卷二二二）。嘉靖二年（1523），凤阳正月至六月亢旱，七至九月淫雨，百谷无登。冬日严寒，饥民冻馁疾疫死者无数。十二月，世宗下诏停征淮安、凤阳等府州县元年、二年，未及三年额办牲口，俱矣丰年待征等（《明英宗实录》卷七四）。隆庆三年（1569），淮河流域夏大旱，秋大涝。十月，穆宗批准了户部之缓征嘉靖四十五年（1566）以前待征，以及隆庆二年(1568)以前应征税粮，“以俟丰岁”之议(《明穆宗实录》卷三八)。万历四十三年(1605)，南京屯田御史孙光裕奏报南直隶屯田灾伤，“议将天长、凤阳、泗州等5州县屯粮比照重灾事例折银，并将四十年以前积逋暂停一年。上是之”（《明神宗实录》卷三〇九）。

蠲免在清代也是一项重要的救灾措施，清政府对此也很重视。早在顺治年间，清政府便首除三饷，并许都城遭过兵祸的居民，免赋役三年。从这以后，除在灾荒时实行一般的赈济和蠲免外，凡遇国家庆典，或巡幸，或军兴，常下诏免追人民的积欠，对已经贷放出去但还没有收回的粮食，也停止追还。每当库藏稍充，又往往实行普免钱粮或输免漕粮的办法，后世循例。具体事例，如康熙九年（1670）夏，“淮安、扬州二府久雨，田庐多淹，诏发帑赈济。玛祜疏请蠲免桃源等县积欠赋银，及六、七两年未完漕米，部议漕米无蠲免例，上特允其请，并蠲减苏、松、常三府被灾岁赋”（《清史稿》卷二七三）。乾隆八年（1743），“清河等被水州县卫，未完地丁银漕项银米一并停缓。又板浦等盐场，未完折价银与民户，一体停缓三年”（《九朝东华录》）。道光二年（1822）淮河流域大涝。夏四月，“蠲缓河南睢州等六州厅县沙压、堤占、水占地赋，直隶沧州等五州县并严镇、海丰二场被水赋课”。十一月，“蠲缓泗州等十七州县及屯坐各卫，河南武陟、阳武二县，甘肃狄道等六州厅县……两淮板浦等九场被水新旧额赋等”（《清史稿》卷一七）。另外，清代蠲免还涉及芦课、盐课等杂税。

蠲免、减征与缓征实施中的弊端也很多。蠲免、减征与缓征的前提需要报灾、勘灾等，但在报灾、勘灾等环节弊病就很多，这一点上文已有分析。由于报灾不及时，甚至瞒报，蠲免、减征与缓征就很不及时，人民多不能享受实惠，甚至有时反而加重了灾害的程度。

调粟、平粜与禁遏籴：

重大灾情，特别是突发性灾害发生后，当地百姓家藏和粮食往往荡然无存。及时从外地调运粮食及其他物资支持灾区（移粟就民），或迁移灾民去外地获得衣食、避灾（移民就粟），或通过平抑物价、鼓励通商等救灾办法就成为政府临灾救助的重要措施之一。秦汉以后，历代也多采取调粟、平粜与禁遏籴这种政策。

首先是移民就粟，这是历代调剂粮食所采取的较为普遍的政策。以下是淮河流域灾害与历代移民就粟有关的若干事例：

汉武帝元鼎二年(前115)，“是时山东被河灾，及岁不登数年，人或相食，方二三千里。天子怜之，令饥民得流就食江淮间，欲留，留处。使者冠盖相属于道护之，下巴蜀粟以振焉”(《汉书》卷二四)。北魏太和十一年(487)，“谷不登，听民出关就食”（《魏书·孝文帝本纪》）。唐咸亨元年(670)，“天下四十余州，旱及霜虫，百姓饥乏……诏，令往诸州逐食”（《旧唐书·高宗本纪》）。宋庆历八年(1048)，“河北大水，民流就食京东”（《文献通考》记宋仁宗时事）。金贞祐三年(1215)，“谕……山东流民，少壮者充军，老幼令就食于邢、洺等州，欲去河南者听”（《金史·宣宗本纪》）。元至元七年(1270)，“诸路旱蝗，告饥者令就食他所”(《元史·食货志》)。康熙二十一年，“议准直隶、河南两处乏食穷黎，移家觅食”（《筹济篇》）。

其次是移粟就民，这是同移民就粟政策相辅而行的。如果居民能够迁移，便让他们迁移，或令他们移到丰收的地方去就食。如果居民不便迁移，而谷物移动较便，则尽力移而就民。以下是与历代移粟就民有关的若干事例：

汉安帝永初元年(107)，“郡国四十一县三百一十五雨水。四渎溢，伤秋稼，环城郭，杀人民”（《后汉书·艺文志》），有些地区粮食不能自给，到九月“癸酉，调扬州五郡租米，赡给东郡、济阴、陈留、梁国、下邳、山阳”(《后汉书》卷五)。唐咸亨元年(670)，天下四十余州受灾，“九月辛未，诏赞善大夫崔承福、通事舍人韦太真、司卫承钳耳知正等使往江西运粮以济贫乏”(《册府元龟》卷一〇五)。兴元元年(784)，宋亳、淄青、泽潞、河东、恒冀、幽、易定、魏博等八节度使管内“螟蝗为害，烝民饥馑”，闰十月乙亥，“诏每节度使赐米五万石，河阳、东畿各赐三万石，所司般运，于楚州分付”（《旧唐书》卷一二）。宋元祐五年(1090)，淮浙地区灾荒，政府从元祐四年十一月起开始积极备灾，“截拨本路上供斛斗二十万石赈粜，又于十二月时，宽减转运司元祐四年上供斛斗三分之二，为米五千余斛赈粜”，并且用粜米所得钱物“买银捐上供，了无一毫亏损”（《宋朝诸臣奏议》卷一〇六）。元大德二年(1298)，五月，“淮西诸郡饥”，诏发“漕江西米二十万石以备赈贷”（《元史》卷一九）。明永乐十四年(1416)，“北京、河南、山东饥，免永乐十二年逋租，发粟一百三十七万石有奇赈之”(《明史》卷七)。清康熙三十八年(1699)三月，“截漕粮十万石，发高邮、宝应等十二州县平粜”(《清史稿》卷七）。嘉庆十年（1805），江苏扬州水大米贵，浙江春花蚕丝歉收，清廷命截留四川运京米三十万石拨运两省平粜。

不过，由于古代交通不便，调粟措施受到一定限制。

中国古代，特别是清代，调粟往往又与平粜联系在一起。所谓平粜，是指国家通过行政手段平抑粮价。自从仓储制度建立后，平粜这一应灾举措也史不绝书。如唐开成元年（806）十一月，“盐铁转运使奏：据江淮留后卢钢以江淮诸州人将阻饥，请于来年运米数内量留收贮至春夏百姓饥乏之际，减价出粜，收其值，待熟偿之，无损于官，有利于人。帝嘉之，诏留常运米三十万石”（《册府元龟》卷一〇五）。元和中，江淮大旱，米价上涨。宣州刺史卢坦“乃借兵食，多出于市，以平其价”（《李文公集》卷一二）。庆历元年（1041），十一月，“以京师谷价踊贵，廪一百万石，减价出粜，以济民”（《宋史·仁宗本纪》）。清代调粟除用于赈济外，主要用于灾区粜米之需，防止灾区粮价上涨，满足灾民在赈谷之外能买到平价乃至减价粮食。“顺治十七年（1660），议准常平仓谷，春夏粜出，秋冬籴还。平价生息，务期便民，如遇凶荒，即按数给散灾户贫民”（《筹济篇》）。康熙四十年（1700），“截留楚省漕粮“四万五千石，分发淮安等处，平粜”（《筹济篇》）。

为了增加灾区粮食供应，政府还鼓励商人贩运粮食到灾区发售。雍正十年（1732），清廷议准，商人贩运米谷到受灾的山东、直隶粜卖者，米船一到，即便放行，临清、淮、扬等关，将梁头米税自五月至七月暂行宽免，秋收之后，再行征收。乾隆初年又准，凡有米船过关，即讯明该商，如果前往被灾各邑粜卖者，免其纳税，给予印票，责令到境之日，呈送该地方官钤盖印信，以便回空核销（光绪《大清会典事例》卷二八八）。这就是所谓“举行通商转运之法，广致米谷”。

灾害发生后，有的地方当局担心粮食流向灾区，会导致本地粮价上涨，于是对粮食流通设置障碍，出现“遏粜”“闭粜”现象，这不利于商人向灾区贩运粮食。唐贞元元年（785）正月，德宗诏令“诸州府不得辄有闭粜”。九年（793）正月，又诏：“分灾救患，法有常规；通商惠人，国之令典。自今宜令州府不得辄有闭粜，仍委盐铁使及观察使访察闻奏。”（《册府元龟》卷五〇二）自此，历代封建政府都把遏粜、闭粜看作妨碍荒政的办法而加以禁止。

借贷：

农民遇到荒年，流离失所，朝不保夕，这时救济的方法，自应以保命为先，因而需要急赈。等到生机有了延续的可能，为了维持生计，又必须恢复生产。所以历代许多人都认为有放贷的必要，放贷的政策，也就相应地产生。历史上放贷的种类颇多，主要是贷种食、牛、具等农本，也就是一般所谓农贷。封建国家建立的常平仓、社仓等仓谷，大多用于借贷救灾。这对帮助灾民度过眼前困难，重建家园有重要意义。以下是历代放贷的若干事例。

汉始元二年（前85）三月，昭帝"遣使者赈贷贫民无种、食者"。同年秋下诏说："往年灾害多，今年蚕麦伤，所赈贷种食，勿收责"（《汉书·昭帝纪》）。元和三年（86），张禹"迁下邳相。徐县北界有蒲阳坡，傍多良田，而埋废莫修。禹为开水门，通引灌溉，遂成孰因数百顷。劝率吏民，假与种粮，亲自勉劳，遂大收谷实。邻郡贫者归之千余户，室庐相属，其下成市。后岁至垦千余顷，民用温给"（《后汉书·张禹传》）。

南北朝宋文帝元嘉年间（424—453），三吴发生水灾，谷贵人饥，政府对强壮的人实行贷放，使他们能赡养老弱。魏太子劝民积极从事农业，使没有牛的人借别人的牛来耕种，而以代别人耕田来抵偿。唐贞观二十二年（648），因各州水旱，贷种食。玄宗开元中，因水旱贷粮。德宗贞元中下诏委派官吏在遭遇水旱的各州贷种。宋太宗至道二年（996），令官仓发粟数十万石，贷给京畿及内郡民作种子。神宗元丰元年（1078），曾巩任越州知府，遇荒年，出粟五万石，贷民为种粮。

明代的事例，如明宣德三年（1428）五月辛未，直隶扬州府通、泰、高邮等州及凤阳府寿州霍邱县，江西九江府德化、瑞昌二县各奏"人民缺食，已借官仓米赈济，俟秋成还官"（《明宣宗实录》卷四八），悉以其数上。弘治十一年（1498）十一月乙未，户部主事李世亨言："又江西、河南、山西、南北直隶各奏：'风、雹、水溢、干旱之灾，禾稼损伤，百姓饥馑。'乞遣官检阅预备仓根，支给赈济。如不足用，即于邻近有收郡县或预备仓粮，或积粮富家借用，以俟收成之年照数赔偿。"（《明孝宗实录》卷一四三）疏上，命所司知之。

清代的情况，如康熙三十九年（1700），“归德属永城、虞城、夏邑三县被灾地亩至一万七千余顷，出粜常平、义、社仓谷，借给农民牛种，全活甚众”（《清史稿》卷二七六）。道光五年（1825）正月，“贷直隶文安、大城二县，河南汝阳、淮宁二县……两淮中正场水灾灶户籽种口粮，并免上年额课”（《清史稿》卷一七）。

明初对灾情不重的缺粮户借贷曾规定，一口之家准借1斗；2—5口之家借2斗；6—8口之家借3斗；9口以上之家借4斗；家中有人淹死者借2石，房屋或牲畜被洪水冲走者减半。借贷于秋后如数还官，一般年息3分以下，最高7分。清代最初借贷也于秋后征还，每石加息1斗。乾隆初开始，因灾借贷免息。十七年（1752）进一步规定，夏灾、秋灾借贷种食，分别于当年秋后和次年麦收后免息还仓。

借贷作为一种救灾措施，对灾民恢复生产、促进自救具有较大的作用，但这一切必须建立在国家银粮充裕和吏治清廉的基础上。历代由于大多政治腐败，灾民的借贷也产生了种种弊端，如官吏从中刁难图利、偿还时条件苛刻、照顾富豪而不应贫民的急需等，这些都是各朝共有的现象。

抚恤安辑：

抚恤，也称养恤，它是中国古代救灾活动的一个重要组成部分，主要包括施药治病、发放抚恤金、赐葬、居养、赎子等。这些在灾害救治中也起到十分重要的作用。以下是古代救灾活动中养恤的若干事例：

西汉元始二年（2），大旱，蝗。政府下令“凡民疾疫者，舍空邸第，为置医药”，“赐死者一家六尸以上葬钱五千，四尸以上三千，二尸以上二千”（《汉书·平帝本纪》）。南朝宋元嘉四年（427）五月，“京师疾疫，朝廷遣使存问，给医药；死者若无家属，赐以棺器”（《宋书·文帝本纪》）。唐贞观十年（636），“关内河东疾疫，遣医赍药疗之。十六年，谷、泾、徐、虢、戴疾疫，遣医施药。十八年，自春及夏，庐、濠、巴、普，郴疾疫，遣医往疗”（《唐书·五行志》）。《宋史·食货志》载：“京师旧置东西福田院，以廪老、疾、孤、穷、丐者。其后给钱、粟者才二十四人。英宗命增置南北福田院，并东西各广官舍。日廪三百人，岁出内藏钱五百万给其费。后易以泗州施利钱，增为八百万。”庆历八年（1048）二月己卯，“赐瀛、莫、恩、冀州缗钱二万，赎还饥民鬻子”（《宋史·仁宗本纪》）。

明代立国之初对养恤制度也十分重视。朱元璋即位不久，就宣布“鳏寡孤独废疾不能自养者，官为存恤”（《明太祖实录》卷三四）。“洪武三年（1370），命天下府、州、县，设惠民药局，拯疗贫病军民疾患。每局选设官医提领，于医家选取内外科各一员，令府医学授正科一员掌之，县医学授副训科制药惠济，其药于各处出产并税课抽分药材给与，不足则官为买之”（《康济录》记明太祖时事）。洪武十九年，“诏赎河南饥民鬻子女”（《续文献通考》卷三二）。永乐十一年（1413）六月甲寅，上召行在户（部）臣，谓之曰：“人从徐州来，言州民以水灾乏食，有鬻男女以图活者。人至父子相弃，其穷已极。即遣人发廪赈之，所鬻男生官为赎还”（《明太宗实录》卷一四〇）。嘉靖二年（1523）四月丁丑，户部条上修省事宜：“一言畿辅穷困，甚于各省，积逋宜皆缓征。山东、河南、庐、凤诸府被兵者，敕有司招抚流移，存恤死亡。一言今天下民劳，而南北水路尤甚，宜务节省，令役夫皆得番体及严需素私役之禁……上以为然”（《明世宗实录》卷二五）。嘉靖八年（1529），“题准灾伤地方军民人等，有能收养小儿者，每名日给米一升”（《续文献通考》引明世宗时事）。

清乾隆年间对各省也分别制定了详细的抚恤标准，凡是贫而不能自存的灾民，地方政府大多设临时收容所居养，并把平时常设的慈善救济机构如居养院、普济院等动员起来收容灾民。具体标准方面：坍塌房屋者，每间瓦房给修房费一两五钱左右，每间草房给八钱左右；压死人口每大口银一两左右，小口减半；压伤不论大小每口赈银五钱。乾隆十二年（1747），山东地发生风、雹、水、旱、疾疫等自然灾害。七月，诏令“抚恤山东历城等二十州县卫水雹各灾”（《清史稿》卷一一）。嘉庆时，“京师五城设栖流所，日给钱米，隆冬酌给棉被，病故者给棺以瘗。又设养济院，岁给银米，冬衣棉布”（《筹济篇》记乾隆朝事）。张清恪《切问斋文钞》中也载有“民举家饥饿，束手就毙……凡卖子女者，责令地方官捐俸，代为赎回”的话。

安辑，即安置灾民以恢复正常的生活、生产秩序。封建国家在开展抚恤的同时，也还重视流民的安辑。为了安辑流民，封建国家除发给流民盘缠和食粮，遣送回籍外，还分给闲置公田耕种，提供或贷给种子、耕牛；有的甚至为他们在原籍搭盖草房，并免除多年赋税和徭役，帮助他们归农重建家园。以下是历代安辑流民的事例：

汉平帝元始二年（2）夏，全国大范围旱蝗、疾疫流行，灾民流徙，为安辑灾民，政府就规定：灾民“至流所，赐田宅什器，假与犁子、牛、种、食”（《汉书·平帝纪》）。

西汉元和元年（85）二月甲戌，诏曰：“王者八政，以食为本。故古者急耕稼之业，致耒耜之勤，节用储蓄，以备凶灾。是以岁虽不登，而人无饥色。自牛疫以来，谷食连少，良由吏教未至，刺史二千石不以为负。其令郡国募人，无田欲徙他界就肥饶者，恣听之。勿收租五岁，除算三年，其后欲还本乡者，勿禁。”（《后汉书·章帝本纪》）

南宋建炎二年（1128），“春正月，丁亥，录两河亡吏士，沿河给流民官田牛种”（《宋史·高宗本纪》）。南宋隆兴元年（1163），诏令：“贫乏下户，或因饥馑逃亡，官司即时籍其田土，致令不复归业。令州县严申赦文五年之限，应归业者即给还。”（《宋史·高宗本纪》）

明成化二年（1466）夏四月甲辰，巡按河南监察御史娄芳陈言事宜：“今淮、徐、河南等处人民鬻麦卖男女者沿途成群，价值贱甚，至夷人、番僧亦行收买。乞出内库银帛，赍付巡视都御史设法收赎及禁约边关，不许番僧人等夹带中国人口出境，仍给价赎还原籍，令本处巡抚大臣区画种子、牛具，给与耕种”（《明宪宗实录》卷二九），上可其奏，令户部悉行之。正德元年（1505）七月乙未，户部尚书韩文等覆议：“水旱灾伤，无处无之，若概欲差官，恐徒劳外语，宜奏报日，量其轻重，如例上请蠲贷……直隶凤阳等府大雨如注，平地水深丈有五尺，没民居五百余家……宜移文各该巡抚官，亲诣其地，加意抚绥。平民之困于差役者，即与优免；庐舍之淹没、营堡之烧毁者，官给钱粮以赈济。仍督所属官吏，招抚流移，禁革科扰。庶灾异可弭。”（《明武宗实录》卷一五）从之。

清顺治九年（1652），畿北发生饥荒，大量难民流入直隶京城，“流民至者日以万计。逃人令方严，民虑溷入为累，辄拒不予食。希撤令察非逃人，使垦县中荒田，田辟，饥民已活”（《清史稿》卷二八二）。康熙二十一年（1682），“直隶、河南两处乏食，穷黎移家觅食，不能回籍。令直隶、河南巡抚察明，加意抚绥，招辑复业。遣官领送回籍，仍捐给籽粒，俾得耕田亩”（《筹济篇》记康熙朝事）。二十九年（1741），朝廷议准：流离四川民户，情愿居住垦荒者，将地亩永给为业。乾隆六年（1741），又议定为：流民愿在当地入籍者，“准其保结，给照编入”；不愿入籍但又一时无法回原籍者，“暂作另户编甲，陆续给照回籍”（《清高宗实录》卷一五）。

抚恤安辑作为封建国家灾害的救济措施也曾起过积极的作用，但由于历代封建政府对户籍、赋税控制甚严，较长时期严禁灾民流亡，加上政治的腐败，灾民抚恤安辑的效果也大打折扣。

（2）近代以来政府救灾的措施

1840年，英国发动了侵略中国的鸦片战争，中国近代史由此开端。鸦片战争的结果又使中国陷入另一个万劫不复的时代，当然自然灾害也没有止住它的脚步，仍如以前一样对中国社会造成严重的影响。面对诸多自然灾害的影响，在临灾救灾方面，政府在诸如赈济、蠲免缓征、农赈（借贷）、抚恤安辑等方面也采取过一些救灾的措施。当然随着时代的发展，某些政策也存在变化的一面。

清末临灾救灾的措施：

先来看看赈济的情况。晚清不同时期政府对灾害的赈济情况有所区别，投入的赈款、赈谷的数量也不同。

光绪三十一年（1906），苏北水灾，在徐海地方政府勘灾、查赈基础上，根据灾分、灾等，清朝政府拨银10万两用于赈灾。“旨周馥陈夔龙电奏徐海等处被灾，情形深堪悯恻，著赏帑银10万两以拯该处灾黎”（1906年9月22日《申报》）。各省协助苏省赈灾款“约可得银八九万两以之奏筹急赈”（1906年12月11日《申报》），并“截借苏漕10万石”（1906年12月11日《申报》）。江督苏抚一方面派员到安徽、山东、奉天等省购买米粮运往灾区办理平粜；另一方面拨用积谷接济灾民。另在扬州、镇江、清江流民较多的地方设粥厂煮粥赈济。如“苏抚以徐海饥民流离失所，清江一处虽经官绅设所留养，唯人数过多，势难普及，自应设法在扬镇二处广设粥厂以辅清江之不逮”（1906年12月11日《申报》）。

光绪三十二年（1907），江淮并涨，秋禾被水极为严重，时至寒露，积水未退，涝灾遍及皖北、江淮地区 26 多个州县。水灾发生后，安徽巡抚冯煦在阜阳设立省赈抚局，办理灾赈事宜，会同各州县核实受灾人口，按急赈、加赈、冬赈、春赈等规定发放赈银；另在安庆设立省赈捐局，接收官、民捐款。自 1907 年水灾后至 1908 年，省赈捐局实收赈款库银 100000 两，各省协助银 259295 两，义捐银 293100 两，摊捐银 40000 两，筹垫银 441000 两。共发放赈银 857527 两，其中，官赈银 644433 两，义赈银 213094 两（由乡绅查放）；用于赈济 644261 两，采购米粮平粜 143884 两，买谷备荒 30569 的，工赈 12720 两，川资运输杂支文 26093 两[①]。

从上述两次灾害的赈济情况看，应该说灾害赈济的投入比较大，取得的效果也较好。其一，从赈济过程与措施看，灾情发生后，清政府能够积极应对，多方筹措赈谷、赈粮和赈银、赈款，并也迅速启动社会赈灾募捐机制，劝捐所得在发放的赈银占大多数，赈济也很及时。其二，从赈款的数量看，光绪三十一年和三十二年水灾中发放赈银数量都比较大，前者共筹得银两 90 多万两，后者动用 80 多万两，当时安徽省地丁银与耗羡银合计，平均每年为 180 多万两，若以此数为准，1907 年官府提供的赈银，竟占当年该省田赋收入的近 1/3，可以说，政府投入的赈银数量确实较大，而 1910 年淮河流域大水，“江皖二十余州县灾民三百万人”，清政府只筹得安徽赈银 17 万两，与 300 万灾民相比，无异于“杯水车薪”。

遇到灾害，除了赈济外，蠲缓钱粮也是晚清政府一项不可少的救灾措施，实际上也是一项重要的救灾措施，是最常见的救荒之法。以下为若干事例：

咸丰七年（1857），八月上谕，“安徽被灾尤重之合肥、舒城、凤阳、定远、怀远、凤台、颍上、蒙城、亳州等九州县地丁钱粮，前经降旨，候启征时减收一成，以纾民力；所有州县应完漕米，并著加思减征一成，仍以一年为限，以示体恤”（民国《安徽通志稿・食货志》）。同治七年（1868），上谕“安徽被灾尤重之亳州等九州县地丁钱粮，前经降旨，候启征时减收一成以纾民力；所有该州县应完漕米，并着加恩减征一成，以一年为限……安徽凤阳、颍州等属同治六年以前钱粮，除业经蠲免外，其实欠在民者，均着概予豁免。亳州同治六年共免民卫丁屯驿站漕仓牙税正耗银二万八千九百六十三两九钱六

①　《安徽省志・民政志》，安徽人民出版社 1993 年版，第 158—159 页。

分八厘，漕增粟米一千七百九十八石六斗七升七合八勺”（民国《安徽通志稿·食货志》）。同治十三年（1874），上谕“所有勘不成灾之亳州等二十七州县，歉收田地新旧漕粮分别缓征”（民国《安徽通志稿·食货志》）。光绪三十一年（1906），苏北大水灾后，清朝政府对受灾严重地区实行缓征政策，其中淮徐海“十三州县本年应征忙漕两项应即一律停收，缓至明年秋后带征”（1907年1月16日《申报》）。

遇有灾害，晚清也行农赈。农赈，也称“农贷”，是一种通过借贷的方式向灾民提供口粮、种子、生产工具等生活生产要素、帮助灾民恢复生产的灾害保障模式，等同于古时的借贷。农赈的实施一定程度上反映了灾害救助的社会近代化。按清代通例，本年因灾歉收，次春缺种不能耕作或安种后遇灾无法再度栽插，由州、县开仓出谷放贷，秋收后收成达八分者如息归还；七分免息归还；六分本年还一半；五分以下缓还。如上年灾重，初获丰收，准免息归还。因特殊情况，经督抚奏准可免还。光绪十五年（1889），安徽发放春贷共496654两，并规定，灾民无力归还者，概予宽免。宣统二年（1910）、宣统三年（1911）江淮大水灾发生后，安徽财政拮据，农赈工作难以开展，或者只是象征性地开展，如怀远县按灾民大小户口放赈粮种，大口之家得400文，小口之家得200文，所买种子仅够种一亩地。

晚清也有关于抚恤安辑的记载。如光绪二年（1876），“淮北荐饥，流民就食扬州，（刘）瑞芬筑圩城外，构棚分宿，计口授食，所全活六万余人”（《清史稿》卷四四六）。光绪三十二年（1906）夏，江北发生大水，八月末，江苏巡抚陈夔龙批示所辖各地：“徐州、海州饥民渐次南下，到达清浦江，求食不得，抛弃子女，深堪怜悯。故如发现通过饥民，勿使南下，随时由当地收留，给付路费，使之归乡，勿致滋事”（1906年8月29日《申报》）。

民国时期临灾救灾的措施：

民国期间，遇有灾害政府也行赈济。赈济的主要形式分为赈谷、赈款、工赈等。

首先来看赈谷和赈银。民国二十年（1931）江淮流域大水。8月，成立了国民政府救济水灾委员会，综合办理一切赈济工作。国民政府救济水灾委员会将受灾各省划分10个急赈区，安徽为芜湖区和皖北区。是年8月，国民政府分配安徽赈灾款 17 万元；9 月，又给加拨安徽赈款共 30 万元。除此之外，国民政府以低息向美国借贷麦、面 45 万短吨（每短吨约 907 千克），先后分配安徽赈麦 2.1 万吨、赈款 87 万元，由安徽赈务会及各县赈务分会负责赈麦、赈款的发放。安徽赈务会按急赈、冬赈分期发放。其中对皖中、皖南 26 县，发放赈款，人均得款 0.27 元，成年所得是儿童的两倍，芜湖区除赈款外，还赈济面粉每人 1—20 斤，赈麦每人 1—35 斤。皖北发放赈麦、赈面，每人 8—70 斤。其他受灾省市，如南京……无论老幼，每日一律给馒首二枚，合粉半斤；河南成年人二十斤，幼童十斤；湖南成年人各给洋一元，幼童五角；山东每人发给一元以上。

再看工赈，这种赈济形式，虽说历代都有所行，但尤其盛行于现代。一般就是选择少壮丁口，在受灾区域筑路、修堤、浚河、垦荒，使灾农得以工作劳力，易取工资，而得温饱。实施工赈，利用少壮灾农，“一面易取工资，购买衣食，暂谋温饱；一面兴办公益事业，建设地方，使力无虚掷，财无虚耗”。民国二十年江淮大水，国民政府设救济水灾委员会办理灾区救济事宜，对于以工代赈非常重视，如救济水灾委员会对此的看法是：“吾国历来办理振（赈）济事业，多属私人团体。此次灾患遍及东南数省，损失之巨，流亡之多，万非私人机关所能集事。政府有鉴于此，是以设立本会，负责办理救济灾民及灾区善后事宜。忆在设立之初，即经决定将扬子江及淮、运两流域各堤坝修葺改筑，两者并施，所有工役悉用灾民充，隐寓以工代振之意，俾堤圩坚固。从前每岁溃决之患，可除以永，而农村善后事宜亦有办法。”又说：“本会成立之始，办理救济事宜，关于治本计划，注重以工代振。盖政府藉灾民之佣作，以修筑堤防，灾民赖政府之救济，以维持生活。事关实惠，款不虚糜，防患恤灾，一举两得。”①

1931 年 9 月，灾区工作组工赈处正式成立，聘请德炯为处长，并向各水利机关调聘工程技术人才，订立各项施工章则，工赈设计大多由熟悉水利工程知识的扬子江水道整理委员会测量总工程师美国人史笃培和陕西建设厅厅长李协“协商规定”。

因囿于财力，国民政府救灾会“对此数十万里待修长堤及应疏浚各河，若

① 池子华：《流民问题与近代社会》，合肥工业大学出版社 2013 年版，第 282—283 页。

欲一一举办，时间财力均有未逮”，因而确定工赈范围为主要河流干堤，而支堤民堤留待地方政府或由人民自办，具体范围由技术委员会会议议决……皖北淮河及其主要支流土堤，运河自邵佰至宝应两岸土堤及自宝应至清江浦以上两岸决口，里下河归海五港疏浚，河南伊、洛、沙、颍各河之防灾工作等。即便如此，此次工赈的范围仍至为广阔，工赈处按照各河系流域之大小与灾情之轻重，将上述范围划为18个工赈区，其中有淮河三区，里下河三区，伊河、洛河、沙河各一区。各区大都设立有工程局，“按照计划，切实进行”。以下是淮河三区，里下河三区计划分布和变迁情形图[①]：

区别	河道	省分	界址	距离（千米）	设局地点	
第十一区	淮河	安徽	颍河西淝河、淮河	379	正阳关	
第十二区	淮河	安徽	浍河北淝河、淮河	157 245	蚌埠	
第十三区	淮河	安徽	沱河、浍河、淮河	303	五河	
第十四区	运河	江苏	邵伯至宝应及淮阴以上	160	扬州	
第十五区	里下河	江苏	射阳港	11.7	阜宁	后未设局
第十六区	里下河	江苏	新洋港	5.7	盐城	
第十七区	里下河	江苏	斗龙港、王港、竹港	27.1	东台	
第十八区	沙、洛河等	河南	伊河、洛河、沙河流域		郾城	局址后改设郑州

各工程局都设工程师兼局长及副工程师、技术员、事务员等。区以下根据工程的大小，分为若干段，每段设副工程师兼段长及技术、事务等员。段以下分为十团，每团设监工、副监工。团分二十排，每排灾工二十五人，选择其中能力较强的一人做排头，每段灾工总计五千人。全部工赈容纳的灾民数目，据各工赈局报告统计，民国二十一年（1932）四五月间，灾工最多的

① 邓拓：《中国救荒史》，北京出版社1998年版，第281—282页。

时候，皖、淮三区十七万九千余人，运河及里下河各区四万七千余人，河南省二万三千余人。其工资系以美麦发给，灾民工价则按所做土方之多寡给予，给付标准为：平地取土每市方 0.25 元至 0.4 元；取土在 50 米以外，每 20 米每方酌加 0.03 元；深处取土，高处落土，每高深一米，每方酌加 3 分。每星期由技术员督查监工收土方一次，并填具领麦凭证单，由排头向粮站领取。

抗战时期，黄河水利委员会还曾会同第一战区长官司令部、河南省政府等有关军政机关，组织黄河防泛工赈委员会，以工赈形式，主持修筑防泛新堤。河南省防泛工程总长 316 千米，分两期完成。第一期于 1938 年 7 月间兴工，计划 9 月竣工，上自花园口决口以西的黄河老堤起，沿泛水西岸，下接郑县圃田境的陇海路巷，全长 32 千米。第二期工程计划从次年 4 月始续修，定于 7 月间完成。工程上接郑县圃田境，经中牟、开封、尉氏、扶沟、西华、淮阳等县境，至周家口沿沙河南岸，直达皖境内之界首集，计长 284 千米。

1946 年，安徽省当局又组织了淮域工赈委员会。虽然此时国共战争已经开始，但以工代赈仍未稍停。其战时施工者有上游阜阳、太和、颍上、凤台、霍邱、涡阳、蒙城、临泉、寿、亳等 10 县，共长 13015 千米。

应该说，民国以后的工赈有一定的成绩，如据民国二十年（1931）《国民政府救济水灾委员会报告书》说："各区工赈局成立以后，派员分途招收灾工，编成排团，实施以工代赈，勤者日可获麦七、八斤，至少亦在四、五斤以上，统计十六区，直接收容灾工共有一千十二万八千七百三十一名，而间接借工赈以生活者，当在千万以上。"[①] 这个数字即便有所夸大，但从材料中看，其规模、成效都是空前的。1931 年大水涌起的流民巨潮能够较快消退，与"招收灾工"，大规模实施"以工代赈"，有着直接的关系。

每遇灾害饥歉，各地仍继续实行粥赈，粥厂除由政府办理外，各慈善团体和地方公团也有举办的。粥赈制度和原则，大体上与清代无甚变化。民国二十年（1921）《国民政府救济水灾委员会报告书》说："在放赈期间内，本会所成立之粥厂实数，虽无详密统计，其数目当不再少，如皖北阜阳一县之内，有小粥厂一百十所，每日就食人数多者达七千一百人，其办法分全县为十一所，每所设粥厂十处，每次就食人数可达二三十人。故统计急赈区之粥

① 孙语圣：《1931 年：救灾社会化》，安徽大学出版社 2008 年版，第 300 页。

厂数目，如以每县各计一厂计算，其数当较为可靠也。又皖北蒙城县所办粥厂，有就厂施放及随地施放两种，同时进行。其随地施放办法，厂所可以随时随地迁移，尤为便利……河南粥厂自二十年十二月至二十一年一月间，共成立十六所，灾民均可持票就食。统计各厂给粥之数，共四百二十五万餐，平均每日就食者达三万四千七百五十人。各粥厂所发粮食种类、数量各有不同，大致每餐每人得米或黍六两。惟江苏省数厂无此项限制，灾民得以尽量取食。据各省报告，灾民每日来厂就食者约在二十万四千至二十二万之间，每人所费若干难以计算，惟就各方情形估计，平均每人约费洋三分。”①

民国时期，赈济中尚有农赈之举，所谓农赈实即放贷之别名。民国二十年（1921）秋，当洪水为灾，江、淮、运诸水同时泛滥，酿成特大灾害之时，国民政府为了扶持农民恢复生产，乃于急赈、工赈之外，又办农赈。实际工作委托华洋义赈会代办，从救济江淮水灾之美麦 45 万吨内，提出 5 万吨作为办理经费，在安徽、江西、湖南、湖北、江苏 5 省实施农赈。此后，官方、华洋义赈会及其他社团还举行多次农赈活动。《国民政府救济水灾委员会农赈之方案》指出，农赈之目的“在积极救济灾区农民，从事灾区农业复兴工作；也是使流民‘复业’的必要条件。农赈的主要工作为接济农事资金，指导农业方法，推行农村合作，其一切设施由农赈处计划办理”。其农业指导方法，如以赊放粮食、农具、耕牛、种子、肥料等必需品。

具体事例，如在江苏，国民政府救济水灾委员会决议拨美麦一万吨，折合价洋七十六万七千余元，借与江苏省政府作为借拨修复运河之用，议定由江苏省政府于二十一年（1932）七月底及十二月底，分两期归还，年利以六厘计算。后江苏省政府因财政关系，向救济水灾委员会议定以价值一百二十八万元的忙粮抵借券为抵押品，水灾委员会又在赈麦内拨出二百九十五吨及现款一万八千四百元。办理江苏省江宁县属的农赈，是将赈款贷与农民借款团体的代表人，由代表人负责分别贷与各农民，将来还款，唯代表人是问。随后宁属农赈交托宁属区农业救济协会代管，该会将款收回，重新贷与农民，办理农产改良合作社及农业仓库等。民国时期，农赈之举的实施，对解决流民问题不无价值。而且，由于农赈贷款的接受者是农民团体而

① 孟昭华：《中国灾荒史记》，中国社会科学出版社 1999 年版，第 757—758 页。

非个体农户，因此农赈同时促进了农村合作事业的发达，有助于训练农民的组织能力。农赈的实施从一个侧面也反映了近代以来自然灾害政府救助的近代化。

民国以来，各地每遇灾害饥歉，也继续实行施粥对策。施粥的制度和原则，大体与清代相同。历次各地救灾，也多是以粥厂为急赈中的主要工作。如据民国二十年(1931)《国民政府救济水灾委员会报告书》："在放赈期间内，本会所成立之粥厂实数，虽无详密统计，其数目当不在少……如皖北阜阳一县之内，有小粥厂一百十所，每日就食人数，多者达七千一百人，其办法分全县为十一所，每所设粥厂十处，每次就食人数可达二三十人。故统计急赈区之粥厂数目，如以每县各设一厂计算，其数当较为可靠也。又皖北蒙城县所办粥厂，有就厂施放，及随地施放两种，同时进行。其随地施放办法，厂所可以随时随地迁移，尤为便利……此外，江北区粥厂，由本会急赈处接办者共二十四所。河南粥厂，自二十年十二月至二十一年一月间，共成立十六所，灾民均可持票就食。"这是民国时期施粥的情况。

民国时期也有居养设施，如在居养方面，国民政府内政部《救济院规则》第一章第一条规定：各省区，各特别市，各县市政府为教养无自救力之老、幼、残废人，并保护贫民健康，救济贫民生计，于各该省区、省会、特别市政府及各县、市政府所在地，应得酌量情形设立之。第二条规定：救济院分设左列各所：一、养老院；二、孤儿院；三、残废所；四、育婴所；五、施医所；六、贷款所。各县各普通市及乡、区、镇设立救济院，对于前项列举各所，得分别缓急次第筹办，亦得斟酌各地方经济情形，合并办理。1931 年江淮大水，国民政府救灾委员会就经办了临时养老院、孤儿院，"至工作告终，安置此项躯体废疾及聋哑盲童，亦为问题之一"，但"赖各佛教孤儿院及教会学校，并其他私人团体等，为之负责收容，有由本会稍为补助者，亦有不受补助者，其见义勇为之风，尤可羡佩"。民国二十二年（1933）《申报年鉴》引载：全国与救灾居养有关的救贫机关共有 834 所。其中济贫所 188 所，贷款所 55 所，施医所 399 所，丧葬所 192 所。

对于区外难民的处理，民国时期政府依前例也多采用赍送的办法遣返还乡。这种事例很多，如民国二十年（1931）江淮水灾之后，国民政府曾公布过如下的事实：

> 洪水既退，乡村救济，已经开始。各地灾民，可以还返故里，本会乃施行分别遣散办法，此事亦颇不易。盖就理论上言，灾民自应及早还乡，努力耕种，俾田园不致荒芜。无如本会虽在各乡准备查放，以待灾民归还；而灾民往往不信其事，不得已乃用强迫方法，收容所始得一一结束。①

在治蝗方面民国期间尽管没有什么进展，但在防疫方面较为进步，如民国五年（1916）三月，内务部颁布《传染病预防条例》。十七年（1928）九月，卫生部又重行颁布《传染病预防之条例》。十七年八月，卫生部公布《种痘条例》。十七年十月，又公布《传染病预防条例》《施行细则》等。同时又设有防疫专门管理机关，如中央防疫处。该处隶属内务部，后属卫生部，它掌管着关于各种生物制品的检查、鉴定、研究及制造等。祛疫工作也有展开，如民国二十年（1931）江淮大水，《国民政府救济水灾委员会报告书》称："灾祲之后，疫疠蔓延，灾黎死亡枕藉，本会卫生防疫组，自二十一年八月成立后，即分别派医疗队驰赴各区从事医疗救济工作，至二十二年二月间，次第结束。但本处办理工振，适值夏令时疫流行之时，灾工众多，难免传染。乃请卫生防疫组继续担任工区卫生医疗工作，以利工程之进行。按照规定计划，于每一工赈区设一巡回医队，计共十七队，又预备队五队，分别办理诊疗及防疫事宜，颇资得力。此外复由本处配置简要救急药品，分送各区应用，不足则由各区自行购备。所幸各区段在工人员，对于卫生一项，尚能注意，各段段长每集合灾工施行卫生讲演，以补巡回医队之不足。故各区员工发生危险情事及染疫而亡者尚鲜。"

3. 历代政府防灾减灾的措施

一部淮河流域环境变迁史表明，一方面，自然灾害难以避免；另一方面，采取积极的预防措施，又可以减轻它对人类社会带来的危害，避免重大损失。中国历代封建国家都非常重视防灾减灾对策。尽管封建统治者例

① 孟昭华：《中国灾荒史记》，中国社会科学出版社 1999 年版，第 759 页。

行雩礼，祈祷上天保佑风调雨顺，祭祀有关神祇偶像，以求消灾除害，但这些充满迷信的禳灾活动并不是中国古代封建国家防灾政策的基本点和主要方面。事实上，秦汉至清的历代政府，不但有一套防灾减灾决策体制和行政管理体制，而且还采取了一系列切实的防灾减灾措施。

（1）兴修水利工程，治理河患，防范水旱灾害

兴修水利工程，治理河患的政策可以分为防洪和灌溉两大工程。所谓防洪，即修筑堤防、疏浚河川，这是消弭水患的根本办法。水患消弭，农民就可以安于田亩，努力生产。生产出来的东西既多，自有积蓄，有了积蓄，即使遇有亢旱、蝗、雹等各种灾害，也可避免饥荒流离，不致受殃。

历代兴修防洪工程的情况：

历代封建国家把修筑堤防，疏浚河道，治理河患，特别是治理黄河河患作为防洪减灾的重要措施。

西汉时期，黄河决溢日趋频繁。汉政府设有河堤都尉、河堤谒者等官职，每年拨出大量经费治河。汉武帝时，黄河在瓠子（今河南濮阳西南）决口，大片土地被淹20多年。元封二年（前109），武帝派汲仁、郭昌发卒数万人塞瓠子决口，并在祈祷完后，亲自到河决口，沉白马、玉璧，并命令群臣百官自将军以下皆背负薪柴填决黄河。西汉末，河患更严重，治河成为国家当务之急。成帝、哀帝间，朝廷公开征求治河方案，待诏贾让曾上治河三策。东汉永平十二年（69），明帝鉴于河决魏郡60年，黄河及支流汴水、齐水乱流，年年泛滥，任命王景主持治河。王景从荥阳东至千乘出海口，修筑千里大堤，将黄河第二次大改造的新河线固定，同时整治汴渠，使河、汴分流，在汴渠引黄段修建引水闸和调控闸。工程完成后，东汉政府恢复西汉旧制，在滨河地方设置管理河堤官员，建立岁修制度，加强维修管理。从此之后，黄河下游河道出现了800年的相对安流局面，河患大大减少。

隋炀帝大业元年（605），发民百万，开通济渠，自西苑引谷洛水，达于河。又自今河南汜水县东北的板渚，引河入汴，引汴入泗，以达于淮。又发民十万，开刊沟入江，沟广四十步。四年，又开永济渠，永济渠就是现今的卫河。引沁水南达于河，北通涿郡。六年，又穿江南河，自京口至余杭，长八百余里，广十余丈，这样，沟通江、淮、河的隋代大运河就此完工。唐玄

宗开元十四年（726），河南、河北大水，玄宗命宦官黎敬仁前往宣慰，对所在河流堤堰的安全隐患，要简洁明了，就其厉害向上汇报。十八年（730），东都瀍洛泛涨，玄宗又令范安及韩朝宗，就瀍、洛水源疏决，置门以节水势。懿宗时，萧仿为滑州刺史，滑州临近黄河，连年水潦，河流泛溢，以致冲坏了黄河的西北堤。萧仿奏请移河四里，两月即完功。

宋建都于汴梁，即今河南开封。汴梁的漕运发达，漕运分四路，就是汴河、黄河、惠民河和广济河，而以汴河为最重要。宋初很注意治河，太祖乾德二年（964），曾遣使视察黄河，原拟修治古堤，后有人认为旧河不能再复，而且费力很大，就不再进行。又令民治遥堤，以御冲决之患。三年秋，大霖雨，河决，阳武、梁澶、郓也决。下诏发州兵治理，四年八月滑州河决，坏灵河县大堤，令殿前都指挥使韩重赟等督士卒民夫数万人治理。五年春正月，帝鉴于河堤屡决，分别遣使视察，发民夫缮治，从此每年都这样做，从正月开始，到季春完毕。后来河还是屡决，每次都发民夫堵塞。

金灭北宋，控制黄河下游全境后，吸取宋朝经验，更进一步加强了河防管理，建立专修河防工事的埽兵和都巡、散巡河官等专职人员与各级地方行政机构相结合的河防管理体制，颁布了《河防令》。元朝政府对河防工程也很重视，设有多种专门兴建水利的机构，如都水监、行都水监、河道提举司等监管和兴修水利。元政府顺帝至正初，河决白茅、金堤等处，濒河郡邑，都遭水患。丞相脱脱慨然有志于治理河川，时都漕运使贾鲁也极力主张治理黄河，于是朝廷下诏开黄河故道，命贾鲁以工部尚书充河防使，发河南河北兵民七十万，自黄陵冈南达白茅，又自黄陵西至杨青村，合于故道，总计二百八十里，自兴工后一共经历了五个月，建成了贾鲁河，并使河复故道，取得了巨大成就，在中国减灾史上留下重要的一页。

明朝黄河、淮河、运河决溢的程度更加频繁，对淮河流域中下游地区的影响也最为严重。起初，明统治者总认为淮河“无巨害也”，“淮无事”，置之不理，直到万历三年（1575）。万历三年的水患表明了明朝原采取的“北堵南疏，抑河南行，以包漕运”的治水方针的失败。由此，明政府开始正视黄、淮、运的关系，重视黄河、淮河的治理。为了治理黄河、淮河的水患，明政府设计了多种方案，其中较具代表性的是潘季驯的“蓄清刷黄”方案。潘季驯曾先后四次出任河道总督，万历六年（1578），他督众治河，筑高堰，建遥堤、塞决口，整个工程历时两年余。这次治河取得了突出成就，当时，“两河归正，沙刷水深，海口大辟，田庐尽复，流移归业，禾黍颇登”（《文渊阁四库全书》五七六册），黄河河道因此基本稳定了200多年。

此外，杨一魁、张企程的“分黄导淮”也具有一定的代表性。万历十九年（1591），淮河再次发生特大水灾，淹没泗州，危及明祖陵。朝廷内外官员议论纷纷，都认为要消弭淮河水患，只能导淮。杨一魁、张企程共同议定了“分杀黄流以纵淮，分疏海口以导淮”的治理方案。方案经批准后，杨一魁等于万历二十四年（1596）年初开始这项工程，他通过开挖桃源黄坝新河泄黄，清口辟淤沙以导淮，修建武家墩、高良涧、周家桥石闸以泄淮入海等对策“分黄导淮”，经过治理收到了“泗陵水患平，而淮扬安矣”（《明史》卷八四）的治理效果。

明时还多次治理黄河的南泛。永乐九年（1411），恢复黄河故道，自汶上县袁家口左徙二十里，至寿张的沙湾，接旧河；又从汴城金龙口下达塌口，经二洪，南入淮，历九个月完工。英宗正统十三年（1448），遣都御史徐有贞专门治理河患，治水闸，疏水渠，通古河以入海，三年告成。孝宗弘治（1488）初，令户部侍郎白昂治河患，筑阳武长堤，浚宿州古汴河以达泗，由泗入淮，以达于海。

清代亦非常重视地方水利工程的兴修，而且统治者也清醒地认识到，水利失修与旱涝灾害的发生有着密切的关系，因此多次下诏敦促地方兴修水利，强化对江河海塘的治理，以增强小农经济抵御自然灾害的能力。如顺治十一年（1654）诏曰：“近年水旱为灾，民生重困，皆因水利失修，致误农工。该督抚责成地方官悉心讲求，疏通水道，修筑堤防，以时蓄泄，俾水旱无虞，民安乐利。”（《清史稿》卷一二九）康熙皇帝亲政后，将“三藩”、河务、漕运列为三大政事，“夙夜廑念，曾书而悬之宫中柱上”（《清圣祖实录》卷一五四）。平定“三藩”之乱后，他把治河放在最重要位置，六次南巡，调查研究，听取汇报，制定治河方略，亲理河工。康熙和乾隆年间，黄淮海平原受灾程度明显减轻，与治河有直接关系。乾隆时期，对兴修水利仍较为关注，如乾隆二年（1737）谕曰：“养民之道，必使兴利防患，水旱无虞，方能使盖藏充裕，缓急可资。是以川泽、陂塘、沟渠、堤岸，凡有关乎农事，务筹划于平时。”（《清朝文献通考》卷七）由于康熙和乾隆对水利的重视，这在一定程度上减少了淮河流域水旱灾害发生的概率，促进了农业生产的发展。但乾隆后期，社会风气日坏，嘉庆、道光时期治河官吏，贪污腐化成风，许多人都乘治理河患的机会，侵蚀中饱，政府虽花费了财力物力，但毫无实效，以致河防日弛，河患日亟，给淮河流域人民又徒增加了很多深重的灾难。

进入民国，最大的政府工程就是“导淮工程”了。所谓导淮工程就是导淮水入海水道工程，这项工程在清末就已经提出，后经张謇等人的努力，也曾一度出现在民国政府政策的层面，即对“导淮工程”进行规划和实施，如民国元年（1912），安徽督军柏文蔚提议裁兵“导淮”，公布“导淮”兴垦大纲，设局测量皖淮各河道。民国二年（1913），北洋政府设立“导淮局”，任命张謇为督办。次年，“导淮局”改为全国水利局，张謇任总裁。他曾代表中国政府与美国红十字会签订 3000 万美元的《导淮借款草约》。由于国内军阀的混战，社会的动荡，上述关于“导淮”的规划和议论都只能停留在纸面上，正所谓“导淮之倡议，无年无之，而淮河之为患，愈演愈烈”。

南京国民政府成立后，出于巩固统治秩序、减灾与经济利益及完成孙中山遗愿考虑，也曾将“导淮工程”加以实施。从 1928 年 7 月到 1932 年 4 月，国民政府经多次开会、筹备，拟订和通过了《导淮工程计划》。1932 年 4 月。套子口三岔股淮河入海水道开工，导淮工程开始正式实施，直到 1937 年 12 月导淮委员会奉命西移。这期间应该说，导淮工程取得一定成绩，如开挖了部分排洪工程；改修建了部分灌溉渠、闸和其他工程；疏浚了部分船闸、航道、浅滩等。其后导淮委员会在抗战胜利后还都于南京，并继之派员勘察，制订了淮河流域善后救济工程实施计划，计划包括淮河干流支流复堤工程，苏鲁大运河复堤工程，淮河流域灌溉航运修复工程，沂沭河及中山河复堤工程，皖北黄泛区各水道整理工程等。但由于经费不济，也旋因解放战争开始，导淮工程半途而废。至于南京国民政府“导淮工程”的成效留给我们后人更多的是启示。

1931—1937年间淮河流域导淮工程一览表

经办机关	工程类别	单位	工程数量	工程费用(元)	工费合计
国民政府救济水灾委员会	淮河中上游筑堤（自盱眙至三河尖）	立方米	27430	3200000（赈麦39.380吨折价）	
（民国二十年至二十二年）	1. 疏浚北淝河工程	立方米	1930000	248000(工款)	
	2. 兴建沿淮涵洞	座	24	89000	
	3. 疏浚里下河通海各港	立方米	5137000	764000（赈麦9.390吨折价）	
	4. 通海各港水闸	座	2	370.000.00	4671000
导淮委员会	1. 疏浚张福河	立方米	2200000	471914.74	
	2. 修堵里运西堤			272090.80	
	3. 机船开挖6闸以下里运浅段			288216.68	
	4. 兴建淮阴船闸			945740.23	
	5. 兴建高邮船闸			107000.62	
	6. 兴建邵伯船闸			848208.50	
	7. 兴建刘涧船闸			939790.09	
	8. 兴建杨庄活动坝			615475.18	
	9. 修建惠济坝			139804.35	
	10. 兴建三河活动坝（未完成）			3931753.60	
	11. 兴建刘涧水坝（未完成）			471694.06	
	12. 兴建周口活动坝（未完成）			605639.31	
	A. 载重汽车挖泥机船等			492321.50	
	B. 建筑运河船闸钢铁材料			713085.58	
	C. 建筑三河坝刘涧坝钢铁材料			13038023.60	
	13. 入海水道初步工程	立方米	61228000	11156309.75	

续表

经办机关	工程类别	单位	工程数量	工程费用(元)	工费合计
	14. 疏浚六塘河	立方米	3594000	354001.94	
	15. 整理沂、沭尾闾	立方米	7673000	300000	
	16. 苏北防黄工程		102000		
	17. 铜山区修筑微山湖西堤	立方米	11767000	318400	
	18. 里运东西堤改建石工程			252239.73	
	19. 兴建里下河通海各港水闸	座	2	248000	13648951.42
总计					31357975.02

历代兴修水利灌溉工程的情况:

兴修水利灌溉工程，也是治理河患一项重要的政策。水利灌溉工程的目的一方面在于防治洪涝灾害，一方面又在于灌溉农田，增加粮食生产。

先秦典籍《管子》把水、旱、风雾霜、疠、虫害，称作“五害”，其中水为“五害”之首。《管子》认为，“善为国者，必先除其五害”，把防治自然灾害提到治国安邦的重要地位，并强调实施“决水潦，通沟渎，修障防，安水藏”，虽岁有凶旱，也有收获。《管子》阐发的兴利除害的防灾思想，一直为后世所继承和实践，并把兴修农田水利、治理河患作为防灾减灾的重要措施。

早在春秋战国时期，各诸侯国就兴修了芍陂、漳水渠、都江堰、郑国渠等一批著名水利工程来预防、减轻水旱灾害。《华阳国志·蜀志》说，都江堰修成后，成都平原因此“沃野千里，号为陆海。旱则引水浸润，雨则杜塞水门”，“水旱从人，不知饥馑，时无荒年，天下谓之天府”。《史记·河渠书》称郑国渠成，“于是关中为沃野，无凶年，秦以富强，卒并诸侯”。

秦汉政府在中央和地方都设有主管水利工程的机构和职官。汉武帝还专门颁发水利诏，称“农，天下之本也，泉流灌浸，所以育五谷”，“通沟渎，畜陂泽，所以备旱也”（《汉书》卷二九）。说明政府对兴修水利的重视。此后历代王朝在兴修水利方面都有新举措，并各有建树。

秦汉时期，淮水形成灌区。当时的水利灌溉工程主要有芍陂和鸿隙陂等。芍陂春秋时已经建成，但后来年久失修，逐渐荒废。西汉初，羹颉侯刘信在庐江郡修治芍陂、茹陂等堰，取得了溉田“凡二万顷”的良好成绩。东汉章帝建初八年（83），水利专家王景任庐江太守，率吏民对芍陂予以修浚。其陂近百里，灌田万顷。东汉末期，军阀混战，芍陂水利受到破坏。但鉴于其重大作用，有识之士仍注意到芍陂的建设。献帝建安五年（200），扬州刺史刘馥招抚流亡，兴修芍陂及茄陂、七门、吴塘诸堨溉田。建安十四年，曹操置扬州郡县长吏，开芍陂屯田。

鸿隙陂也是淮河流域的著名水利工程，位于淮水和汝水之间，“是一个具有相当规模的蓄水灌溉工程”。史籍中没有此陂何时修建的记载，到汉成帝时，此陂已经开始转利为害了，“关东数水，陂溢为害”（《汉书》卷八四）。当时丞相翟方进与御史大夫孔光共遣掾行视，认为如果将陂废毁，不仅可以免除水患，节省堤防之费，还可以得到肥美良田。等到鸿隙陂被废，弊端逐渐显露。王莽时，由于失去陂水灌溉，这一带常常大旱。于是，童谣四起，要求修复鸿隙陂。直到东汉初期，邓晨为汝南太守，鸿隙陂才得到修复。光武帝建武十八年（42），邓晨任命许杨为郡都水掾，领导修防工作。经过连续几年的修建，这座废毁五十多年的灌溉工程终于又焕发活力，“百姓得其便，累岁大稔”（《后汉书》卷八二）。

东汉末年和曹魏时期，曹操在淮河流域的淮北大搞屯田，淮河流域的淮北此时又兴起了农田水利建设的高潮。曹魏屯田是从许下（今河南许昌市）开始的，在其附近的临颍、西华境内，又为屯田灌溉而开掘“枣祇河”。“枣祇河”在临颍、西华境内分别引清河和颍水灌溉农田。在临颍境内，当时还有灌沟和高底河等农田水利工程，其中灌沟还使用了石砌水门技术，启闭方便。上述灌溉工程布局合理，收效显著，使淮北屯田区域粮食产量增长较大。

魏晋时期，政府仍很重视水利工程建设。“灌溉事业的发达，已普及到整个中原地区……而从洛阳到淮南的灌溉系统，尤具规模”（《晋书》卷一〇六）。如（魏）郑浑为沛郡太守，当时“郡界下湿，患水涝，百姓饥乏，于萧、相二县界，兴陂遏，开稻田。郡人皆以为不便，浑曰：地势洿下，宜灌溉，终有鱼稻经久之利，此丰民之本也。遂躬率吏民，一冬间皆成。比年大收，顷亩岁增，租入倍常，民赖其利，刻石送之，号曰郑陂”（《三国志》卷一六）。“（晋）宣帝督诸军伐吴将诸葛恪……帝因欲广田积谷，为兼并之计……皆如艾计施行。遂北临淮水，自钟离（安徽凤阳）而南横石以西，尽沘水（河南南阳附近）四百余里，五里置一营，营六十人，且佃且守。兼修广淮阳，百尺二渠，上引河流，下通淮颍，大治诸陂于颍南颍北，穿渠三百余里，溉田二万顷”（《晋书》卷二六）。

隋唐时期，由于社会相对比较稳定，淮水流域灌溉事业也得以复兴。唐开元时，曾制定过一部水利法典《水部式》，这是迄今所知的由中央政府颁布的较为完整细致的水利法典，内容包括灌溉管理、碾硙设置、桥梁管理、运河船闸、内河航运、城市水道管理等。《水部式》对水利灌溉管理甚详：“诸大渠用水灌溉之处，皆安斗门，并须累石及安木旁壁，仰使牢固。诸灌溉大渠，有水下地高者，不得当渠造堰，听于上流势高之处，为斗门引取。其斗门，皆须县官司检行安置，不得私造。其傍之渠，有地高水下，须临时；暂堰灌溉者，听之。凡浇田，皆仰于知顷母，依次取用。水遍即令闭塞，务使均普，不得偏并……诸渠长及斗门长，至浇田之时，专知节水多少。其州县，每年各差一官检校。长官及都水官司，时加巡察，若用水得所，田畴半殖；及用水不平，并虚弃水利者，年终录为功、过附考。”可见其对灌溉管理之精致。这一时期较显著的水利灌溉工程有陈留（今河南开封县境）观省坡百顷，汝阴（今安徽阜阳）焦坡塘二百顷，下蔡（今安徽凤台县）大崇坡、黄陂等数百顷，符离（安徽宿州市东北）重修隋牌湖五百余顷，虹县（今安徽泗县）潼坡周回二十里，平舆（今河南平舆县）葛坡周回三十里等。

宋代的水利灌溉，在政府方面虽颇为注重，但灌溉事业的功绩，不如前代。王安石颁布《农田水利约束》，在全国掀起农田水利建设热潮，其时“四方争言农田水利，古陂废堰，悉务兴修”（《宋史》卷三二七），而淮河流域淮北许多淤塞崩坏的陂塘经过整修，重新发挥了蓄水和灌溉的效用，这也是继曹魏屯田之后，在淮河流域范围内较广，收益较大的一次农田水利建设。据《宋史·食货志》载，1070—1076年间，京畿及各路兴修水利工程10739处，溉田36万余顷。具体情况：如熙宁二年（1069），引汴河、京索河及三十六陂之水灌溉汴河两岸夹河之间的二万余顷木马池，使之成为稻田。熙宁三年（1070），在中牟县建水跶，修斗门，灌田千余顷（《宋会要辑稿·食货》）。天禧（1017—1021）中，“河决。起知滑州，造木龙以杀水怒，又筑长堤，人呼陈公堤……每汾水暴涨，民辄忧扰。尧佐为筑堤”（《宋史·陈尧佐传》）。欧阳修知颍州，“岁大饥，公奏免黄河役夫，得全者万余家。又给民工食，大修诸陂，一溉民田，尽赖其利”（《康济录》卷三）。另据《淮系年表》：“知陈州胡宗愈浚古八沟，分蔡河水由颍寿入淮，名曰新河。”“苏轼知颍州休整清河三闸，南过焦坡通淮。”“叶康直知亳州，通浚积潦，获田数千顷。”“知陈州霍端友言陈地污下，比疏新河八百里，而去淮河尚远，请益开二百里，西起华循宛邱入项城，以达于淮，从之。”

宋代在前朝基础上，还着力发展圩田，成绩突出。但圩田面积盲目扩大，又带来新问题。南宋政府三令五申禁止盲目围湖造田，加强对圩田建设管理。由于豪强与贪官污吏相勾结，政府屡禁不止。

明代也十分重视兴修农田水利灌溉工程，太祖朱元璋曾给地方官下诏，凡民间有关水利工程修筑事宜，必须迅速呈报，及时办理。进京觐见的官吏，他都要询问农田水利之事。他除让工部都水清吏司专掌全国农田水利建设政令外，还派国子监生分行天下，督促吏民兴修水利，“凡开塘堰九百八十七处”。以后历任皇帝均对此十分重视。具体水利工程举例如下：

成化十三年（1477），“刘节同知颍州，修清白陂、焦坡等堤，百废俱举，百姓赖之”（《淮系年表》）。刘节还在州西北“督民开界沟湖两渠引水”，又“修复安舟塘，政声大著，士民悦服”（乾隆《颍州府志·名宦》）。万历年间（1573—1620），颍州知州谢诏“以城河水易泄，相度形势，于西北隅建石闸，名城隍闸”，又浚县东三十里的五门河，由“茨河东浚通良庄湖五十里，东通留陵口四十余里，西通茨河，茨河水涨，可行舟楫，两岸尽为膏壤”（道光《阜阳县志·名宦》）。万历二十四年（1596）初开挖的桃园黄坝新河。该河为分泄黄水入海工程。新河及配套石闸成，在凤阳、泗州的淮河水找到了出口，“长淮纵出，将张福二口冲决二丈，宽百余丈，而泗州堤下淮水之水顿落一丈，湖波变为桑田，民有平土可居”（《明神宗实录》卷三三九）。万历三十二年（1604），怀远知县王存敬督征民夫，对境内以前陂塘、闸坝、水门等加以修浚，有目的地调蓄、控制凤阳来水，使原有的水利工程重新发挥了灌溉作用（嘉庆《怀远县志·名宦》）。

清朝对兴修水利业较为重视。康熙皇帝认为："水利一兴，田苗不忧旱涝，岁必有秋，其利无穷。"（《清圣祖实录》卷二〇一）他还说："朕兹为民生再三筹划经久之计，无如兴水利，建闸座蓄水灌田之为善也。"（《清圣祖实录》卷二三一）乾隆二年（1737）谕曰："养民之道，必使兴利防患，水旱无虞，方能使盖藏充裕，缓急可资。是以川泽、坡塘、沟渠、堤岸，凡有关乎农事，务筹划于平时。"（《清朝文献通考》卷七）可见，清初对兴修水利比较重视。不过由于清代黄河频繁决溢对淮河流域农业生产造成严重破坏，政府兴修水利的主要目的集中在疏浚排涝河道和部分支流筑堤防洪上，以除涝为主，较少有农田灌溉工程。从时间段上看，以乾隆时期兴修工程为多，道光四年（1824）以后，工程明显减少。具体工程择要介绍如下：

雍正五年（1727），"大浚陈、许及汝南一带沟渠数百道，数载工完"；乾隆十一年（1746），"（颍州）郡守王钦福浚城南清河"；乾隆十三年（1748），"疏浚宋塘河、西淝河、茨河、北淝河，两岸筑堤"；乾隆十八年（1753），"砀山知县梅运程值水涝疏浚沟渠，灵璧知县贡震挑濉河"；乾隆二十二年（1757），"大兴黄河以南水道工程，浚濉河、淝河、涡河、茨河、惠济河、贾鲁河、洪河、汝河"；乾隆三十二年（1767），"（砀山）知县王瑗开浚县南汤家沟二千三百六十丈入利民河"；乾隆三十九年（1774），"阜阳、颍上、亳州、太和、蒙城等处沟渠七十余道，一律挑浚"；乾隆四十四年（1779），"疏浚泗州境内谢家沟及汴河淤浅，以资宣泄，以利农田"；嘉庆二十一年（1816），"挑夏邑、永城及砀、萧四县减水河。挑砀山利民、永定二河"；嘉庆二十四年（1819），"萧县知县余光治借币挑浚欧邵河、烂石河，工长一万四千余丈。春浚怀远县天河"；道光三年（1823），"挑宿、灵境内北股河，筑南堰，修正濉河西堰"；道光十年（1830），"挑龙山河万余丈，达宿州西流河"（《淮系年表》十一、十二、十三）。

民国年间，因地方不宁，财政困难，灌溉事业几乎没有什么发展。不过，在皖中、江南也有几处灌溉工程事业，如安徽凤阳、怀远间方丘、鸣燕两湖的淤田灌溉工程，无锡、吴江县境的武锡区办事处模范灌溉试验场和庞山湖模范灌溉试验场等。这些灌溉工程区种植水稻，使用电力戽水灌溉，注意于水稻种类及栽培方法的试验，实为此前农业生产方法所不及。不过，这都是属于局部的改进，而且电力灌溉等，一时还带有试验性质，难以普遍推广。如果就全国范围来说，这时一般的灌溉设备，还是十分缺乏的。

（2）储粮备荒，建立仓储制度

自然灾害的发生往往是人们无法预料的，那么，如何做好灾前的防备工作，以便把灾害造成的损失降低到最小程度，这对于以农业为主的中国古代社会来说显得非常重要，于是防灾、备荒的问题孕育而生。灾害的防备最主要的是粮食储备，对政府而言，就是建立完备的仓储制度，储存足够的粮米，等待灾害发生后把储粮及时供应至受饥荒的灾民，尽管历朝在仓储名称的使用上不尽相同，形式也各异，但就历朝官方的防灾救灾而言，影响最大的要过于常平仓。

常平仓发端于战国时魏国李悝的“平籴说”。李悝曾对魏文侯说：“籴，甚贵伤民；甚贱伤农。民伤则国贫，故甚贵甚贱，其伤一也。善于平籴者，必谨观岁有上中下熟而籴之，使民适足价，平则止。小饥，则发小熟之所敛；大饥，则发大熟之所敛而籴之。故虽遇饥馑水旱，籴不贵而民不散，取有余以补不足也。”（《永乐大典》卷七五〇六）

常平仓始创于西汉宣帝五凤四年（前54），由大司农中丞耿寿昌首倡。因为它“以谷贱时增其价而籴以利农，谷贵时减价而粜”（《汉书》卷二四），故名常平仓。它主要设置于各省州县，一直被视为最重要的官仓，并被作为储粮备荒的一种最基本的仓储形式，为后代所沿袭。

常平仓至西汉出现不是偶然的。汉代的商业和交换比较活跃，是常平仓经营所必要的社会经济条件。宣帝时，“百姓安土，岁数丰穰，谷至石五钱，农人少利”，五凤四年（前54），大司农中丞耿寿昌奏：“故事，岁漕关东谷四百万斛以给京师，用卒六万人。宜籴三辅、弘农、河东、上党、太原郡谷足供京师，可以省关东漕卒过半。”“白令边郡皆筑仓，以谷贱时增其贾而籴，以利农，谷贵时减贾而粜，名曰常平仓。”结果“民便之”（《汉书》卷二四）。耿寿昌只是为减少漕运而在边郡设仓籴谷，却间接有利于百姓。但常平仓设立时间不长，就被罢。被罢的原因是“与民争利”，这“民”实际上并不是灾民，而是手中掌握粮食买卖的商人、地主。也就是说，常平仓威胁到了商人的巨大利益，遭到了固有利益者的坚决反对，改原有的粮食供给制度为常平仓制度的成本过大，所以被迫中断。

魏晋时期大体继承了秦汉仓储说的基本思想，保障中央和地方府库里有粮，常平仓思想进展不大。曹魏、东吴史书中不见常平仓的踪影。西晋武帝泰始四年(268)才设常平仓,如《晋书·食货志》记载,晋武帝泰始二年(266),帝见当时“谷贱而布帛贵”，便下诏恢复汉代的平籴之法，“用布帛市谷，以为粮储”。另《晋书·食货志》中有咸宁元年（275），武帝因为灾害严重而求大臣上书言事，杜预言：“今即坏陂，可分种牛三万五千头，以付二州将吏士庶，使及春耕。谷登之后，头责三百斛……得运水次成谷七百万斛。”

隋唐时期,政府面对灾害也重视设置常平仓。如隋文帝开皇三年(583),于陕州设常平仓，后又于京师设常平监。唐武德五年（622），废常平监。贞观十三年（639）末，首次下诏在洛、相、幽、徐、齐、并、秦、蒲等北方八州置常平仓，此后常平仓分布的范围不断扩大。永徽六年（655），在京东西设常平仓。开元二年（714），更下诏全国各州、道普遍设立常平仓。由此，唐政府拥有了专用的救灾粮食储备，常平仓的市场调节功能也得到了很大的发挥。但安史之乱后，常平仓有所废弛，直至元和元年（806），宪宗下诏“应天下州府每年税地子数内，宜十分取二分，均充常平仓，仍各逐稳便收贮，以时粜籴，务在救乏赈贷”（《唐会要》卷八八），才得以重建常平仓。

宋朝仓储制度比较完善，当时一州一县都设置有常平仓。太宗淳化三年（992），时京畿大丰熟，太宗便遣派使臣就首都开封府四城门各设一场所，收高价所籴的谷，储于近仓。等到有饥荒时，减价粜与贫民。粜时也于四城门各设七处场所以至十四处场所，专管卖出事项。史书记载：宋大中祥符二年（1009），二月，“分遣使臣出常平仓粟麦，于京城四方开八场，减价籴之，以平物价”（《宋史·食货志》）。自真宗景德三年（1006）之后，除沿边州军以外,各地都遍设常平仓。神宗熙宁年间(1067—1077),王安石推行新法,于熙宁二年（1068）二月，将常平法与青苗法结合起来，进行有偿借贷。常平仓有赈粜一项变成赈粜、赈贷和赈给三项功能。宋代常平仓的管制，起初是由中央设大司农主持一切,各州遴选廉干官员一人为转运使,或由县官兼办。至熙宁时，施行青苗法，又设提举常平官。但此后提举常平官或存或废，直到高宗绍兴十五年（1145）八月，才决定将常平仓由提举茶盐官兼管。宋代常平仓赈灾举例如下：元祐二年（1086），该年淮南地区灾荒，哲宗诏令淮南东、西路提举常平官“体量饥歉，以常平及义仓斛斗依条赈济”（《宋会要辑稿·食货》）。宣和二年（1120）十月，淮南地区灾害严重，徽宗诏令提举常平官“躬至所部，竭力赈济”（《宋会要辑稿·食货》）。宋朝在一些地区还设有惠民仓、广惠仓、丰储仓、平籴仓等，惠民仓的作用，类似常平仓。但常平仓经济独立，而惠民仓则以杂配钱折粟积贮，岁歉则半价粜出，本钱纯是由补助得来。广惠仓的作用，在于实行经常性的慈善放谷。丰储仓与广惠仓和惠民仓相似，也是预备供赈灾之用。

金代的常平仓，除州、府以外，更设县仓。凡离州较远的县份，便另置一仓。章宗明昌三年（1192）八月，令各县置仓，并命州、府、县官兼提按管局，同时规定：县距州六十里以内的，就利用州仓，不另设仓；六十里以外的，则特置一仓。元代也立常平于各路府，世祖至元六年（1269），开始立仓法。遇丰年米贱，便增价籴，遇歉年米贵，则减价粜，至元八年，便以和籴粮及各仓所拨粮来积贮。二十三年定铁法，又以铁课籴粮积贮（《元史·食货志》）。以后时行时废，赈济的事例如：元统二年（1334）五月，“中书省臣言：‘江浙大饥，以户计者五十九万五百六十四，请发米六万七百石、钞二千八百定，及募富人出粟，发常平、义仓赈之，并存海运粮七十八万三百七十石以备不虞。’从之”（《元史》卷三八）。

明代，常平仓得到进一步发展。成化十八年（1482）正月，朝廷“命南京粜常平仓粮。时岁饥，米价涌贵，而常平所储粮八万六千余石，南京户部请减价粜以济民，候秋成，平籴还仓”（《明宪宗实录》卷二二三）。弘治五年（1492）九月，“兵科给事中吴世宗言……常平宜因今日义仓之旧，更以常平之名，因民数之多寡以储粟，酌道里之远近以立仓，每县二、三十里，各立常平仓一所，丰年而籴，委之富民，以计其数，凶年而粜，临之廉吏，以主其事。此皆救荒之急务。户部覆议谓，世宗言俱可行”（《明孝宗实录》卷六七）。由于吴世宗等的倡导力行，常平仓在明成化时期发展较快，各地多有常平仓兴建。明代除了设置常平仓外，还有预备仓、济农仓等的设置。预备仓主要设置于明初，济农仓主要设置于宣德年间，两者的区别在于预备仓粮主要来源于内帑发钞、地方财政支出、社会捐输等，济农仓粮主要来源于地方政府征收的税粮交付后的盈余。仓储赈济的事例，如洪武二十六年（1393），“四月壬辰，直隶高邮州兴化县奏：天旱，民饥，已发预备仓粮赈贷。以其数未闻”（《明太祖实录》卷二二七）。宣德七年（1432）冬至八年秋，寿州、泗州、临淮等州县长期不雨，田禾旱伤，人民缺食，巡按直隶监察御史乞以徐州、淮安二仓漕粮量借饥民食用，俟丰稔偿官（《明宣宗实录》卷一一〇）。弘治十六年（1503），凤阳等府卫军民缺食，朝廷从巡抚凤阳都御史张缙之请，贷支临清、德州、徐州和淮安四漕仓米50万石以赈之（《明太宗实录》卷一〇二）等。

清代也采行常平仓的制度，自定都北京不久即着手恢复、设立仓储，并逐渐建立起以常平仓为主的比较完善的仓储制度。关于常平仓制，清政府的规定是“由省会至府、州、县，俱建，或兼设预备仓，用以备灾赈济、借贷、平粜之需”。清代常平仓谷的来源主要有二种渠道：最主要的是采买，即从财政经费中拨款采购。其次是捐纳，这是一种政府倡导、鼓励，官民自愿输粟的行为。由于政府采用多种方式备实常平仓谷，因此清代官仓储粮一致比较充足，这是清代常平仓优于前代的重要原因。而有清一代，常平仓用于灾害赈济的功能也显得格外突出，如《大清会典事例》就详细记载了政府灾荒赈济的事例，其中特别指明动用常平仓粮的事件有1723年的直隶、河南，1725年的江苏宿迁、睢宁二县，1726年的安徽无为州、望江等地，1730年的山东，1742年的江苏山阳县等五县，1797年安徽宿州等五州县，1807年的河南新乡等十七州县和江苏淮属一带，1832年的直隶以及1853年安徽的灾歉等。除常平仓之外，清代还在一些地方建立了有别于常平仓的国家专项粮食储备，比如京仓、通仓、旗仓、水次仓、营仓等，它们具有独立的管理体系及各自的粮食来源和专门用途，灾荒年景，常平仓额不足，也用于赈济灾民。就此也可以说，清代的仓储制度为政府的防灾备荒提供了一定的物质保障，发挥了一定积极的作用。

民国以后，旧有谷仓大都破坏，仓库制度衰落不堪。直到民国二十二年（1933）以后，各省才有积谷之举。民国二十二年，国民政府军事委员会委员长在南京召开十省粮食会议，决议中有兴办谷仓一项。11月22日由委员长电行政院查照办理，从而各省始有积谷之举，截至民国二十三年（1934）以前，江苏省积谷28.6375万石，湖北省10.6436万石，湖南省251.5155万石，安徽省15.6862万石，甘肃省2853石，山西省60.2144万石，浙江省126.6218万石，河南省6.4855万石，福建省3.5357万石，共计503.6255万石[①]。民国二十六年（1937）10月间，国民政府内政部拟具《全国各地方建仓积谷办法大纲》，经行政院第287次会议通过，由部令公布施行。这对于各地仓储的种类、保管办法、经费来源、考绩办法、新陈代换等均有规定。后由于抗日战争爆发，具体执行情况已无法考究。

以上所述，就是历代常平仓制度的大概。大抵常平仓的作用，在于平抑谷价。就是当丰年谷贱的时候，政府用较高的价钱籴入，广为收贮，等到凶年谷贵的时候，使用较低的价格，供民间籴买。这样一出一入之间，也可稍获微利，这应该说是各代共同的办法。而就历朝作为官方备荒措施的常平仓实施的效果来看，应该说不同时期在防灾救灾方面确实业起过一定的作用，但常平仓制度本身也存在一些不完善之处，运行过程中又发生流弊。诸如灾年借贷，至期难还，仓本亏空；弄虚作假，谎报仓储虚数；挪作他用，甚至监守自盗，侵吞仓粮等，不一而足，这又大大减弱了仓储制度的防灾各种功能和作用。

① 孟昭华：《中国灾荒史记》，中国社会科学出版社1999年版，第763页。

第六章

社会应对灾害的措施与成效

国家财力毕竟有限，单靠政府救济灾民也不现实，更何况政府救济中尚存在较多的弊端。必须广泛动员社会力量参与救灾。中国古代封建国家也曾采取过多种方式动员社会力量助赈，这也已经成为政府救灾的必要补充。政府动员社会力量助赈的主要措施包括劝奖社会助赈和地方设置义仓、社仓。当然也存在宗族、邻里间的互助和个人的捐助。

一、晚清以前社会应对灾害的措施

1. 劝奖社会助赈

劝奖社会助赈或劝分社会助赈，这是历代政府采取的动员社会力量助赈的一种主要方式，属于社会灾害管理制度的一面。宋代黄震曾经指出："救荒之法，惟有劝分。劝分者，劝富室以惠小民，损有余而补不足，天道也，国法也。富者种德，贫者感恩，乡井盛世也。"（《黄氏日抄》卷七八）明代林希元上《荒政丛言》，将劝分称为"转贷"，主张"劝民粟以济贫民……借民财以益贫民"，让极富之民向稍贫之民"出财以借，官为立券，丰岁使偿，只收成本，不责其息"，结果于官、于民皆有利。这都是劝奖或劝分的主张。

劝奖或劝分就其形式来说，既有精神方面的奖励，如通过输纳钱谷授官赐爵便是其中之一，也有物质方面的奖励，如政府支付用于救灾的民力，或为民间救济灾民提供便利等。

劝分社会助赈这种形式，其实早在秦汉时期就已存在。秦始皇四年（前

243）十月，蝗疫，令百姓纳粟千石，拜爵一级。东汉永初三年（109），京师大饥，安帝令官吏输钱谷，可得关内侯。汉代关于输纳钱谷授官赐爵的事例还有不少，如元狩三年（前120）秋“遣谒者劝有水灾郡种宿麦，举吏民能假贷贫民者以名闻”（《汉书》卷六）。景帝时，“上郡以西旱，复修卖爵令，而裁其贾以招民。及徒复作，得输粟于县官以除罪”（《汉书》卷二四）。地皇元年（20）九月，“是月，大雨六十余日。令民入米六百斛为郎，其郎吏增秩赐爵至附城”（《汉书》卷九九）。很显然，这是从精神奖励方面提倡吏民救助。这一时期还出现政府支付用于救灾的民力的事情，如汉桓帝永寿元年（155）二月，“司隶、冀州饥，人相食。敕州郡赈给贫弱。若王侯吏民有积谷者，一切贷十分之三，以助廪贷；其百姓吏民者，以见钱雇直。王侯须新租乃偿”（《后汉书》卷七）。为了及时救助灾民，政府愿向吏民王侯借贷，以助灾民。

秦汉以后直至北宋，有关劝分社会助赈的记载不多，但也不乏其例。如唐肃宗《乾元元年（758）南郊赦》规定：“百姓中有能行仁义，分济贫穷，免填沟壑，赖救恤者，具名闻奏，当宠以官秩。”（《唐大诏令集》卷六九）贞元二年（786）正月，天旱，德宗也下诏：“百姓及诸色人等，如能力行仁义，均减有无，周贷贫人，全活数众多，府司具事迹闻奏，朕当授以官秩，蠲其征徭。”（《册府元龟》卷一四四）不过，这一时期官府劝说，或引导富户助赈的事迹还是比较多的，如北魏宣武帝延昌元年（512）五月，“丙午，诏天下有粟之家，供年之外，悉贷饥民”（《魏书》卷八）。北齐武平七年（576）春正月，“诏去秋已来，水潦人饥不自立者，所在付大寺及诸富户济其性命”（《北齐书》卷八）。唐穆宗长庆三年（823）江淮等道大旱，诏令中指出：“应旱歉处州县，有富商大贾及诸寺观，贮蓄斛斗，委所在长吏，切加晓谕，速令减价出粜。如粜者，即令贷借，量为取利，各立文记，至秋熟后，勒限填还。”（《唐大诏令集》卷一一七）需要指出的是，唐时，由于寺院经济发达，政府诏令也要求寺庙担负一些救灾的功能。当时的许多僧人在灾害之际也确实协助地方实施了救灾活动。唐元和中，“淮泗间地卑多雨潦，岁有水害。师（泗州开元寺主持）与郡守苏遇等谋，于沙湖西隙地，创避水僧坊，建门廊厅堂厨厩二百间，植松杉楠桎桧一万本，由是僧与民无垫溺患”（《白居易集》卷六九）。当时的许多僧人还参与施粥活动。

宋代，在政府的引导下，灾害的社会救助逐渐走向完善。这时，除继续推行劝分社会（民间）纳粟出资助赈政策外，还采用纳粟赎罪、散给僧道度隙等方式筹措赈灾钱粮。南宋政府更不惜重赏，劝实力之家助赈。北宋劝分社会助赈政策始于真宗天禧四年（1020），是年六月，“太长少卿直史馆陈靖上书：朝廷每遇水旱不稔之岁，望遣使安抚，设法招携富民纳粟以助赈贷”（《宋会要辑稿·食货》）。自此，劝分社会助赈政策形成制度。其后仁宗明道二年（1033），淮甸大饥，知扬州吴遵路“劝诱富豪之家，得钱万贯，遣牙吏二十六次，和赁海船往苏、秀，收籴米豆。归本处，以原价出粜，使扬州灾伤之地，常与苏、秀米价不殊”（董煟：《救荒活民书》卷二），收到了良好的效果。因此，宋代政府非常重视劝分之法，制定了十分优厚的劝分赏格。

高宗绍兴元年（1131），“诏出粟济粜者赏各有差。粜及三千石以上，与守阙进义校尉；一万五千石以上，与进义校尉；二万石以上，取旨优赏；已有官荫不愿补授者，比类实行”（《宋史》卷一七八）。

孝宗乾道七年（1171）八月，又立赏格以劝积粟之家：“无官人，一千五百石补进义校尉，愿补不理选将仕郎者听；二千石补进武校尉，进士与免文解一次，四千石补承信郎，进士与补上州文学；五千石补承节郎，进士补迪功郎。文臣：一千石减二年磨勘，选人转一官；二千石减三年磨勘，选人循一资，各与占射差遣一次；三千石转一官，选人循二资，各与占射差遣一次。武臣……五千石以上，文武臣并取旨优与推愿”（《宋史》卷一七八）。劝分赏格的设立说明宋代政府对劝分的重视。

此外，政府还通过赐给度牒①以代替货币让地方政府出卖筹钱赈济贫者。如哲宗元祐五年（1090）浙西、淮南路灾伤，时任两浙路兵马钤辖、杭州知州的苏轼上奏，请赐杭州空名度牒200道赈济灾荒。朝廷经过调查，决定给两浙、淮南路空名度牒各300道，“付诸路转运、提刑、钤辖司，分擘与灾伤州军”。

明清两代政府都制定了劝分赏格政策，并大力鼓动民间助赈。明政府从

① 度牒是封建社会发给佛教僧尼的身份凭证。出家人只有持有度牒，政府才承认其为合法的僧尼，才能够享受种种特权，如免除赋税和减免罪罚等。因此，度牒在宋代十分受欢迎，更成了一种特殊的商品。

宣德时期到万历年间曾先后多次颁布劝分政策，对应劝者据其所入多寡而予以奖赏，或赐敕褒奖，或赐冠带，或授以散官、武职。以下是行劝分赏格相关史料：

宣德八年（1432），四月，宣宗诏劝有粮大户借贷赈济江北，待丰熟时，抵斗偿之。九月，上命巡抚侍郎曹弘督所在有司“设法劝分赈济”凤阳等府灾伤饥民。十月，行在刑科给事中年富“乞命自今或遇荒歉，为贫民立券贷富人粟分给，仍免富人杂役为息，俟年丰偿本”（《明宣宗实录》卷一一三）。

景泰三年（1452），兵部左侍郎、翰林院学士商辂奏请设法赈恤凤阳府等处流民，“其口粮种具之类，或暂给官储，或劝贷富室，俟有收之际，如数追偿”（《明英宗实录》卷四九）。

成化八年（1472），十一月，巡视淮扬等处南京兵部右侍郎马显奏：“凤阳、淮安、扬州三府缺粮，宜照浙江纳米近例，召人上纳，二百石者，给与散官正九品；二百五十石者，正八品；三百石者，正七品；五百石以上者，请敕旌为义民，仍免本户杂役二年。二百石以上者，立石旌异，免差役一年。一百五十石，给与冠带。”（《明宪宗实录》卷一一〇）

弘治二年（1489），从总督漕运都御使李昂奏：“以淮、凤等处饥荒，募人纳米赈济，给冠带散官，如成化十六年例。”（《明孝宗实录》卷三二）

正德十四年（1519），南京御史张翀等以凤阳府等“水灾重大”，奏“请开纳银入监、纳粟补官事例”。户部复议：“令军民人等有愿纳银二十两者，授冠带、义民，自正九品之正七品散官凡四等，移南京户部印编札付四千给之。”（《明武宗实录》卷一七三）

嘉靖八年（1529），“令巡按官晓谕积粮之家，量其所积多寡，以礼劝借。若有仗义出谷二十石、银二十两者，给以冠带；三十石、三十两者，授正九品散官；四十石、四十两者，正八品；五十石、五十两者，正七品。俱免杂派差役。出至五百石、五百两者，除给与冠带外，有司仍于本家竖立牌坊以彰尚义”（《明世宗实录》卷三一）。

万历十四年（1586），以万历十年之义民输粟千石以上者建坊旌表、百石以上者给予冠带事例，劝民输粟赈济（《明神宗实录》卷一七六）。

为了更好地发挥民间社会参与灾害救助的力量，清朝政府也多方面劝民赈济，对捐输者实施奖励政策。

顺治十四年（1653）清廷的奖励则例规定：士民捐输米五十石或银一百两者，地方官给匾旌表；捐赈米一百石或银两百两者，给九品顶戴；捐输者依次递加官秩品级。乾隆四十一年（1776）议准，“绅商士民，有于歉岁捐赈者，准亲赴布政司衙门具呈，并听自行经理。事竣，督抚核实，捐数多者题请议叙，少者给匾额”（《筹济篇》卷一〇）。

嘉道时期继续实行对捐输者的奖励政策，如嘉庆六年（1801），山东大水，清廷下旨劝导富户赈粜灾民，具体内容如下：“本年山东被灾甚重，虽节经发帑截漕，开放大赈，所以加惠穷黎者，至再至三。但人数众多，岂能尽满其额……至各处殷实之家，有无相通，本属乡党亲睦之谊。身家殷实者，亦应推广皇仁，共敦任恤。着该督饬令各州县恳切劝谕……地方官于此等急公之人，必加奖赏，既得乐善好施之名，而穷黎等受其利益，必交口称赞”（《清仁宗睿皇帝实录》卷八五）。

道光皇帝即位之初，浙江萧山等地受灾，清廷降旨抚恤曰：“如果该省殷富士民，谊笃桑梓，设法赈济，较之官赈，更为有益……俾令踊跃从事。俟事峻后，再行秉公查奏，务令道无饥馑，普获生全。”（《清宣宗成皇帝实录》卷七）为了更好地劝导捐输，道光皇帝还指出，不许官员勒派绅富，不许吏胥侵扰并许诺多捐多奖，“但该富民等，总须善为劝输，不得以官势勒派……总令该绅士等各择端方好义之人，自行经理，不得令吏胥从中侵扰，转致累累不前……将来必将伊等捐资若干，全活人数若干之处，据实奏明，恳请恩奖。其全活愈多，则恩奖亦优。该抚先明白宣导于前，俾令踊跃从事”（《清宣宗成皇帝实录》卷七）。

地方官在劝民赈济方面也有做得较好的例子，如康熙十八年（1679），苏北高邮发生旱灾，继而大水，高邮湖满溢。高邮知州白登明一面奏请朝廷蠲免，同时“劝富民分食，全活无算”（《清史稿》卷四七六）。道光二十八年（1848）云南学政吴存义丁母忧归，适逢家乡泰兴大水，“存义议赈，躬诣富室劝捐，多感其诚，出赀购米谷，存义棹小舟散给饥民，全活甚众”（《清史稿》卷四二二）。

劝奖社会助赈有其积极的一面，弥补了官方赈济的不足，起到了稳定社会秩序的作用，成为历代社会赈济灾害的常态。但劝奖社会助赈也存在不少弊端，尤其是捐纳为卖官开启了一道方便之门，加剧了官场腐败。清朝乾隆、嘉庆之后官场的严重腐败现象也可以说与捐纳有关，这甚至可以说导致了后来清政府的严重危机直至灭亡。

2. 义仓、社仓与赈灾

义仓也是历代以来社会或民间应对灾害的一种重要形式。大体义仓的作用在于赈济，义仓中所存的谷，实际上是由人民以义租的形式在正税之外纳于政府，由政府贮藏管理。这也是义仓不同于常平仓的地方。

义仓较常平仓设立为晚，大概始于北齐。北齐河清年间（561—564），曾令各州郡设置富人仓。最初成立的时候，准所领中、下仓户口数得一年的粮食，都州谷价贱时，酌量割当年义租充入。谷贵时下价粜出，谷贱时还是用所粜之物依价籴贮。按齐制：每岁每人出垦租二石、义租五斗，垦租送台，义租纳郡，以备水旱。这就是义仓制度的滥觞。

义仓正式创于隋朝。开皇五年（585），根据工部尚书长孙平的建议，朝廷令各州军民共立义仓。收获之日，按贫富量力交纳粟麦，在最基层的社会仓窖存贮，由社司掌管。遇灾歉饥荒，发此克服。因立仓于社，又称社仓。唐朝义仓制度，开始于太宗贞观二年（627），经尚书左丞戴胄建议设立。唐朝义仓仓谷来自税粮，按亩纳税二升，粟、麦、稻均可。商人无田，按户等交纳，五斗至五石不等。下下户及少数族不征。仓谷贮存州县仓库，以备荒年。后来，一度按户征收。玄宗时恢复亩税二升旧制。总计唐代藏谷数量，截至天宝八载（749），已积到九千六百零六万二千二百二十石，其中属于义仓的，达六千三百十七万七千六百六十石之多。唐在各州建有常平仓并规定了米、粟储藏时限和仓本钱标准。

宋代义仓的设立，较常平仓略早，太祖乾德元年（963），即下诏各州于其所属各县，分设义仓。于每年春、秋两季纳税时，每税一石另纳一斗，贮藏于仓，以备荒歉时散给贫民。乾德三年又下诏说："民欲借义仓谷以充种食者，由州、县计口贷予，勿俟奏闻。义仓不足当发公廪者，奏待报。”（《宋史·食货志》）此后，兴废无常，直至宋末。义仓粮来源于百姓两税之外的缴纳，这一部分粮食由官府保管，在县级行政区设置仓库贮藏，遇灾害爆发、饥馑肆虐时，即可以由县府“发义仓赈济，勿待上报”（《宋会要辑稿·食货》）。关于义仓粮赈济的情况，如《续资治通鉴长编》载：“太平兴国七年（982），二月，庐州民负义仓米一万七千余石，诏特贷之。”“熙宁五年（1072）二月，赵子几言考城知县郑民瞻擅置义仓。”义仓在宋代的防灾、赈灾方面作用较大，时人评价说：“恤民备灾，储蓄之政，莫如常平、义仓。”（《建炎以来系年要录》卷一〇三）但义仓之法也存在很多弊病，其中最重要的就是支借挪用现象屡禁不止。

元代的义仓，到至元六年（1269）才开始设立，办法是每社置一义仓，由社长主持。年熟每亲丁纳粟五斗，驱丁二斗，无粟可纳的可以用杂粮等代替。元世祖时期，元朝的地方行政官员和监察部门的官员，也常以建立义仓作为自己的政绩。例如，张懋“（至元）十六年（1279），改授怀远大将军、吉州路总管……新府治，设义仓，虽能吏不过也”（《元史》卷一五二）。赵世延“（至元）二十九年（1292），转奉议大夫，出佥江南湖北道肃政廉访司事，敦儒学，立义仓”（《元史》卷一八）。但此后，义仓因实施中出现问题处于停滞状态，直到仁宗皇庆二年（1313），政府始再次提倡。元后期也有一些动用义仓赈济灾民的记载，如顺帝元统元年（1333）十一月，“江浙旱饥，发义仓粮，募人入粟以赈之”。二年五月，“是月，中书省臣言：‘江浙大饥，以户计者五十九万五百六十四，请发米六万七百石、钞二千八百定，及募富人出粟，发常平、义仓赈之，并存海运粮七十八万三百七十石以备不虞。’从之”（《元史》卷三八）。

明、清两代的义仓，在配合官仓赈济方面也起过一定的作用。明代的义仓出现于成化年间。成化九年（1473），判官俞盖以兵民诉田籍废及自愿没官息竟二十余顷。岁租七百八十余石，创储备赈名义仓。嘉靖时义仓得到大力提倡，嘉靖四年（1525），“直隶庐州府知府龙浩，在任修理义仓，置买义田，行赈粜、赈贷、赈济之法，又条积蓄便民八事，户部覆议”（《明世宗实录》卷五一）。嘉靖五年，“提督漕运都御使高友玑、巡按御史刘隅，奉旨会堪前庐州知府龙浩所陈备荒八议，条陈以闻。一议仓制……一议籴本。上以浩建议能留民瘼，令从浩见识”（《明世宗实录》卷七）。这样，明朝的义仓有了较大的发展。清代的义仓有时指的即社仓，两者本质相同。顺治、康熙、雍正各朝都曾多次谕令各州县设立义仓。各地的义仓之设多寡不一、规模大小不等，大的义仓可积谷数十万石，存银数十万两，如两淮的“盐义仓”、苏州的“丰备义仓”等。义仓作为地方性的备荒仓储，在灾害频发的情况下，成为维护基层社会秩序的手段之一。

社仓和义仓大概同时出于隋长孙平的建议。唐戴胄于设置义仓的奏牍中，明白肯定地称之为社仓。但后来这种社仓变为县仓、郡仓，与人民隔离，因而失去了社仓本来的面目。宋朱熹为了使人民普遍得到仓储的利益，曾创立社仓法。这里的社就是社稷的社，古代每二十五家共立一社以奉祭祀，于是行政上也就以社为单位。朱熹社仓始于孝宗乾道四年（1168），地点在其家乡福建崇安县开耀乡。具体办法为：由官府向常平司借贷底本，置于乡社。选乡人有德行者一人与官吏同掌出纳，每岁向愿意请贷之乡人放贷，秋后收贷，债息二分。至所获息米超过十倍以后，即将底本归还官府，而后息米进行敛散。此后即减其息，每石只取三升，作为耗米。富豪中如有自愿出米作谷本的欢迎，有的乡如不愿意设置社仓也可以，官府都不勉强。息米额还可按照各方风土民情酌量规定。由于开耀乡社仓相当成功，朱熹便奏请遍行社仓法于各道。自此，社仓遂在各地普遍建立起来。

时至明朝弘治年间（1488—1505），江西巡抚林俊呈请建社仓，以后，明朝的社仓也开始发展起来，到嘉靖时达到鼎盛。嘉靖八年（1529），令各抚按设社仓，令民二三十家为一社，选择家中较殷实而又较有德行的一人为社首，处事公平的一人为社正，能书算的一人为社副。每月初一、十五会集一次，按出米多少确定为上、中、下三种户别，各种户别相隔为四斗米之差。每斗另加耗米五合，由上户主持其事，饥年上户有困难的，可以借贷，丰年时还仓；中下户则酌量赈给，不再还仓。有关官员须造册送抚，每年审察一次（《明史·食货志》）。

清朝的社仓始建于康熙时期。康熙十八年（1679），户部题准：“乡村立社仓，市镇立义仓，公举本乡之人，出陈易新。春日借贷，秋收偿还，每石取息一斗，岁底州县将数目呈详上司报部。”（《清史稿》卷一二一）但就康熙朝的情况看，社仓建设情况并不显著。雍正时，对社仓建设又给予了关注。雍正于即位的第二年就下谕旨议定社仓条例，认为“备荒之仓莫便于近民，而近民莫善于社仓”（《清史稿》卷一二一）。因之大力推行社仓建设，并同时复准了社仓的“劝奖捐输”和“收息”之法。此后，全国各地纷纷设立社仓。社仓的设立在一定程度上减轻了常平仓的压力，弥补了政府赈灾力量的不足，但朝代后期，由于管理和经营中出现问题，社仓也逐渐走向衰落。

劝奖社会助赈和通过义仓、社仓的办法赈济灾荒应该说是近代以前淮河流域社会救灾的主要表现方式。此外，古代的社会还存在民间宗族、邻里间的互助和个人的捐助等。前文提到的劝奖社会助赈和通过义仓、社仓的办法赈济灾荒其实有些就是属于邻里间的互助和个人的捐助，此不再多说，这里再略微提及一下民间宗族间的互助。

中国向来以宗法立国，家族观念根深蒂固，家族内部之间的互援互助一直是古代民间自救的重要形式，以宗族为本位，长期以来也就形成了在患难之际，互助互济，依靠小团体的力量共渡难关的精神。如清代顺治年间，归安人沈燕卿“散家财以活乡之饿者，姻党皆赖之以济”[①]。清代道光十三年（1833）春，山东峄县饥，褚明升“出粟以活族人，收买幼子女千数人，后悉召其父母还之”（光绪《峄县志》）。这都是民间宗族间互援互助精神在淮河流域救灾中的体现。尽管这种赈济的范围不大，却是一股不容忽视的力量。特别是遇到突发性的自然灾害。民间宗族救助等也使部分人暂时挨过难关，是政府救济的前提，在一定程度上缓解了政府的救济压力，是民间灾荒自救的重要组成部分。

二、民间义赈的发展及社会近代化

19世纪后半期，随着中国近代工业的兴起和西方近代救灾手段、方式的传入，民间义赈逐渐突破了传统义赈的旧格局，开始进入了一个新的历史发展阶段。这一发展阶段的特点就是义赈的主持群体、组织机构、募捐机制、中

① 孙绍骋：《中国救灾制度研究》，商务印书馆2004年版，第121页。

心地点发生了重大变化，这预示着近代意义上的民间义赈蓬勃兴起，并将灾害的救助推向近代化。

民间组织参与救灾，据有的学者分析，可分为两种：一种是直接参与救灾，如劝募、捐献赈款赈品，深入灾区放赈，即直接参与救灾的各个环节，这以因各种灾害而设立的救灾组织及已有的慈善团体为主。另一种是间接救灾，如宣传灾情，刊登乞赈广告，动员广大民众参与救灾，并提出各种救灾办法，这一类以报界为主[①]。本文的探讨主要以直接参与救济的慈善团体论述为主。

近代曾参与过淮河流域灾害救济的民间组织主要有华洋义赈会、红十字会、宗教团体等民间慈善团体。此外，在灾害发生时还存在一些临时性的各地的急赈或义赈会，如上海协赈公所、江苏水灾义赈会、安徽灾区筹赈会等。

1. 华洋义赈会与灾害的应对

民国时期，中国灾荒之多，灾情之重，灾区之广，灾民之众，为历史所罕见。不仅国内善士积极参与，日益众多的居华外国人也感到对中国灾荒有加以赈济的必要。为使国内外义赈工作得以交换经验并联合应付频生的灾害，居华外国人急需成立常设性的义赈组织。在内外因素的推动下，华洋义赈会应运而生。

华洋义赈会有华洋义赈会以及中国华洋义赈救灾总会之分。华洋义赈会成立于 1906 年的上海，英文为“China International Famine Relief”，当时是一个由中外慈善人士设立的临时性公益机构，赈灾结束后即自动解散[②]。从后来该会运作情况看，也只活动了半年左右便告终止。

1906 年苏北水灾，刚刚成立的华洋义赈会成员中的中外人士李提摩太、盛宣怀、张謇、施则敬等积极宣传、募捐，并派人带款项去苏北灾区边放赈边调查灾情，按照每个灾区的实际灾况，因地制宜，确定赈济的具体措施。整

① 池子华：《近代中国灾荒及其救济》，《文化学刊》2009 年第 2 期。

② 也有学者认为，华洋义赈会成立于 1910 年，是专为赈济 1910 年夏苏北、皖北水灾而成立的，见朱浒：《辛亥革命时期的江皖水灾与华洋义赈会》，《清史研究》2013 年第 2 期。

个赈灾过程中工作极为细致，每次赈款的数目、运用、去向都在报纸上公布，放赈一次，即公布一次，至整个赈务结束，刊行《征信录》，公布全部的账单“以昭核实”。此次华洋义赈会赈灾，向外洋募款至一百六十万金，全活甚众。

这一时期义赈会的活动为 1910 年华洋义赈会的成立提供了借鉴。1910 年江皖水灾发生不久，中西人士便达成了再次发起华洋义赈会的共识，并在不久后成立了江皖义赈会作为华洋义赈会的下属机构。江皖义赈会的任务主要办理赈灾事务，在急赈时期曾发挥过重要作用。

首先，江皖义赈会投入了相当大的力量来策划和举行工赈。在这方面，最富雄心之举是治淮工赈的尝试。宣统三年（1911）五月间，该会提出“必须浚治淮河，以工代赈，庶可杜江皖数百年来之隐患”，并商请“由美国红十字会捐资，选派工程师来华兴办测勘工程。一切费用，不取官家分毫公款，仍为义赈慈善事业”。在美国红十字会派遣工程师詹美生（C.D.Jameson）来华后，江皖义赈会又邀请创办江淮水利公司的张謇与詹美生合作进行了实地勘测。尽管这一宏图在当时形势下根本不可能实现，但江皖义赈会仍设法举办了不少工赈活动。这主要包括整修堤坝和开凿运河。还有一些地方修补了道路，重建了桥梁。许多农民都从当年完成的工程中受益匪浅，并收获了原本将会丧失的庄稼。开办这些工程的地方，在苏北地区有十五处，皖北有五处，另有一些地点位于芜湖和武汉附近，以及浙江和山东西南部。

其次，江皖义赈会在江皖赈务大局中发挥了一定的作用。这从其筹募的赈款数量可见一斑。在该会活动的第一阶段，即1910年12月到1911年9月，其总共募集捐款合英洋 1526000 余元，支放赈银、赈粮等款共计 1448000 余元。此阶段官、义各项赈款总计“三百余万两”。按当时银洋比价，该会已放款项约合银 1086000 两，占总数的三分之一强。第二阶段即 1911 年 10 月到 1912 年 6 月，该会共募集银 733000 余两、洋 220000 余元（其中包括上阶段余款 77000 余元），且绝大部分都已散放。相比此阶段清政府筹款 70 万两，实际散放不到 40 万两，临时政府和袁世凯政府拨赈款 30 万元而言，江皖义赈会的放款数目超过了三个政府投入的总和。

再次，江皖义赈会在灾区防疫措施上也有发展。宣统三年（1911）五月，该会连续接到皖北灾区暴发疫情急电后，鉴于“中药不效，药不对症，适以害人”，乃“仿行军红十字会办法，创设救疫医队”前往救护。这个医疗队极具专业背景，除中外医员4名皆为专业西医外，甚至连担任辅助工作的“配药师、看护人等均有经验，即仆人亦向在医院执役者”。医疗队在总干事部指导下，携带救疫药物、器具，冒暑驰往皖北之临淮、寿州、凤阳、正阳、凤台、怀远、宿州、蚌埠及江苏省的清江、宿迁、海州、桃源等处，竭力拯救，治愈者六万七千五百余人，由此控制了灾区疫情，拯救了大量患病灾民。

此外，义赈会还充分发挥在海外的影响力，号召国外华侨及外国义士救灾。如义赈会在给南洋大臣电中请为“美国捐助面粉”（1906年12月26日《申报》），免交厘金。新加坡开会劝捐，“总督到会主席，当选派董事为华洋义赈会劝募捐款”（1906年12月25日《申报》），起到了较好的效果。

中国华洋义赈救灾总合，英文名称是“China International Famine Relief Commission”简称CIFRC，1921年11月16日在上海成立，前身为1920年华北5省大旱中国内外各民间团体联合体，创办时该会的名誉会长是王正廷，会长为留美归国的梁如浩。华洋义赈救灾总会下设执行委员会，执行委员中一部分是各省分会推荐的代表，一部分是来自美、英、法、日、加等国的传教士、青年会干事及教授、商人等。1922年春，华洋义赈救灾总会将该会的办公地点定在北平东城菜厂胡同6号。该会的宗旨在于力图协同中国各省官厅暨公共团体“筹办天灾赈济”和“提倡防灾工作”。

华洋义赈救灾总会本着救灾防灾目的，将建设救灾作为救灾重点，在其存在近30年时间里，在自我管理、自我约束的制度建设方面，形成了一套较为系统的规范，对民国时期淮河流域的灾害赈灾和流域治理做出了一定的努力。

1931年江淮流域大水，受国民政府救济水灾委员会的委托，华洋义赈救灾总会开始在安徽、江西办理农赈，开始参与到淮河流域灾害的赈灾，而在此之前，华洋义赈救灾总会（华洋义赈会）早已经参与了淮河流域水利工程的治理和修建工作。总的来看，救灾总会在具体实施上主要表现为两个方面：一是用以工代赈的办法兴办水利工程，兴修道路，改善排灌并便利交通，同时开展植树造林工作；二是建立一种互助性的组织，壮大农民的经济力量，使他们摆脱高利贷的残酷剥削。

（1）设立导淮委员会

由华洋义赈救灾总会倡导的导淮委员会成立于 1922 年。鉴于 1921 年江淮水患成灾，损失惨重，1922 年 4 月，华洋义赈救灾总会联同苏皖豫三省军民长官、议会代表及士绅领袖于华洋义赈会第十五次职员会议上议决组织导淮委员会，由江苏、安徽赈款下各拨洋十五万元，同时请河南省拨款若干为创立导淮委员会进行活动的一切费用。导淮委员会先后核定名义会长多人，包括三省督军、省长、省议会议长及一些中外名流等，同时设立经济部、执行部。

导淮委员会成立后，在明确划分该会与官方权限所在基础上，拟定了《华洋义赈会导淮意见书》及其他宣传印刷品，分布于苏皖豫三省，对于推动淮河流地的治理发挥了积极作用。不过，由于当时的北京政府以治水主权不应为外人干预，主张由全国水利局办理导淮事务，未准该会立案，并由国务院任命江苏督军齐燮元为督办，成立督办导淮事宜处，以取代中外人士所组“导淮委员会”。导淮委员会最终虽未能正式立案，然而从其成立过程中仍可看出民间团体、地方政府等中外人士对导淮的重视。

1927 年，蒋介石在南京建立国民党政权，淮河灾害有增无减，而受灾最重的苏北地区仅与国民党首都南京一江之隔，广大人民流离失所，威胁着国民党政权的安危，对淮河的导治再度被提起。1929 年 7 月 1 日，直属南京国民政府的导淮委员会在南京正式成立。该组织成立后在华洋义赈会的协助下，提出了导淮工程计划，组织了查勘队、测量队，对淮河一些河道、湖泊现状进行了查勘、测量；恢复与建立了一批水文站，对淮河水文气候进行了测验；修建了淮河下游苏北运河、里运河、淮河洪水入江水道等部分闸坝工程，对淮河流域灾害的治理起到了一定的作用。

关于华洋义赈会灾害救助和治河活动与国民政府导淮委员会导淮关系，胡慧芳的研究认为，华洋义赈会的环境保护思想与实践对国民政府起到了直接的示范和带动作用，是南京国民政府大规模治淮活动的先导。如研究指出：“蒋梦麟在华洋义赈会成立十五周年纪念大会上致辞时就明确说道：‘该会之工作，有两点可供吾人之榜样，即方法上与精神上的。在方法方面，中国社会现正在进行修路及提倡合作社等，此种工作，均系直接间接的受义赈会方面的暗示。在精神方面，义赈会是获而不有，功成不居的。’”此外，义赈会的防灾实践活动也弥补了官府实际行政能力的不足和国家在民生政策方面，在环境保护方面缺乏制度性规定的缺陷。20 世纪 30 年代以后，这些事物“引起地方当局之注意，诸如全国经济委员会今岁大规模着手办理与本会同样之各项工作，即其一例”，“今全国经济委员会及各省建设厅对于此类工程，均在积极推行，成效卓著……窃意各大工程既由政府机关分别担任，此后应改变工程方针，而以辅助政府之地位自居也”①。

（2）水利建设

水利工程耗资巨大，政府财力有限，难以满足其需要，华洋义赈会积极筹募、拨助经费，大力支持。义赈会通过在全国许多大中城市发起如诸水旱灾纪念日、全国急募赈款大会等活动得来的善款项，以及国外的捐款，尤其是美国华灾协济会的捐款，曾议定中国政府于导淮事业用款百万元，该会补助五万元之拨助比例。1931 年，江北运河大水善后工程，需款共 485 万元，义赈会补助了 46 万元。1933 年，江苏省政府于江北运河东西堤岸兴筑钢筋水泥块石护岸工程，改埽为石，以防运堤坐湾迎溜处受风浪冲袭决口，义赈会拨款 126000 元。1931 年 5 月，江苏省府配合导淮工事办理蔷沭二河疏浚工程，义赈会补助 10 万元。通过以上这些善款，上述水利工程才得以勉力完成。

除了积极筹募、拨助经费，大力支持水利工程外，华洋义赈会也参与了水利工程的治理与修建。1931 年江淮大水灾中，国民政府成立了救济水灾委员会。成立不久的救济水灾委员会由于缺乏赈灾经验，负责人便通过国民政府财政部长宋子文借调华洋义赈会总干事担任救济水灾委员会的总干事，并委托华洋义赈会代为制定施赈方案。华洋义赈会受委托后，制定了以“计工受食”为特点的以工代赈之法，工赈的范围主要是修复长江、淮河主要堤岸，包括皖北淮河及其主要支流土堤；运河自邵佰至宝应两岸土堤，及自宝应至清江浦以上两岸决口；里下河归海五港疏浚；河南伊、洛、沙、颍各河之防灾工作等。同时该会还聘请美国人塔德为总工程师，负责对赈会所办工程进行勘察、设计、论证，并参与办理了江北运河东堤工程、高邮运堤六大决口、山东运河及其支流清淤、皖淮大堤修建、维护等，计华洋义赈会代办和国府救

① 胡慧芳：《淮河中下游地区环境变动与社会控制（1912—1949）》，安徽人民出版社 2008 年版，第 214—215 页。

灾会直辖16区之工程，“共116033933公方，连湖南水灾善后处理委员会工贷34911296公方及山东运河工程局工赈2840340公方。其中，筑堤长度……淮河946千米……江北运河东堤209千米，河南诸河370千米，山东运河122千米……疏浚里下河、皖北淮河和河南伊、洛、颍、汝等河约287千米。另河南伊、洛、颍、汝等河护岸石工55处，皖淮筑建涵洞24处”①。可见工赈的规模较大，成绩也不小。

（3）植树造林

华洋义赈会还在淮河流域植树造林，以努力改善植被环境，如河南救灾分会从1922年起在惠济河沿岸，雇用灾工种植了大量树木，1925年12月间又种植大批柳树，“统计前后所种不下二万九千余株”。1926年又于开封西门外50里远的地方，购买了约1000亩地皮，用以种植树木，希望广植树木，以固结土质，减少冲刷，并停蓄降雨量而减小河流的洪峰。然而“讲求森林，提倡移殖、诸事固皆为本会原定活动之范围”，但其见效慢，因资金、气候及民风等，林事试验成效不及农事试验，不几年就停滞下来。

（4）办理农赈

办理农赈也是华洋义赈会从事灾害赈济的一项措施、方法。1931年江淮大水灾中，华洋义赈总会利用国民政府水灾救济委员会授权办理农赈之际，把创办合作社救济农村这一在北方行之有效的方式与救助江淮水灾灾民结合起来，大力进行农赈，并逐步把合作社扩展到安徽灾区。

在接手办理水灾农赈工作后，华洋义赈会首先是确立了1931年江淮大水农赈的目的，即协助被灾农民在最短的时间内恢复农事的工作，所有种种措施，都要服从于这一目的。其次是确定凡是欲得到赈济的农民，均须组织合作社，然后才能得到借款。从1932年1月起，华洋义赈会开始在安徽、江西等省正式全面开展赈灾工作。在安徽办理农赈的地方共有25个县，分别是怀宁、桐城、贵池、东流、望江、芜湖、宣城、和县、当涂、无为、铜陵、凤阳、怀远、灵璧、五河、寿县、凤台、霍邱、阜阳、霍山、宿松等，后来又增加了繁昌、南陵、全椒、宿县、泗县，赈济款共计80多万元。为了确保在安徽办赈成功，华洋义赈会特意“由河北各合作社召集120人至安徽，组织合作训

① 《国民政府救济水灾委员报告书》，中华书局1933年版，第28—30页。

练班28处，受训练之农民达2000余人”（1934年9月30日《新闻报》）。办理农赈的具体办法有两种：一种是共借共用，例如修堤；一种是共借分用，即将受灾农民组织互助社，然后将赈款借给互助社，再由互助社借去分给社员个人，由社员自主决定购买种子、耕畜、化肥等用途。用于购买种子、食物、饲料、食料等借款，期限是1年。用于购买耕牛、农具及修筑塘渠等，期限是2—3年，分期偿还。贷款利率1年以内，为月息4厘，第二年以后，每年增加1厘。若到期不能偿还，可商请展期。据统计，截至1932年底，安徽境内农赈共放款“1219534.32元，承借社数为3668社，这些社的社员总数为2002302人”（1933年4月1日《大公报》）。

在安徽、江苏等地办理农赈的同时，华洋义赈会还不失时机地向灾区民众宣传合作思想，在两省40个县举办合作讲习会，培养了2000多名合作社骨干。到了1934年4月底，由互助社发展而来的安徽省合作社达2444个，占同一时期全国合作社总数的24.57%，数量跃居全国首位，从而大大推动了安徽乃至全国合作事业之发展，受到时人的好评，如王烈伟所言：“我国各地办理赈务者，若能依照安徽救灾之先例，着手进行，则全国之合作事业，或能因赈款之运用得法，而日臻发达也。”①

华洋义赈会以其防灾思想为基础，以“增进社会生产力及铲除灾源并筹各地永久福利”为目的开展救灾工作，一方面使灾民渡过灾荒，另一方面又兴办了公共工程，改善了恶劣的自然环境，达到了救灾防灾目的。可见，华洋义赈会不仅致力于慈善事业，更注重于建设事业，由此成为民国“以科学方法，从事灾荒救济与预防之唯一机关”。这就使它与一些单纯以慈善救济为目的慈善组织区别开采，而走上了一条以民间组织改造社会、服务社会

华洋义赈会组织的赈灾

① 汪志国：《近代安徽：自然灾害重压下的乡村》，安徽人民出版社2008年版，第278页。

的新道路。

2. 其他民间社会组织与灾害的应对

（1）红十字会参与的救灾

红十字会是一个以发扬人道主义为己任，以“博爱”“恤兵”为宗旨的国际性慈善组织。中国红十字会创立于1906年，初名上海万国红十字会，1907年改为大清红十字会，1912年改称中国红十字会，并得到国际红十字会的正式承认。1919年加入红十字会国际联合会，成为这一国际组织的正式会员。中国红十字会创立后，尽最大努力，从事各种灾害的救护与赈济，由此也参与了淮河流域的灾害救济工作。以下是若干事例：

1910年苏皖大水灾，在这次水灾救济中，实际上也有红十字会的背景。华洋义赈会曾参与过灾区防疫的救助，这在上文有所交代。当时，华洋义赈会的发起人沈敦和为红会中人，所以义赈会的防疫救助行为也和红会有关。沈敦和在1911年9月19日华洋义赈会的报告大会上发表的演说也称：“感谢中外捐款诸君及今日来宾，并道谢华洋义赈会、大清红十字会医员、干事、学生分往江皖就疫舍己救人之盛德。”而据《中国红十字会二十年大事纲目》记载，1910年夏，皖北水灾，继以大疫，红会急派医生、学生携带救疫药物、器具，组织救疫医队，冒暑驰往皖北之临淮、寿州、凤阳、正阳、凤台、怀远、宿州、蚌埠及苏省之清江、海州、桃源等处，竭力拯救，并集款至百七十万，办理急赈，集款至百七十万，全活无算，成绩昭然[①]。这是红会最早参与淮河流域灾害救济的事例。红会参与淮河流域灾害救济的其他事例如：

1913年，袁世凯称帝引发了革命党人的“二次革命”，苏北的徐州也深受这次战争的影响，特别是在利国驿、柳泉附近，“纵横数十里之村庄，皆为军队所住，炮火所经之地矣，蹂躏之惨，不言可知”。及战事南移，“各村人民纷纷归来，而已衣物荡尽，一空如洗，此时既无食，又无衣，人民面目之憔悴，村庄气象之萧条，目睹情形，令人心痛。复查柳泉及利国驿一带，皆山麓，地高具旱，而麦季所收仅三四成，又秫秫为蝗所伤，现又两月不雨，晚

① 池子华：《红十字与近代中国》，安徽人民出版社2004年版，第82页。

收无望。兵祸而外，又遇天灾，此惨之惨者。若不筹给抚恤，借资生理，来日方长，饿殍可待”。有鉴于此，红会特派江苏省议员王宝愧于9月21日驰往徐州调查灾情。经查，利国驿居民3000户，自经兵，“无家不破，饥寒交迫，惨苦万状”；又山东韩庄与徐州利国驿仅一河之隔，“全镇为墟，流民数万”。面对此情此景，中国红十字会常议员施则敬“特发宏愿，首先筹垫一万元，并由红十字会捐款项下发洋一万元及棉衣数千套”，请王宝愧核实散放。11月下旬赈毕，“费款三万，民赖以苏”[①]。

1916年夏秋之交，皖北大雨滂沱，河湖并涨，山洪怒发，“江淮一带，上而豫之固始、光、息，皖之阜阳、颍上、霍邱、寿县、凤台、怀远以迄于临淮、五河、盱眙等县，汪洋千里，一望无际。而沿村庐舍、大地、禾黍悉浸入洪涛骇浪之中，累累浮尸，触目皆是，灾民荡析离居，栖风宿露，嗷嗷不可终日”。当时，告灾乞赈，函电交驰。中国红十字总会一方面通过传媒向社会各界劝募急赈，一方面与皖旅沪同乡会合组安徽义赈会，举沈敦和、余诚格、李经方任干事部长，共赈皖灾。安徽义赈会先垫付大洋20000元，分请灾区传教士会同义赈会查赈员择被灾尤重之户先为斟放，接着会同传教士派人沿淮各县查赈，在查清灾情的基础上，12月16日，安徽义赈会购米3000石、棉衣3000件，刻日运抵蚌埠转运怀远、凤台、五河三县，又购买高粱万石、黄豆3000石，散放被灾各县以为籽种[②]。

转瞬交春，皖北“各灾区田皆淹，颗粒无收，非特无度日之粮，抑且无耕田之种，非广购高粱、黄豆、绿豆、珠（芝）麻等种籽及时散放，则浩浩哀鸿，将永无出水火而等衽席之一日”（1917年1月5日《申报》）。于是，中国红十字会安徽义赈会于1917年2月在上海、镇江分购红粮1600余包、豆饼29000张装运蚌埠分转灵璧、盱眙、阜阳、涡阳、蒙城等5县散放（1917年2月28日《申报》）。皖北赈务直到1917年夏初始告结束。“灾民获沾实惠者，数逾十万”[③]。

1921年夏、秋，“豫、苏、皖、浙、陕、鲁、鄂、冀大水，以淮河区域

---

① 池子华主编：《红十字在上海（1904—1949）》，东方出版社2014年版，第361页。

② 池子华：《红十字与近代中国》，安徽人民出版社2004年版，第200页。

③ 中国红十字总会：《中国红十字会历史资料选编》，南京大学出版社1993年版，第466页。

罹难最重，灾区达27000方里”。中国红十字会有求必应，量力接济。7月20日，安徽凤台分会电告水灾，总办事处汇洋500元、空白章照20份，由分会征收会费截流散放急赈。25日汇安徽正阳分会500元。8月19日汇安徽寿县现洋500元并于10月间派出由黄禹九医生率领的医队前往寿县疗治疫病，两个月以后，始告肃清，县知事程鉴率地方各团体致电申谢。8月间，寄安徽泗县空白章照40份，由分会劝募会费，并寄江苏建阳分会空白章照50份，现洋500元。10月12日，寄江苏阜宁分会空白章照30份。12月2日，汇江苏盐城分会500元。

1922年夏秋，皖北亳县、蒙城、涡阳霍乱流行，中国红十字会派出“防疫团”前往救治，蚌埠分会会长邓愚山协助尤力，“备著勤劳”，皖北地方官绅均具函申谢，如《亳县各公团致上海中国红十字会总办事处函》称：“天祸亳民，疫氛蔓延，因而致死者，日难屈数。嗣经蚌埠贵分会邓、李诸先生到亳，旬日之内，全活者何止千百。敝县感戴大德，莫可名言。兹谨略述数语，乞转致各报登载，用当奉杨仁风耳。”《蒙城谢蚌埠分会防疫团函》亦称：“今值盛夏，瘟疫时行，大概情形，不外霍乱瘪螺等类，或朝染而夕死，或暮染而朝死，踵不及旋，医药罔效，以致死者枕藉，目不忍睹。敝邑之中，人人自危，无法可施，幸蒙贵分会会长邓、医长李两先生大驾来蒙，施药诊治，每日户限为穿，昏夜求诊者尤众，计来蒙数日，治活大小男女五百人，诚为有脚之阳春施以无形之甘露也，谨此鸣谢。”为表彰邓拙斋的救疫殊勋，中国红十字会常议会还决定授予其“头等纪念章”，以昭激劝。

1923年春，皖北蒙城、太和又“天痘流行，死亡无数，不但小儿传染，老人也染痘毒致死”。红会仍以蚌埠分会会长邓愚山为首率医队前往防治。同年秋，邓愚山还在宿州组织第三支医队，前往涡阳等县防治疫病。

（2）宗教团体的赈济善举

这里所说的宗教团体主要是指中国佛教会、中华全国基督教协进会等宗教团体。中国佛教会原名中国佛教总会，创设于1911年，以团结全国佛教徒宣扬教义、兴办教育文化、慈善事业、福利社会为宗旨，僧尼信众秉承佛陀慈悲之心，十分热心灾赈事业，大力弘扬佛教慈悲济世的精神。中华全国基督教协进会，原名中华续行委办会，成立于1913年，其工作重点在中国农村。1923年，专门设立一个“乡村工作特别委员会”，调查研究中国农村经济情况。1926年，又与南京金陵大学联合召开了“农村工作会议”，倡办“乡村建设运动”，在中国广大乡村传教布道的同时，也大力呼吁宣传和举办一些慈善救济事业。

1910年、1911年淮河流域特大水灾后，不少传教士就曾奔赴皖北灾区进行考察，如罗炳生在考察报告中强烈呼吁：“此次饥荒，较之三年之灾更甚，今灾区由淮河之南，以至宿州之北，更从亳州之西，以达于清江浦之东，均受水成灾之地，南宿州是其中（应为‘重’字）点，居民约有二分之二，均无食无衣，且无家可归，状至惨酷。”“中国之政府疆臣，不可不速筹款赈济。”[①]同时传教士也将美国向中国捐助的捐款与慰问品发放到灾民手中。

1931年江淮大水灾后，中华全国基督教协进会，一方面派经验丰富的罗炳生协助南京国民政府赈济水灾委员会开展救灾；另一方面积极向国内外筹款，共募集赈款126790.14元，其中来自国外的捐款78396.22元，源自国内包括在华的西方人士的捐款48393.92元。他们将这部分赈款一部分交给国民政府救济水灾委员会芜湖分会，其余赈款由各地基督教组织办理赈济事务，受赈的地区包括皖北的宿州、怀远、寿州等。中国佛教会也大声疾呼，要求社会各界迅速行动起来，拯救灾民，并呼请社会各界赈济灾区。

（3）其他民间社会组织的救灾

上海协赈公所的成立一般被认为是近代义赈的起点，成立于1878年，主持人经元善。1906年苏北水灾中，上海协赈公所发表劝捐书，号召社会各阶层人民关注灾区，为灾区人民募捐。1906年8月30日的《申报》曾刊载上海协赈公所《募捐江北灾赈》的启事：“本年雨水多溢，江北多被水灾，以邳州、睢宁、宿迁、海州、赣榆为最重，平地多有积水二三尺者，汪洋一片，秋收颗粒无望，种麦亦将不及，该处素称贫瘠，民间向无藏粮，顷此其灾，穷民荡析离居……恳请达官显宦志士仁人或慨解囊金，或指分义粟，源源而来，多多益善，庶几垂死灾黎得以同登衽席。”

江苏水灾义赈会、安徽灾区筹赈会等临时性救灾组织在区域性灾害救济中也发挥过重要作用。1931年流域内发生大水，江苏水灾义振会于8月15

① 汪志国：《近代安徽：自然灾害重压下的乡村》，安徽人民出版社2008年版，第279页。

日成立后，利用省政府授权救灾之际，派专员实地查勘灾区灾情，在灾区设立办事处，办理收容所，负责急赈款额的发放。针对农民为活口，不得不将耕牛贱价出卖或屠宰，义赈会呼吁政府严格按照保牲明令，保护耕牛。义赈会还主张提前冬赈，对于急赈还没有办完的地区，急冬赈合办，一查两放，使灾民得到实惠。

安徽灾区筹赈会也充分利用社会名流资源，灵活地周旋于政府、社会和个人之间，取得了较好的赈灾效果。如 1934 年安徽特大旱灾，1935 年春荒，筹赈会除了向政府及省内外呼吁赈灾外，还努力向国内外募集钱物，拯救灾区百姓。截至 1934 年 8 月底，筹赈会共募集资金 8637.07 元。这些赈款由筹赈会发放到各灾区用于急赈，如涡阳县 1500 元……凤阳、嘉山、滁县等各 500 元；另资遣难民 5 元，尚余款 457.57 元。此外，筹赈会还收到安徽省立第一中学等捐助的衣物，此赈物全部发放到灾区难民手中。自 1935 年 1 月至 6 月，筹赈会又向国内外募集赈款 49535.16 元，共发放赈款 46503 元。[①]

历史上，淮河流域的灾害非常严重，它不但造成了流域内人民生命财产的重大损失，而且对区域内经济发展、社会进步、政治安定带来了沉重而长期的影响。面对严重的自然灾害，政府在对社会的整合能力和控制能力大大下降的情况下，应该说还是采取了一些积极的面对灾害的社会保障措施，虽然不能过高估计政府的救灾效果，但这些措施对保障灾民的生活、生产和经济的恢复和发展起到过一定的积极作用。尤其是近代民间义赈形式的出现和发展不但在一定程度上缓解了因官府救灾不力而出现的灾害危机，而且将救灾与防灾相结合，将消极救灾转化为积极救灾，由此又将灾害的社会救助推向近代化，这一过程中的经验与教训都具有重要的价值与启示作用。

① 汪志国：《自救与赈济：近代安徽民间社会对灾荒的救助》，《中国农史》2009 年第 3 期。

第七章

淮河流域社会灾害面面观

在漫长的人类历史中，人们应对各种灾害经常出现两种截然不同的方式。一种是采取正常的技术或专业措施进行灾害防治，如兴修水利工程以应对水旱灾害；捕蝗、烧蝗以应对蝗灾等。另一种则是祈求神灵，借助神力消弭灾害。不同情况下所祈求的神灵存在差异，一是直接祭奉主宰各种灾害的神灵，如风伯、雨师、雷公、河神等；一是祈求可以消灭造成灾害的某些有害物种或鬼怪等的神灵，如旱魃、蝗神，人们通过祭祀某些神灵，达到消除旱灾、蝗灾的目的。

一、祈神禳灾观念

邓云特在《中国救荒史》中说："我国救荒思想发展的原始形态，即天命主义的禳弭论，这种理论表现在实际政策中，就成为巫术的救荒。"[①] 这是人类社会早期的祈神禳灾行为。巫术救荒实际上就是祈祷上天、神灵以消除灾害。纵观整个人类古代史，虽然科学技术不断进步，对灾害成因的认识、防灾抗灾的技术等都在不断提高，但其控制与应对灾害的知识和能力仍较为落后，一些人对巫术禳灾的成效深信不疑，导致祈神救灾活动仍然存在。这既有对神秘的大自然未知力量的敬畏，也有更深层的社会、文化方面的复杂原因。

① 邓拓：《中国救荒史》，北京出版社 1998 年版，第 259 页。

1. 万物有灵观念

在人类社会早期，由于人们认识水平极为有限，其关于万事万物的知识非常贫乏，对各种自然现象、社会现象都无法作出科学的、合理的解释。对其人类自身的认识也是如此，把睡眠、疾病、死亡等生理现象看成是因为人的灵魂离开了身体，把梦中所见看成灵魂脱离身体在活动。进而人们把对其自身的这种认识扩展到其他一切事物，认为所有的动物、植物以及山、水、石、等各种无生物，乃至风、雨、雷、电等自然现象也和人类一样，都有意志、灵魂。由此产生了“万物有灵”观念。

万物有灵论主张一切物体都具有生命、感觉和思维能力，万事万物都有灵魂或自然精神，并能控制、影响其他自然现象。在人类历史上的很长时期，对自然的认识水平、控制能力都极为有限，尤其像农业生产等活动方式，对自然条件依赖性极强，其丰歉很大程度上得看自然的脸色。人们无法正确地认识与了解自然界的某些现象，很多情况下显得无可奈何，对风、雨、雷、电等自然力量充满恐惧，认为风、雨、雷、电等现象的背后有某种神秘的力量在控制，于是有了雨师、风伯、电母、雷公等说法。自然界的其他万事万物也都被赋予神的名义，如天帝、山神、河神等。

这些神灵既然操纵着自然界的一切现象，那么人类活动要想得到好的结果，就需要祈求他们的恩赐。刮风、下雨、河流泛滥、蝗灾暴发等现象都由某种神灵主宰或操纵，只要祭祀它们、讨好它们，它们就会应验，及时停止各种灾害，使农作物正常生长，获得丰收。

2. 灾异谴告说

所谓“灾异谴告说”，指的是人们认为灾异是上天对人类尤其人间统治者——人君，不当的、违背“天意”的行为的警告与谴责，其目的在于警示他们及时改正错误，顺应天意。这种观念始于先秦，经汉代董仲舒的发展、改造，形成了一套以阴阳、五行为理论基础，并吸收当时科技成果的完整的理论体系。灾异谴告说是董仲舒哲学思想的核心，主要反映在《天人三策》《春秋繁露》中。董仲舒在回答汉武帝策问时，以《春秋》为经典，大谈灾异，并对《春秋》所记灾异作了发挥，把原本毫无联系的灾异和人事结合起来，阐述其天命灾异的思想。

《公羊传》把《春秋》所记灾异分为灾、异两类：《公羊传》把《春秋》所记的隐公五年“螟”解释为：“螟，何以书？记灾也。”指螟虫已经造成损失，给农作物造成了危害。《春秋》定公元年“冬十月，陨霜杀菽”，《公羊传》解释说：“冬十月，陨霜杀菽。何以书？记异也。此灾菽也，曷为以异书？异大乎灾也。”显然认为“异”所造成的损失大于“灾”。但《公羊传》对“灾”“异”的等级看法是矛盾的，并非都反映了“异”大于“灾”的观念，即有“异”大于“灾”者，亦有小于“灾”者。

董仲舒对“灾”“异”作了严格的划分。他认为“异”是“灾”的进一步发展，所造成的损失大于“灾”。《汉书·董仲舒传》记载：“臣谨案《春秋》之中，视前世已行之事，以观天人相与之际，甚可畏也。国家将有失道之败，而天乃先出灾害以谴告之，不知自省，又出怪异以警惧之，尚不知变，而伤败乃至。”董仲舒认为，天人之间的感应随着人类过失的加剧，发生由“灾”及“异”的转换：人事—灾害—人事—怪异—人事—伤败。他说：“天地之物有不常之变，谓之异，小者谓之灾。灾常先至而异乃随之。灾者，天之谴也；异者，天之威也。谴之而不知，乃畏之以威。……凡灾异之本，尽生于国家之失。国家之失乃始萌芽，而天出灾异以谴告之；谴告之而不知变，乃见怪异以惊骇之，惊骇之尚不知畏恐，其殃咎乃至。以此见天意之仁而不欲陷人也。”①在董仲舒看来，“灾”“异”“伤败”都是上天对人类不当行为作出的反映，每个“人事”都是后面的“灾”“异”“伤败”产生的原因，由谴告、警示，到最后的王朝覆灭，逐步升级。小的“灾”总是在大的“异”之前发生，这体现了上天对人君的仁爱之心。上天通过“灾害”向人君发出警告，警示其及时悔改，纠正已有的过失；如若人君未能警醒，“怪异”就会随之而至，以达到使人君畏惧的目的。若仍不知悔改，就到了无可救药的程度，皇朝就会灭亡。

在董仲舒看来，灾异和人事之间的感应是必然的，不可避免的。灾、异

① 钟肇鹏：《春秋繁露校释》（上），河北人民出版社 2005 年版，第 345—346 页。

均由人事过失引起，以人事过失为依据。“天”总是在人事初现过失之时就通过“灾害”发出警示，此时人君及时纠正错误，“异”就不会发生。由此产生了“修德”禳除灾害的观念。即人君只要能够及时警醒，改正过错，按照“天意”“天道”去治理国家，爱民如子，那么上天就会停止灾异，使人间风调雨顺，五谷丰登。

董仲舒以阴阳、五行为理论来解释自然灾害发生的原因，把自然界的灾异看作上天对人的警示和惩罚，灾异谴告说或天人感应论遂成为人们普遍信奉的灾异理论，并且逐渐系统化、理论化、政治化，历代解说虽有演变，但实质如一。与之相应的是，“禳弭论”成为古代救荒思想中不可缺少的重要组成部分。而在实践中，天旱祈雨、久雨祈晴就成为人们应对水旱灾害的普遍流行之策。直到近代，天命主义的祈神禳灾思想仍然顽固地在人们的头脑中存留，从上到下，通过“祈禳”之法以求解除灾患的情况屡见不鲜。

二、祈雨与求神

水是自然界中最重要的物质资源之一，风调雨顺、雨水充足就能获得好的收成。否则，若久旱不雨、江河干涸，或洪水泛滥、江河漫溢，轻则导致农业减产乃至绝收，使人们衣食匮乏，面临饥饿和死亡；重则给人们带来毁灭性的灾难。中国以农立国，农耕经济占主导地位，水对于农业生产的重要作用，使得古代先民对水特别地崇拜。淮河流域作为历史上著名粮食产地，其对水的重要性有明确的认识，因此历代先民重视祭奉各种与水有关的神灵，祭水神习俗在本地区普遍且流行。在无力应对水旱灾害时，祈求神灵抗灾成为普遍流行的措施，人们希望借助神力达到消除水旱灾的目的。水旱灾害都与雨水有关，因此所祭奉的神灵大多相同，旱时祈求神灵显灵降雨，涝时则请求神灵停止降雨。

1. 淮渎庙

亦称淮祠、淮源庙、长源公庙、东渎大淮之神庙等，是历代统治者祭淮的场所。淮渎庙内供奉的“东渎大淮之神”被看成掌管和控制淮水的神灵。历代帝王把淮渎庙视为吉祥祈福的圣地，经常派遣使臣前来祭淮祈雨，以求丰年。根据《资治通鉴》记载，最早的淮渎庙在西汉时期建于桐柏山主峰胎簪山东北麓的固庙村，时称“淮祠”。汉《郊祀志》记载：汉宣帝神爵元年（前61），祀淮渎于平氏（西汉设平氏县，治所在今河南桐柏县西北平氏镇）。乾隆《桐柏县志》亦载：东汉桓帝延熹六年（163）正月，“南阳太守中山奴卢君增广庙制，躬身致祭，并遣官致祭者再”。并在庙前刻碑，碑文为：“淮出平氏，始于大复，潜行地中，见于阳口。立庙桐柏（今桐柏县城西南三十里的固庙村），春秋崇奉。”这是淮渎庙初建所在位置，此后历代对淮渎庙多有修缮，并且规模非常大，是淮河水神信仰的重要见证。

至宋开宝六年（973），宋太祖遣使将淮渎庙由固庙村迁移到桐柏县城东。据清韩鸣金《重建淮渎庙记》所载：“汉延熹六年，创祠桐柏西南三十里，庙宇湫隘，迫近市廛。”据北宋路振《重修淮读长源公庙记》亦载：“先是长源公庙，在桐柏县之西南，地方湫隘，渊流沮洳。”乾隆《桐柏县志》记载得更为明确：宋太祖“遣使临视”淮源，因旧庙“地方湫隘，渊流阻洳”，朝廷遣臣前来祭祀交通不便，遂移淮渎庙于“群山峙前，长淮环后”的桐柏县城东隅。可见，其迁址原因在于原庙所在之地低洼狭窄、泥沼阻隔，不仅不利于淮渎庙的维护，也不便于官方祭拜。而新址不仅地阔基高，且处于县城附近，交通便利，便于适时祭奉。

桐柏山淮渎庙

建造淮渎庙，祭淮的目的在于解决淮河水患、祈雨等，在淮河流域出现水患时祈求晴天，发生旱灾时则祈求雨雪。只要人们适时淮渎庙焚香祈祷，显示虔诚，就会应验。农耕经济的主导地位，历代帝王都渴望风调雨顺，以求国泰民安，政权稳固。但囿于历史的局限性，他们更多地寄希望于超自然的力量。因此，祭祀名山大川，寄望于神灵庇佑，几乎成为历代帝王应对水旱灾害首选方案，淮渎庙便应运而生。淮河两岸为膏腴之地，是历史上著名的粮食产地，对社会发展发挥了重要作用，历代都重视淮河水患治理。洪武三年（1370），明代朱元璋钦制《定各神号诏》，把淮源列为四渎之首，祭淮隆重且频繁。清代康熙则亲书“灵渎安澜”以颂淮源。康熙统治 61 年，祭淮达 12 次之多。据统计，从东汉延熹六年（163）至清乾隆十七年（1752），历代帝王祭淮共 63 次。但由于年代旷久，实际祭淮次数应更多，可见历代对祭淮的重视。

2. 与龙有关的祈神活动

民间认为龙王是掌管雨水的神灵，俗称“龙王爷”。此外，还有“井龙王”“河龙王”，分别掌管井水与河水。龙王庙遍布全国各地，人们常到庙中烧香叩拜。大的水灾发生时，人们甚至把从水中爬出的蛇当成“龙王”，把它装入瓷盘供于神棚，烧香磕头，祈求保佑。总之，在人们对水旱灾害实在无计可施之时，所有与水有关的物类都可能成为祭拜的对象。

龙王祭祀。龙王是道教神祇之一，被认为具有掌管海洋中的生灵，在人间执掌风雨大权，因此在水旱灾多的地区常被崇拜。大龙王有四位，即四海龙王，分别掌管东海、西海、南海、北海。各种水域中都有龙王，俗称小龙王。各地所建龙王庙，主要供奉四海龙王。每当风雨失调、久旱不雨或久雨不止之时，人们便到龙王庙烧香祈愿，祈求龙王兴云布雨，消除旱灾，或停止风雨，去除水灾。《太上元始天尊说大雨龙王经》记载：“如是诸龙王闻是称善，即现感通，兴腾云雨，遍洒人间，救彼焦枯，悉得生发，免其时害，无损禾苗，川渎流通，河源注润。”

淮河领域水旱灾害频仍，面对频发的水旱灾害，人们求助于超自然力量的龙王来驱旱止雨。因此淮河流域龙王信仰普遍，各地大多建有龙王庙。光绪《睢宁县志》记载：“生民之大利莫如农桑，而大患莫如旱涝……县署西有龙王庙，所谓有功德于民者则祀之。”龙王具有非凡的力量，能够保佑风调雨顺，所以各地建造龙王庙以供祭祀、祈祷。

龙王信仰最早可溯源至殷商时期。高诱注《淮南子》“土龙致雨”说道：“汤遭旱，作土龙以像龙，云从龙，故致雨也。”至唐代开始在龙池旁置坛祭祀，《唐会要》：唐开元二年（714），“诏令祀龙池”，其后“有司筮日，池傍设坛，官致斋，设笾豆如祭雨师之仪，以龙致雨也”。宋太祖建隆二年（961）迁五龙祠至京城东春明坊，“国朝缘唐祭五龙之制，春、秋常行其祀”。说明北宋初期沿袭唐代祭祀五龙的习俗，已建有龙神庙。此后历代，建造的龙王庙更多，也更普遍。据学者统计，清代淮河上中游地区建有两座或两座以上龙王庙的府州县有凤台县、亳州、盱眙县、登封县、叶县、祥符县、尉氏县、鄢陵县、中牟县、密县、郑州、郾城县、长葛县、淮宁县、商水县、项城县、睢州、正阳县、西平县、光山县、固始县等，盱眙县和亳州更达六座之多。毫无疑问，龙王庙在淮河流域如此大规模存在，主要原因在于龙王能够兴云布雨。嘉庆《怀远县志》：“当以本境山川所著灵，能兴云泽物者。”光绪《续修睢州县志》：“名山大川能兴云致雨，则诸侯职其祀。”这些州县水旱灾害非常频繁，极易出现水灾、旱灾，龙王庙遍布各地，便于水旱灾害发生时及时祭拜。尤其黄河南岸各州县因濒临黄河，屡遭黄河溃堤决口之害。如嘉庆十八年（1813）九月，睢州“河决睢州坝而南，州城东北伯党集等处正当其冲，所决之处，至今犹有池塘陂泽，每霖雨则汪洋数十里”（光绪《续修睢州志》卷一）。光绪十三年（1887）八月十三日，郑州“石家桥黄河决口，自郑州以下淹没四十余州县，人畜死者无算”（民国《郑县志》卷一）。在传统社会，有限的技术和认识水平使人们对频繁的灾害无能为力，只能寄希望于龙王。因此，人们大量建造龙王庙，以便在水旱灾害发生时及时向龙王祈雨、祈晴，祈求风调雨顺，人们得以安居乐业。越是灾害频繁的地方，人们对龙王庙的信仰越是虔诚。

龙王庙建造选址也存在差异，河边、井旁、泉边等都有，大体因为人们认为这些地方是龙神藏身之所。荀子说，“川渊者，龙鱼之居也。”嘉庆《怀远县志》：“怀远有涡河，龙潭自宋已显，宜为秩祀，今时俗相沿。”因此怀远龙神庙建在涡河岸边。光绪《凤阳府志》：定远县龙王庙“在县东北十五里泉坞山北，庙前有泉，祷雨辄应”。定远县龙王庙建在泉边。光绪《续修睢州志》：睢州黑龙潭“在城北二十里，向为祷雨坛，康熙初建庙其旁，庙中有井”。黑龙潭则围井而建。光绪《亳州志》：州同杜芾“见北关外有井焉，泉源清净，予以供朝夕者不啻万家”，感慨“立龙王庙于上，以祈福佑，由来旧矣”。亳州龙王庙则因井而立庙。光绪《凤台县志》：凤台县龙王庙“在县东北白龙潭上”，其龙王庙建在白龙潭边。

也有很多地方的龙王庙建在治所附近，以便于官府每年春秋例行的祭祀和灾害降临时祈祷龙王。这些活动皆由官方组织，且仪式隆重，同治《六安州志》：“每年春秋二仲月用，辰日致祭，至期主祭官补服诣庙迎神，行二跪六叩头礼，上香奠帛行初献礼，诣神前跪，奠帛行初献爵，读祝再二献爵，撤馔送神，再行二跪六叩头礼，视瘗焚祝帛毕。”光绪《重修五河县志》：“遇旱，同城文武官步行（至龙王庙）致祷（龙王）。”当然，人们如此信奉龙王，建造了大量龙王庙，遇到水旱灾害时祈祷时得应验才行。同治《叶县志》载：康熙四十六年（1707）叶县“春三月不雨，地亩龟坼”，“三月二十五日，余（时任知县柏之模）率僚属及邑之士庶，步祷于潭，深山之中，一泓澄澈，寒气凛冽，逼人毛发，洵为神物幽宫，凭依于此，仿佛可见者也。余为民请命，拜祷如礼……方余拜祷时，从者皆见小青蛇出于潭际，昂首四顾，游泳而没，得无神格微诚，故示隐显，以昭灵奇也欤？”他们把小青蛇看作龙王的化身，最终得以应验，喜降甘霖。祈祷龙王庙应验的记载不绝于史料。光绪《寿州志》：顺治六年（1649）五月，寿州“天大淫雨半月，洪水泛涨”，时任寿春镇副将毛贵带领兵民抗洪，“六月初四日登南城，见桥南有龙王庙基，久颓废”。毛贵随“诚心愿许，果能保护水退无恙，重修庙宇，装塑神像”，其结果是：“不数日水退，合郡生灵得以保全”。因此毛贵“亲诣庙基，破土兴工，捐俸置买竹木砖瓦灰石颜料，雇工匠等役，重新建盖塑像画墙”，重建寿州龙王庙。嘉庆《密县志》：乾隆五十九年（1794），密县“秋夏之交，弥月不雨，民情皇皇”。时任知县陆世蝶，“斋戒越宿，将率缙绅父老，往祷于神。未及，载途而大雨倾盆，优渥霈足”。但因“雨力猛骤，神之正殿因而倾圮”，官民皆认为“神以泽沛生民，不暇自庇其室庐，是宜亟为修治，以答神祝”。于是，陆氏“首割清俸，为士民倡，众皆称力解囊”。

张龙公信仰。在龙王信奉过程中，也参入了地域特色，如流行于淮河流

龙王庙

域安徽颍上、阜阳等地区的张龙王即可作为代表。张龙王以及后世龙王信仰中人变龙、龙生九子的传说是由颍上人张路斯化龙的传说演变而来。北宋封张路斯为“昭灵侯”，并由地方信仰上升至国家层面，主要影响范围为颍州及其周围地区。关于张路斯化龙的情况，苏轼在《昭灵侯庙碑记》说：“昭灵侯南阳张公讳路斯，隋之初，家于颍上县百社村。年十六，中明经第。唐景龙中，为宣城令，以才能称。夫人石氏生九子。自宣城罢归，尝钓于焦氏台之阴。一日，顾见钓处有宫室楼殿，遂入居之。自是夜出旦归，归辄体寒而湿。夫人惊问之。曰：‘我，龙也；蓼人郑祥远者，亦龙也。与我争此居，明日当战，使九子助我。领有绛绡者我也，青绡者郑也。’明日，九子以弓矢射青绡者，中之，怒而去，公亦逐之，所遇为溪谷，以达于淮。而青绡者，投于合肥之西山以死，为龙穴山。九子皆化为龙，而石氏葬关洲。公之兄为马步使者，子孙散居颍上，其墓皆存焉。”

苏轼在其《祈雨迎张龙公祝文》中对祈雨时间作了记述。祈雨活动多在旱灾肆虐，已造成农业收成减少或农作物干枯，农业生产已构成损失之时。他说：“岁旱夏秋，秋谷既微。冬又不雨，麦稿而腓。”夏秋连旱，至冬仍未出现降雨，旱灾已延续半年左右。秋收已大为减产，冬麦也日渐干枯。如若旱情继续，势必来年夏收也将无望。“闵闵农夫，望岁畏饥。并走群望，莫哀我欷。”本已生活困苦的百姓，对来岁也难抱有希望，忧心忡忡。正是在这种境况下，苏轼率领官民开始了祈雨活动。早于苏轼知颍的欧阳修，在宋皇祐二年（1050）也曾主持过祈雨活动，留有《祈雨祭张龙公文》：旱灾严重，“生民嗷嗷困苦于下，公私并乏，道路流亡”。显然，祈雨活动都在旱灾已致公私之用极为匮乏、百姓流离失所、社会极不稳定之时进行。苏轼祈祷张龙公的目的是希望其及时显灵，适时雨雪，缓解旱情。“雨雪在天，公执其机。游戏俛仰，千里一麾。被及淮甸，三辅王畿。积润滂流，浃日不晞。”张龙公执掌雨雪之权，操纵着雨雪的时间、地点。苏轼率领吏民祭祀张龙公，恳请其惠及万民，适时普降甘霖，使淮甸等干旱区喜获雨雪，满足生产生活对雨水的渴望，解决旱灾。因此苏轼“率吏民，鼓钟旄旗。拜送于郊，以华其归。尚飨”。以便讨好张龙公，应验祈雨要求。从祈雨文的内容来看，苏轼也并非一味地讨好张龙公。如果张龙公能及时显灵满足所请及时送来雨水，便可使其享受“鼓钟旄旗”“以华其归”；但若不能应验，很可能使其长期暴露于荒郊，直到雨雪降临为止。因此，从这方面看，倒是具有先礼后兵、“贿赂”与“恐吓”并用之意。十二月十日“以华其归”，相距一个半月，张龙公一直被置于郊外。从“再雨一雪，既洽且均”，应该之前已有雨雪，只是雨雪量较小，尚难缓解旱情。故而恳请“再雨一雪”，雪量适度均匀，以便最终有效解决旱灾。并且再次强调：“何以报之，榜铭皆新。诏公之德，于亿万年。”而后将由“师道、迨，复饯公还”。使其世代享受地方敬奉。

同样欧阳修的《祈雨祭张龙公文》也反映了这一目的。乾隆《颍州府志·艺文志》：“于此之时，以一日之雨，救一方之旱，用力至少，其功至多。此非人力之所能为，而神之所甚易也。”先是恭维，赞扬张龙公应验降雨的无上功德，肯定了张龙公非凡的法力，人力所难以解决的旱灾，对于神灵却是举手之劳。用力少而功德厚，何乐而不为呢？如此恭维、敬奉神灵，“其有不动于心者乎？”当然，两个人都肯定了张龙公对地方的恩惠。苏轼《祈雨迎张龙公祝文》：“稽首龙公，民所祇威。德博而化，能潜能飞。食于颍人，淮颍是依。受命天子，命服有辉。为国庇民，凡请莫违。”赞扬张龙公广施恩德，神通广大，是颍淮民众信赖的仁义之神。作为地方行政长官，代人君治理一方，代表民意每次祭请张龙公都能及时应验，满足祈求。“赫赫龙王，甚武且仁。赴民之急，如谋其身。”称赞张龙公神力非凡而且仁厚，对于百姓的困苦感同身受，急民之所急，解民之所需，“有不应祈，惟汝不虔。”如若未得应验，错不在龙公，而是祈请者不够虔诚。因此，祭奉龙公一定要斋居洗濯，倍显恭敬。

同时，苏轼强调“旱我之罪，勿移于民”。如果张龙公是因为地方出现某种过错而惩罚使之干旱，作为地方首官，苏轼愿意承担一切罪责，不要波及民众。这是典型的罪己行为，愿以一己之身，替代万民承受一切惩罚。“罪己”行为或思想在古代也有深远影响，有着悠久的历史。最典型的当属唐太宗“吞蝗”。《旧唐书·五行》：贞观二年六月，京畿旱蝗食稼。太宗在苑中掇蝗，咒之曰：“人以谷为命，而汝害之，是害吾民也。百姓有过，在予一人，汝若通灵，但当食我，无害吾民。”唐太宗认为蝗灾是因自己统治有所过失，为使蝗灾消弭，甘愿让蝗虫啃噬自己以救护庄稼，把蝗灾引向自身，舍身保民。封建社会皇帝是“天子”，代“天”治理天下，天下安稳，风调雨顺，则是统治者治国有方；反之，如果灾害频仍，民生艰难，则是皇帝无德。因此，需修德以顺天意。为了迷惑百姓，往往于此时下罪己诏。后来这种方式也被地方官员应用，把地方的天灾人祸看成主政官员治理不力，希望通过“罪己”，使上天满意，恢复自然应有的秩序。欧阳修的《祈雨祭张龙公文》亦云：“刺史不能为政而使民失所，其咎安归！而又顽傲愚冥，无诚悫忠信之心可以动于物者。是皆无以进说于神，虽其有请，宜不听也。然而明天子闵闵忧劳于上，而生民嗷嗷困苦于下，公私并乏，道路流亡。”地方长官——刺史如为政不力，致使百姓流离失所，顽固傲慢愚笨昏聩，缺乏诚实忠信之心，均无以感动事物。即便有所请，神灵也不会应允。但毕竟神灵仁爱万民，感于仁君的忧劳与生民的困苦，在天下极其穷困，公私匮乏的窘境下，如能及时雨、雪，救一方百姓于水火，自然功德无量。欧氏虽未明显罪己，但其所论刺史的失德表现，显然是在告诫包括自己在内的地方长官，上应体恤皇帝拳拳忧民之心，下应关爱辖区民众，使其安居乐业，丰衣足食。这样才不愧为老百姓的父母官，才能在灾害时有求有所应。

据同治《颍上县志》，苏轼记载了各地建造张龙王庙的情况：景龙以后，张龙王被“颍人世祠之于焦氏台”，“乾宁中，刺史王敬荛始大其庙”。到了宋代，“乾德中，蔡州大旱，其刺史司超闻公之灵，筑祠于蔡”，既而“自淮南至于陈、蔡、许、汝，皆奔走奉祠”；“景德中，谏议大夫张秉，奉诏益新颍上祠宇”；“熙宁中，司封郎中张徽奏乞爵号，诏封公昭灵侯”。元祐六年（1091）秋，颍州大旱，郡守苏轼“迎致其骨于西湖之行祠，与吏民祷焉，其应如响。乃益治其庙，作碑而铭之”。碑文赞曰：“淮颍之间，笃生张公。跨历隋唐，显于有宋。上帝宠之，先帝封之。昭于一方，万灵宗之。哀我颍民，处瘠而穷。地倾东南，潦水所钟。忽焉归壑，千里一空。公居其间，拯溺吊凶。”可见，正是因为水旱灾害时祭拜张龙王能够及时应验，所以官方才大力推动张龙王庙建造和祭祀张龙王。

宋代土龙、画龙及蜥蜴祈雨制度。高诱对《淮南子》中的“土龙致雨”注道：“汤遭旱，作土龙以像龙，云从龙，故致雨也。”可见，土龙祈雨，还是因为龙能兴云降雨。当然，真龙可谓“神龙见首不见尾”，只有人为地造一条龙，以供人们祈求、祭拜。土龙祈雨的习俗自殷商以后一直延续，汉代很多史书中都有提及，《淮南子》记载有“用土垒为龙，使二童舞之入山，如此数日，天降甘霖也”。董仲舒的《春秋繁露》也对这种祈雨法的具体步骤等作了详细描述，并指出春旱用土造大苍龙祈雨，夏旱用土造大赤龙祈雨，秋旱用土造大白龙祈雨，冬旱用土造大黑龙祈雨，“为龙必取洁土为之，结盖，龙成而发之”。唐代，玄宗命高僧不空设坛作法祈雨，大雨随倾盆而下，连日不止，旱灾反而变成了涝灾。玄宗只好又下令不空止雨，不空便造了五六条土龙，放入水中，念起咒语，雨止天晴。

宋代利用土龙祈雨更是到了无以复加的程度，官方颁布了土龙祈雨之法，令各地依法实施祈雨。《宋史·礼五·祈报》：咸平二年（999），大旱，真宗诏命有关部门祭祀雷师、雨师，按照唐代李邕所著的《祈雨法》造土龙祈雨。其具体做法是：“以甲、乙日择东方地作坛，取土造青龙，长吏斋三日，诣龙所，汲流水，设香案、茗果、糍饵，率群吏、乡老日再至祝酹，不得用音乐、巫觋。雨足，送龙水中。余四方皆如之，饰以方色。大凡日干及建坛取土之里数，器之大小及龙之修广，皆以五行成数焉。”诏令各路依法祈雨。据徐松的《宋会要辑稿》，此次大旱主要发生在京畿地区，即今天开封周边地区，主要是黄河以南、淮河流域中上游等广大区域。

其后，景德三年（1006）夏，开封再次遭受旱灾，真宗又以《画龙祈雨法》付有司刊行。其法：“择潭洞或湫泺林木深邃之所，以庚、辛、壬、癸日，刺史、守令帅耆老斋洁，先以酒脯告社令讫，筑方坛三级，高二尺，阔一丈三尺，坛外二十步，界以白绳。坛上植竹枝，张画龙。其图以缣素，上画黑鱼左顾，环以天鼋十星；中为白龙，吐云黑色；下画水波，有龟左顾，吐黑气如线，和金银朱丹饰龙形。又设皂幡，刎鹅颈血置盘中，柳枝洒水龙上，俟雨足三日，祭以一豭，取画龙投水中。大中祥符二年（1009）旱，遣司天少监史序祀玄冥五星于北郊，除地为坛，望告。已而雨足，遣官报谢及社稷。”对祈雨时间、主祭官员、祭祀圣坛、如何画龙等都做了明确、细致的规定。

《宋史·礼五·祈报》：熙宁十年（1077）四月，以夏旱，宋神宗向全国颁布《蜥蜴祈雨法》；元丰五年（1082）三月，京师又旱，神宗第二次颁布蜥蜴祈雨法。其具体做法：捕蜥蜴数十纳瓮中，渍之以杂木叶，择童男十三岁下、十岁上者二十八人，分两番，衣青衣，以青饰面及手足，人持柳枝沾水散洒，昼夜环绕，诵咒曰：“蜥蜴蜥蜴，兴云吐雾，雨令滂沱，令汝归去！”雨足。

因宋廷都于开封，其统治范围主要在黄河以南，包括淮河流域、长江流域等地区，而干旱现象又以淮河流域中上游更为突出。宋代《墨客挥麈》记载：熙宁年间，京师久旱，开封府下令以蜥蜴祈雨法祈雨，各地闻声而动，因而导致祈雨用的蜥蜴难寻。由此可以佐证，宋廷的土龙祈雨法、蜥蜴祈雨法、画龙祈雨法等主要在淮河流域中上游地区实施。

潼河龙舞。潼河龙舞主要流行于江苏省泗洪县潼河一带，是该地区传统舞龙表演艺术。潼河龙舞的特点是母子龙表演，即一条大龙领着十二条小龙共舞，场面壮观，内容丰富，富有很强的艺术表现力，深受广大群众喜爱。龙被中国历代人们视为吉祥之物，有许多关于龙的传说。这里的舞龙风俗也主要源自人们对龙能行云布雨的认识。春节时舞龙寓意是风调雨顺，干旱时舞龙表达求雨的愿望。不仅如此，舞龙到谁家门口，即可为其消灾驱邪，带来福气。

潼河地处淮河第三峡——浮山峡的潼河入淮口，淮河、潼河、窑河在这里交汇，潼河人常年靠摆渡、捕鱼为生，在风里浪里度日，历尽艰险，常遭水患侵害。处在这样的生活环境中，崇尚龙，信仰龙，其目的就是希望得到龙的护佑，万事平安。

3. 禹王庙会

涂山是古涂山氏国所在地，位于安徽省蚌埠市怀远县城东南淮河东岸，涂山、涂山禹王庙及涂山禹王庙会都与大禹治水紧密相关。尧舜时代，中原洪水泛滥，《孟子》记载："当尧之时，天下犹未平，洪水横流，泛滥于天下……五谷不登，禽兽逼人。"洪水包围了大山，淹没了丘陵。禹临危受命，采取改"堵"为"疏"之策，治理了黄河流域洪水，后来到淮河中游的涂山。此时沿淮一片汪洋，人畜葬身洪水。为根治淮河水患，禹历经险阻沿淮实地考察，上至桐柏，借助与涂山氏国的联姻，在涂山劈山导淮，大会诸侯，最终战胜了洪水。大禹治水是中华民族发展史上重要历史事件之一，自夏开始，历代祭祀大禹。大禹治水会诸侯的涂山，因此而成为中国历史文化名山。公元前195年，汉高祖过涂山，下令建启庙以镇荆山，建禹庙以镇涂山。由此推算，涂山禹王庙到今天已有2200多年历史。

据东汉应劭《风俗通》记载，秦汉时期沿淮民众每逢节日，必赶会、观灯，竞相出外远足，或做"春郊驰马"之戏，最终禹王庙演变为祭祀大禹"水土平治，万物生长"的涂山禹王庙会。清嘉庆《怀远县志・祠祭志》载，宋元祐七年（1092），苏轼过涂山所作《上巳日与二子迨过游涂山荆山记所见》描述了禹王庙会盛况："淮南人谓禹六月六日生。是日，数万人会山上，虽传记不载，然相传如此。"涂山禹王庙会是沿淮民众祭祀和官府祭祀大禹的盛会，嘉庆《怀远县志・祠祭志》载，明万历年增祭禹王庙碑记略曰："涂山禹王庙者，因禹会诸侯之处而建立，以崇德报功也，按《县志》，唐宋历有之，至我朝定祀典，命有司以六月六日祭，相传为禹诞期。"并"增春秋二祭并夏之祭为三"。

显然，禹王庙会代代传承的主要原因是为了纪念大禹治水成功，并捉住引发洪灾的水怪无支祁。因此，涂山禹王庙会除了纪念大禹的功德之外，也在祈求大禹等神灵保佑沿淮地区风调雨顺，五谷丰登，国泰民安。禹王庙会主要影响淮河中下游地区。这是淮河流域应对水旱灾害主要采用的祈神方式。

除此之外，如城隍、关公、土地神等都可成为人们祈求的对象。而且，现实之中，一旦祈祷不能及时应验，人们便会对所祷之神的弭灾能力产生怀疑，进而有更替祈祷对象的情况出现。显然，依赖这些所谓的"神灵"来消除水旱之灾是不可能的。这些方法更体现为一种心理安慰，既然是心理安慰，难免产生"久病乱投医"现象，只能轮番祭拜各种神灵，直到大自然下雨或止雨为止。祭拜到哪个神灵时下雨或止雨，这个神灵对于祭拜之人来说就是应验了，他们就认为这个神灵灵验，从此可能成为主要祭拜对象。如此周而复始，诸家神灵便会“你方唱罢我登场”的局面，轮流“享受”官民祭拜。

三、祈神禳蝗

淮河流域是中国蝗等虫灾主要发生地之一，给农业生产带来严重危害。淮河流域人民除正常的捕蝗、烧蝗之外，更多情况下对漫天蝗虫无能为力，依靠人力难以消除蝗灾，因而只能寄希望于各方大神。在应对蝗灾等虫类灾害的祈禳民俗中，主要祭祀对象有八蜡、虫王（神）、刘猛将军等，祭祀地点主要在八蜡庙、虫神庙、刘猛将军庙等场所。

1. 八蜡

八蜡是古代先民在农历腊月祭祀的，与农业有关的八位神祇，也是万物有灵论的产物。人们对大自然充满神秘感，对许多自然现象无法做出科学解释，于是认为天地日月星辰、风雨、雷电、山川、河流、石头以及各种动物等都有某种神秘的力量，对其充满恐惧，对它们崇敬、膜拜。由于中国古代以农立国，对农业生产更为重视，出现很多与农业生产有关的神灵，八蜡便是其中的一部分。蝗灾发生时，人们便会在八蜡庙祭祀，祈求其消除虫灾。《礼记·郊特牲》记载：“天子大蜡八，伊耆氏为蜡。蜡也者，索也。岁十二月，合聚万物而索飨之也。”这里所说的“蜡”是一年终了时的祭祀。“八蜡”指八位农神：一是先啬，即神农；二为司啬，即后稷，周族的始祖，善于种植各种粮食作物；三是司农，为古代掌管农事之官；四是邮表畷，邮为田间庐舍，表为田间道路，畷是田土疆界相连缀；五为猫虎，即猫虎之神，因为猫吃田鼠，虎吃野兽，它们可以保护庄稼；六曰坊，即掌管水塘的神灵；七是水庸，即掌管水渠之神；八曰昆虫，即包括蝗虫在内的昆虫，也有的认为是控制各种虫类的神灵。八蜡庙祭祀，有着悠久的历史。夏朝称为嘉平，殷商叫作清祀，周代称为大蜡。而且，这八种神灵常被供奉中同一个庙宇中进行祭拜，因此此庙宇被称为八蜡庙。可见，八蜡庙是祭祀农事和治虫害的综合神庙。每到建亥之月（农历十二月），在农事完毕之后，祭祀诸神，庆祝丰收，祈祷来年丰收。

八蜡庙遍布全国，分布极广。淮河流域、安徽各地到处都有八蜡庙。如阜阳，道光《阜阳县志》载：八蜡庙在北门外，雍正五年（1727）建，嘉庆九年（1804）重修。同治《颍上县志·坛庙》：八蜡庙，在城西北。光绪《宿州志·坛庙》：八蜡庙在东关，年久倾圮。乾隆《砀山县志·祠祀志》内记有八蜡庙，但未记载具体位置。嘉庆《怀远县志》：八蜡神庙，旧志云社稷坛喜建祠三间，祠八蜡之神，明万历三十年（1602）重修，久颓废。据文献记载，江苏淮安八蜡庙在下关，由明万历年间的淮安知府詹世龙倡建。万历四十三年（1615）淮安迎春后虫灾扰民，詹世龙租地建八蜡庙，当年建成，但很快圮废。到了1642年，漕储道王任重在其处建成八蜡庙；乾隆《淮安府志·坛庙》“山阳县”条下记载：“敕建八蜡庙，东门外，祀先啬、司啬、百谷农、邮表畷、猫虎、坊、庸、昆虫之神。”

从相关文献对八蜡的解释来看，显然八蜡指的是八种神灵，也就是说蝗虫等各种虫类都被当成虫神来祭祀，而且包括蝗虫在内的所有虫类仅是八种神灵中的一种。但在八蜡祭祀文化演变过程中，这种情况逐步发生了变化，祭祀农神的建有专门的社稷坛（社为土地之神，稷为五谷之神），水庸神演变为“城隍神”，祭祀场所便是城隍庙；八蜡则演变为蝗虫神，民国《枣强县志》：“蝗为八蜡，以为神虫，每飞过境则焚纸钱拜祀之。”八蜡庙成了祭祀“蝗虫神”的庙宇，与蝗灾对于农业生产的影响有很大关系，说明人们对蝗虫、蝗灾的重视。

2. 驱蝗神——刘猛将军

传统应对蝗虫的各种方法，目的在于除蝗保稼。祭祀刘猛将军，是期盼专事驱蝗的刘猛将军显灵，以神力消弭蝗灾。在技术水平低下、人力无以捕杀遍野蝗虫时，求助于驱蝗神成为世人寻求心理安慰、实现驱蝗目的的常用方法之一。刘猛将军是人们信赖的驱蝗神之一，认为其非常灵验，在淮河流域、黄河流域，乃至江南地区都有广泛分布。我们以皖北地区为例，对刘猛将军及刘猛将军庙的情况进行讨论。

皖北 6 市 2 县中建有 16 处刘猛将军庙，其中，明清及民国方志明确记载的刘猛将军庙有 12 处。今凤阳县除府城西门外有刘猛将军庙，县西南的城隍庙内也附祀刘猛将军。民国《重修蒙城县志书》载，西门外的八蜡庙内塑有刘猛将军像；光绪《凤阳府志》载，凤台县尽管未建刘猛将军庙，但亦设刘猛将军神像于元女庙内致祭。光绪《宿州志》载，陶澍（时任中丞）在其“刘猛将军显应记”中记述了刘猛将军显灵驱蝗后说，“既而苏牧重新州祠”。因此，可以确定宿州于此时建造了刘猛将军庙，且据“重新”二字判断，宿州很可能此前也有将军庙，只是废弃或荒于祭奉而已。另据网络资料检索，濉溪县，“民国二十五年当地人民为纪念刘猛驱蝗，集资建庙，名‘八蜡’，俗称‘蚂蚱庙’，今改名龙兴寺”。

综合以上几种情况，足以证明这些地方都建有刘猛将军庙，因此皖北地区共有 16 处刘猛将军庙。分析以上确切记载有刘猛将军庙的 12 个县市可以发现，这些地方最迟在民国时期即已有县级或以上行政建制，而濉溪、利辛、界首、临泉、阜南、固镇，包括蚌埠、淮北、淮南等 9 个区域多建制于新中国成立之后，因此缺乏方志资料。另外，以上 12 个县市的刘猛将军庙基本都限于县城一地（少数为府城或州城），而未记载该县其他地方有无刘猛将军庙。因此，不排除当时县级以下地方存在漏记或未记的情况。因此，明清时有行政建制的县市，几乎都有刘猛将军庙，足见皖北刘猛将军庙分布得十分广泛。

皖北各方志所载刘猛将军庙所在位置统计表

县市	砀山	萧县	灵璧	泗县	亳州	阜阳
位置	城隍庙内	县南门外	东大街	东门外	南门外三里	北门外
太和	颍上	怀远	五河	凤阳	寿县	
太平门内	城隍庙西	城隍庙内	县治北	府城西门外	州署内	

据皖北相关方志，现摘录部分如下。光绪《亳州志·坛庙》：刘猛将

军庙，在南门外三里，雍正三年（1725）武举修靖等倡修，乾隆三十六年（1771）知州郑交泰重修。同治《颍上县志·坛庙》：刘猛将军庙，乾隆十七年（1752）县令许晋建瓦屋三间，于城隍社室偏西，乾隆十二年（1747）停八蜡之祀，独祀刘猛将军。道光《阜阳县志》：阜阳刘猛将军庙在北门外，雍正五年（1727）建，嘉庆九年（1804）重修。乾隆《砀山县志·祠祀志》：刘猛将军庙在城隍庙内东南隅，乾隆三十二年（1767）邑令刘王瑗重修。嘉庆《怀远县志》：刘猛将军庙，附祀城隍庙之后，岁以正月十三日及冬至后三戊日知县主祭，以羊一豕一，行二跪六叩礼。

刘猛将军身份考证。刘猛将军一说始于宋末，道光《阜阳县志》记载，时任知府樊士鉴在《分祀八蜡刘猛将军碑记》中说："《怡庵杂录》载宋景定四年（1263）三月八日，皇帝敕曰：'迩年以来，飞蝗食禾……赖尔神力扫荡无余。上感其恩，下怀其惠。尔故提举江州太平兴国淮南江东浙西制置使刘锜。'"光绪《亳州志》也有同样内容。同治《六安州志》所载更为具体：宋理宗景定四年三月八日敕曰："宋提举江州太平兴国宫淮南江东浙西制置吏。赠开府仪同三司，刘武穆公，讳锜，字信叔，于理宗朝以驱蝗有功，敕封扬威侯天曹猛将之神，庙祀盖五百余年矣。"刘猛将军是曾为淮南江东浙西制置使的刘锜，因"驱蝗有功"，宋理宗敕封为天曹猛将军。《宋史·刘锜传》云：刘锜，"美仪状，善射"，高宗初任陇右都护，屡胜西夏。绍兴十年（1140）于顺昌（今阜阳）率所部大败金兵。与韩世忠、岳飞等并称"中兴名将"。此后，刘锜统军于江淮间的太平州、庐州、和州、濠州等地与金兵作战。绍兴三十一年（1161年）六月，被封为江淮江东浙西制置使，屯兵扬州抗击金兵。可见，刘锜毕生都于江淮间抗金，是著名抗金英雄，这种身份也与以上刘猛将军的事迹一致。

光绪《续修舒城县志》记载为"刘琦"："宋江淮制置使刘琦，因驱蝗，理宗时封扬威侯天曹猛将之神。"《宋史·刘琦传》云：刘琦"博学强览，立志峻洁，以都官员外郎通判歙州，召为侍御史"。显然"刘琦"没做过江淮制置使，与猛将说法相去较远。因此，《宋史》中的"刘琦"与被封为刘猛将军的"刘锜"并不一致，应为"刘锜"之误。如果仔细分析理宗敕封刘锜为猛将军的原因，可能更便于理解刘猛将军为刘锜的真实情况。景定四年（1263）

正值宋与蒙元激烈交锋之时，宋廷急需刘锜这样的民族英雄，鼓舞士气抗击蒙元。并且，此时漫天蝗虫正由敌军所占领区域迁飞而入。《元史·五行志》载："中统三年（1262）五月，真定、顺天、邢州蝗。四年六月，燕京、河间、益都、真定、东平蝗；八月，滨、棣等州蝗……至元二年（1265）七月，益都大蝗。十二月，西京、北京、顺德、徐、宿、邳等郡蝗。"真定、顺天等地时正处于蒙元军队控制之下，徐、宿、邳乃两军对峙区域。外患与蝗患并至，危及宋廷统治。此时敕封刘猛将军，带有消除蝗灾和驱逐蒙元军队的双重目的，而尤以后者为重。表面是驱蝗，实质上是借驱逐来自敌方的蝗虫表达抗击外族的决心，希望猛将像驱蝗那样驱逐入侵者。

另一种说法源于元末，民国《太和县志》：神名刘承忠，"雍正二年直隶总督李维钧请祀，按礼部则例。神元时官指挥，能驱蝗，元亡自沉于河，世称刘猛将军"。光绪《亳州志》载《降神录》说："将军名承忠，吴川人也。元末官指挥，弱冠临戎兵不血刃，盗贼鼠窜。适江淮千里飞蝗蔽天，将军挥剑逐之，须臾蝗飞境外。后因鼎革，自沉于河。有司奏请，遂授刘猛将军之号。"两条中刘猛将军生平相同，但前者记载了清代祀典的时间，后者则记录了封号的情况。此说还见于其他方志，如光绪《续修舒城县志》载："神名永忠，吴川人，元末授指挥使，尝挥剑驱蝗，蝗飞境外。元亡自沉于河，因封今号。"但这些方志所载除神名稍异外，其他内容一致，所指当为一人。

道光《观城县志》指出始于元代的各种说法，"以宋敕证之，恐皆非"。作者据"宋理宗景定四年三月八日敕"，认为当是刘锜："而宋敕有年月可据，且无取乎伪作。疑以传疑。"较之宋末说，元末之说显然不明之处较多。鉴于刘猛将军原型的抗金事迹，以及宋末抗元时敕封猛将之号，元廷显然难以容忍这样一个英雄充当驱蝗神。因此，元代长期没有刘猛将军庙的记载。元末再现刘猛将军庙，恰好证明刘猛将军庙兴盛的初始原因，人们希望借此再次激发世人抗击外族的决心。但为了减少元统治者的阻挠，便把刘猛将军改称为元末指挥使。从南宋绍兴年间的抗金英雄刘锜，到宋末抗元时敕封猛将之号，再到元末神名及事迹的变化，最后到雍正二年李维钧编造的"刘猛将军降灵"故事，刘猛将军由敕封之初的激励士气抗击外侮转向驱蝗功能。人们此时关注的不是其英雄事迹而是希望能满足人们驱蝗的期盼，由一种精神转化为一种文化信仰。而事实上，从明末徐光启《农政全书》中对蝗灾发生的时空规律的论述看，时人对蝗虫已经有了更客观的认识，蝗虫是神虫的观点被科学认识所否定。因此，明末清初人们信奉刘猛将军，只是一种期盼和心灵安慰，是科技水平低下、人力不足以应对铺天盖地蝗虫的境况下的一种无奈之举。

建庙时间。安徽方志记载的刘猛将军庙建庙的最早时间在明嘉靖年间，嘉庆《合肥县志》："明嘉靖时知府龙诰建，今潜山庙内有神位。"但皖北各志未有这方面内容。

清初，尤其雍正、乾隆朝，刘猛将军庙兴盛。据史料，清初顺治、康熙两朝刘猛将军庙记载极少，刘猛将军祭祀得到清廷认可并敕令建庙推广是在雍正二年（1724）。民国《太和县志》载："雍正二年直隶总督李维钧请祀，按礼部则例。"当时，李维钧编造了"刘猛将军降灵"的故事：康熙五十九年（1720）庚子仲春，刘猛将军降灵自叙："吾乃元时吴川人。吾父为顺帝时镇江西名将，吾后授指挥之职，亦临江右剿除江淮群盗。返舟凯还，值蝗孽为殃，禾苗憔悴，民不聊生。吾目击惨伤，无以拯救，因情极自沉于河。后有司闻于朝，遂授猛将军之职。荷上天眷念愚诚，列入神位。"刘猛将军因蝗而死，其神位设置也与蝗灾有关。此时其职能发生变化，已没有丝毫驱逐外族之意。而从刘猛将军这种职能变化上看，清初刘猛将军庙没有被认可并广泛兴建，很可能与刘猛将军兴起的初始目的有关。元廷不能容忍其存在，清朝当然也不例外。而此时，刘猛将军庙已丝毫没有民族英雄的影子，人们信奉它只在于其驱蝗功能。

乾隆《颍州府志》载亳州刘猛将军庙于雍正三年（1725）武穆修靖等倡修，乾隆三十六年（1771）知州郑文泰重修，该志载阜阳刘猛将军庙于雍正五年（1727）奉文建。嘉庆《萧县志》载萧县刘猛将军庙于雍正十二年（1734）建。同治《颍上县志》记载颍上刘猛将军庙于乾隆十七年（1752）县令许晋建。乾隆《砀山县志》载砀山刘猛将军庙于乾隆三十二年（1767）由邑令刘王媛重建。以上皖北地区方志都记载刘猛将军庙建于雍正、乾隆朝。

常规祭祀时间相对统一。据皖北各地方志来看，凡记有常规祭祀时间的，大多在每年正月十三日及冬至后第三戊日，如光绪《凤阳县志》："正月十三日、冬至后第三戊日皖北道祭。”可见，这是当时整个皖北道辖区内普遍采用的祭祀刘猛将军的时间。民国《太和县志》、嘉庆《怀远县志》、光绪《亳州志》等都按此说。但部分方志记载有异，光绪《凤台县志》载“每岁正月十三日十二月择日……致祭”，而乾隆《灵璧县志略》则只有“冬至后三戊日报祭”这一个日期。

每遇蝗灾肆虐，则不受限于此，可随时致祭。如光绪《宿州志》载陶澍（时任中丞）在其“刘猛将军显应记”中写道“其先日，余方率同藩祷于刘猛驱蝗之神”，才有“七月十三日”无数青蛙吞食蝗虫及“鸟雀白练明□凡数万在怀远西界啄蝗，一日俱尽”的奇异现象发生。光绪《亳州志》也有类似记载，即“先是巡抚率属祷于刘猛将军庙”，后才有蝗灾发生时有大量青蛙吞食蝗虫，并有知县黄光裕雇鸭四千只除灭蝗灾的“异事”。

大多皖北方志未能记载刘猛将军庙祭祀礼仪，嘉庆《怀远县志》却记载的较为明晰，由“知县主祭，以羊一、豕一，行二跪六叩礼”。光绪《亳州志》“刘猛将军庙”条下载：“祭用羊一、豕一、帛一、尊一、爵三，行二跪六叩礼。”祭品比前者多了帛一、尊一、爵三等三项。光绪《凤台县志》则记载祭祀刘猛将军，“牲少牢”。以上三部方志清晰地交代了祭祀所用的祭品、叩拜礼仪及级别等内容。

皖北刘猛将军庙分布广泛，是古代皖北人企图借助自然力禳弭蝗灾的一种尝试，是面对肆虐蝗灾无力捕杀的无奈之举。从皖北方志看，刘猛将军庙大多由官府或地方士绅捐资所建，因此，其有无不能作为判断该地蝗灾时空分布的依据。

当然，以上只是以皖北为例作出的探讨，其实刘猛将军庙在淮河流域其他地区的分布也极为广泛，祭祀活动也相对普遍。如江苏淮安，据清初黄达的《八蜡庙记》记载“淮安城东有八蜡庙，向祀神农后稷，而以刘猛将军祔，即宋之刘琦也”，地方官吏“临祭相率而拜跪焉，趋跄焉，斯已耳，未有讲求典礼者”。后来，太守见此感到十分诧异：“八腊之祭，载于《礼经》，其来甚古”，刘猛将军何以能够与神灵并列？他认为，虽然“刘将军生有顺昌之战，没有驱蝗之灵，虽功德在民，然上与古圣皇并祀，则僭矣”。于是，时任山阳令遵从太守之命，“鸠工庀材，葺而新之，专祀八腊之神，别构屋以祭刘猛将军，可谓事神治民，两者交善矣”。从此，淮安人把八蜡庙、刘猛将军庙分别建造，分开祭祀。

总之，不管是应对水旱灾害还是蝗灾等，受人类认识水平和抗灾能力的限制，不能眼睁睁看着庄稼、财产毁于一旦，但实际上又无能为力。因此，在这种心理愿望与现实困难的矛盾状态下，人们只好求助于神灵。而且，无论水旱灾害还是蝗灾总有结束的时候，只要人们对相关神灵发出祈求，他们就会认为水旱蝗灾的终止是他们祈神的结果，当成神灵满足他们的要求应验了。这种结局是他们满意的，从而更加坚定了对神灵的神力的信赖与认可，使其在以后的灾害应对中继续追求祈神活动。

第八章

新社会、新景象

在新中国成立初期百废待举的情况下，1954 年的这场特大水灾破坏了国家恢复和发展经济的整体规划。但是，新生的中华人民共和国已经不是过去的旧中国，面对肆虐的洪水，全国从中央到地方上上下下，团结一致，共同努力，与这场百年不遇的大洪水展开了顽强的搏斗，由此谱写了一曲新中国抗灾救灾历史上壮丽的诗篇，也成为一场激励后人为国家、为民族奋发图强、努力奋斗的民族精神。

一、1954 年：一场百年不遇的特大水灾

在气候上，我国属于东亚季风区，每年春、夏季节转换中，五月份主雨带停留在华南，为华南雨季；六月份停留在长江流域，为长江中下游梅雨季。七月份则北抬到黄淮，为黄淮雨季。因此，按照正常情况，淮河中下游地区的雨季应该是从七月份开始。但 1954 年的气候很早就表现出异常现象。

1954 年大气环流异常，雨带长期徘徊在江淮流域。降雨从 5 月开始，6 月相继出现大雨和暴雨，至 7 月连续发生 5 次大暴雨。暴雨中心在淠河上游、淮北、王家坝至正阳关一带。由于暴雨发生次数多，覆盖面积广，雨期持续时间长，淮河流域发生了 40 年一遇的流域性大洪水。尽管淮河干支流在新中国成立初期得到初步的治理，但此次洪水仍给淮河流域带来了严重的灾难。

1954 年夏季开始较迟，西风环流北退的时间约迟一个月。江淮流域梅雨季节因此延长一个月。7 月，北半球上空环流形势异常，亚欧地区高空槽脊系统持续出现在某些特定地区，变化较少。在这种形势下，地面锋带、气旋路

径以及降雨带便有集中和稳定趋势。此时，鄂霍次克海至贝加尔湖附近有一稳定阻塞高压，其南侧有一切断低压，北方冷空气得以不断向南侵袭。由于西太平洋副热带高压边缘位于沿江地区，脊线在北纬 22 度附近，东南季风势力弱，来自印度洋和我国南海的暖湿气流变得很强盛。流域上空水汽含量丰沛，且大气层又极不稳定，易引起大暴雨的不断产生。两股冷暖空气交锋相持于淮河流域，使得该地区得以长时间地维持阴雨天气。

从这场降雨的过程及地区分部情况看，1954 年江淮地区雨季提前，汛期较正常年份来得早。5 月中下旬，淮河流域便出现了一次大范围的大到暴雨天气。降水集中在淮河干流及淮南山区，中心地区雨量在 300—350 毫米，造成淮河河水普遍上涨，河道底水大于历年同期水量。6 月降雨相对较少，暴雨中心在淮南、史河、淠河上游。

进入 7 月，淮河流域连续普降暴雨。当月共有五次暴雨过程。雨区主要分布在淮河正阳关以上流域。淮南山区以及洪汝河中下游雨量最大。全流域有 4 处暴雨中心：一是淠河上游吴店至前畈一带，中心雨量吴店 1265.3 毫米；二是沙颍河支流汾泉河临泉一带，中心雨量 1074.9 毫米；三是淮北宿县为中心的高值区，中心雨量 963 毫米；四是沿淮干流王家坝至正阳关一带，王家坝雨量 923.8 毫米。全流域 7 月份平均雨量为 513 毫米。流域内降雨量 1000 毫米的雨区面积为 1600 平方千米；800 毫米雨区为 16400 平方千米；700 毫米雨区为 42940 平方千米；600 毫米雨区为 79560 平方千米。近黄河一带雨量较少，在 200 毫米以下。

7 月份第一次暴雨发生在 7 月 1 日至 6 日，300 毫米以上暴雨区主要分布在淮河上游大别山区。首先在淮南大别山区出现暴雨，雨区分布在淮河干流以南。3 日起暴雨向西北推进，中心移至桐柏山区及淮河干流上游。另外在宿县、蒙城一带也有一个暴雨中心。雨区范围逐步延伸至淮河以北废黄河以南，遍及全流域。4 日降雨趋势南折，并向东推进，中心在正阳关以上淮河干流一带，雨势稍有加强。6 日上中游雨势减弱，范围扩散，中心向东北方向移动，在淮北地区宿县、泗洪、淮阴等地有一大暴雨中心。

7 月 7 日至 14 日，第二次暴雨开始，雨区主要分布在正阳关以上流域，200 毫米以上的雨区分散。7 日淮北地区降雨消失，在淮南山区出现一新的暴雨中心，仍循第一次暴雨的途径，向西北方向推进；8日在淮河上游的罗山、息县、淮北的宿县、蒙城一带出现暴雨中心；9日、10日雨区遍及全流域，大暴雨中心在沙颍河中下游地区；11日、12日雨区维持在淮河上游，暴雨中心在淮南山区，其他地区雨势减弱；13日、14日全流域基本无雨。

7月15日至18日，第三次暴雨产生，雨区主要分布在史河淠河，淮河上游和洪汝河、沙颍河上游，雨量在100—200毫米。首先在伏牛山区、洪汝河上游出现暴雨。并向东推进；16日雨区东西横亘于淮河以北地区，暴雨中心在亳县、项城、临泉、舞阳、蒋坝、淮安，雨区遍及全流域；17日淮北暴雨东移到安徽、江苏北部，雨势有所减弱，但在淠河上游又出现暴雨；18日以后降雨减少，正阳关以下降雨逐渐停止。

7月19日至22日，第四次暴雨到来，雨区主要分布在淮南山区及淮北宿县蒙城一带。20日雨区东移发展至全流域，大暴雨中心在淮北；21日淮北降雨逐渐停止；22日雨带南移淮河以南，雨势减弱，山区有暴雨；23日雨带移出本流域，降雨基本结束。这次暴雨与第三次暴雨相互衔接，历时三天即消失。

7月26日至31日，第五次暴雨登场，大多为局部暴雨，其中22日、27日雨量较大。26日雨区比较分散，大部分为局部暴雨；27日雨区向东扩展，大暴雨中心在潢河、灌河中、下游及皖北、苏北一带；28日雨区移至下流地区，其余地区降雨渐止；29日流域上游部分地区降雨，山区仍有暴雨；30日雨带消失。

受7月份淮河流域多次强降雨的影响，7月上中旬，淮河干流和淮南山区出现了大范围的强降雨，许多地区和河段出现历史最大洪峰流量和最高洪水水位。淮南地区汛期（6—9月）雨量平均为1064毫米。暴雨中心前畈站达2014.5毫米。汛期降雨以7月份最集中，占汛期雨量的70%，为多年同期平均的2.49倍。淮河干流息县站7月22日最大洪峰流量为每秒5830立方米。王家坝站7月6日水位即超过28.30米，受蒙洼蓄洪区开闸启用影响，水位先稍有回落后再次上涨，至23日出现最高洪水位29.59米，24日最大洪峰流量每秒9610立方米。润河集7月10日、13日、24日的三个洪峰流量分别为每秒6600、7440、8300立方米，24日最高水位为27.63米。正阳关站

7月26日最高水位26.55米，超过历史最高值，相应的鲁台子洪峰流量每秒12700立方米。蚌埠站7月17日水位曾到20.65米，8月5日再次出现洪峰，最高洪水位为22.18米，相应洪峰流量每秒11600立方米。中渡站8月6日最大流量每秒10700立方米。

淮河下游洪泽湖三河闸至7月6日全部开启，最大流量为每秒10700立方米，高良涧闸9月12日最大泄流量为每秒803立方米。洪泽湖在三河、灌溉总渠、张福河充分泄洪的情况下，8月16日蒋坝出现最高水位为15.22米。洪泽湖8月28日最大入湖流量每秒15800立方米，最大出湖流量每秒12000立方米。8月25日高邮湖最高洪水位为9.38米。淮河下游里下河地区由于连续暴雨，各河水位猛涨，产生严重内涝。南官河兴化、西塘河建湖最高水位分别为3.08米和2.29米。

与此同时，淮河各支流洪峰流量在7月中下旬也达到最大。史河的蒋家集站最大洪峰流量出现在7月22日，其流量为每秒4600立方米，7月水量为每秒33.9亿立方米。最大洪峰流量出现在金寨站，洪峰流量为每秒4720立方米。

1954年淮河洪水为江淮梅雨所造成，淮河各支流洪水传播至干流又遭遇干流及淮北地区的暴雨，各地洪水同时涌向干流，再加上暴雨的持续，前后洪峰相迭形成了此次大洪水。从此次大洪水的相关研究资料看，这次大洪水是20世纪淮河流域两次最大洪涝灾害之一，同时也是新中国成立后淮河流域最大洪水灾害之一，是淮河流域典型的洪涝灾。

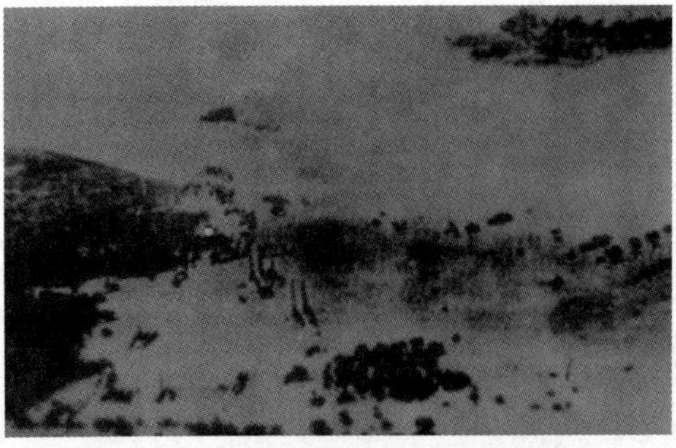

空中俯瞰凤台淮河峡山口附近水势

1954年7月淮河流域雨量大而集中，造成了全流域的大洪水。淮河干流中渡站最大30日洪量达每秒531亿立方米，超过1931年。淮河干流五河以上洪水均超过1931年。上游王家坝站7月份总水量123.93亿立方米，中游鲁台子站7

月份总水量310.5亿立方米，均超过1931年。淮河流域除淮河干堤局部决口、淮北大堤失守外，其他堤防普遍漫决，润河集进湖闸的静水池冲坏，淮北平原呈现大片洪泛区。

1954年淮河流域洪涝灾情以安徽省最重，全省“水灾面积4945万亩，其中重灾2738万亩，粮食减产78亿斤，倒塌房屋402万间，损失牲畜20722头，受灾人口达1537万，其中特重灾民565万人，重灾民917万人，死亡2674人”。仅阜阳地区就有1523个乡，1258185户，5666834人被淹，其中受灾减产百分之九十以上的有185个乡，百分之六十至九十的有537个乡，百分之三十至六十的有803个乡。全区受灾农田减产约达16亿斤，倒塌房屋897019间，死亡497人，牲畜6260头[①]。江苏省淹没农田1063万亩，因灾死亡832人，冲坏桥梁1071座，涵洞156个。淮河下游里下河地区因连续暴雨各河水位猛涨，内涝严重。全流域因灾死亡人口总数相当于1931年的1%。河南省淮滨县几乎全县淹没，沈丘县80%以上土地积水深1米至2米，河南省合计83县2市受灾，淹田1342万亩，33970处农田水利工程冲坏，倒塌房屋30万间。与1931年洪水比较，因灾死亡人口仅为1931年22万人的1%[②]。

严重的灾情，巨大的损失，牵动着党中央和全国人民的心。在党中央的关怀和全国人民万众一心的帮助和支持下，淮河流域的儿女再一次勇敢地迎接了这场大洪水的挑战。一场大规模的抗灾救灾运动也在受灾的淮河流域迅速的展开。

二、防汛与抗洪：不让历史的悲剧重演

“1954年的大水可以有，但绝不允许1931年大水造成的悲剧重演”，这是当年回荡在淮河流域灾区人民心中强烈的呼声与期盼。

面对着江淮并涨的严峻形势，党中央给予了高度的关注。1954年4月，中央防汛总指挥部、中央生产防旱办公室就联合发出了关于防汛防旱工作的指示，通知全国各地恢复或建立防汛防旱机构，指出今年防汛的任务“努力防

① 安徽省地方志办公室：《安徽水灾备忘录》，黄山书社1991版，第51页、第55—56页。

② 施立业：《建国初期（1949—1957）淮河流域水灾救治研究》，《安徽大学学报》2008年第6期。

止各大江河严重的决口改道，保障一般河流在保证水位下不溃堤并争取防御更大的洪水”，强调“在防汛工作中各级防汛组织间、各地区间、各有关部门间、地方政府与流域水利机构间密切配合明确分工”，克服麻痹思想，提高预见，加强领导[①]，同时指示和命令各级有关部门想方设法给予灾区以强有力的支持。在此指示下，各省的防汛抗洪的防务、指挥部门都迅速成立，并制定了严密的防洪方针和抢险救灾措施。

安徽防汛抗洪指挥部于5月中旬成立，比往年提早半个月，治淮委员会5月下旬也召开会议，部署了淮河流域的防汛抗洪任务。灾情发生后，中央防汛总指挥邓子恢指示各省防汛部门，要全力坚守堤防，堵险抗灾，在汛情紧张时，省、地各级领导人都亲自指挥作战，安徽省主要负责同志曾希圣、牛树才、黄岩等都到江堤、淮堤巡视，指导防汛工作。各地交通、邮电、粮食、合作社、林业、卫生等部门都在党委的统一领导下，积极为防汛抗洪中心工作服务，数百万民工在统一指挥下，不分日夜地巡逻、挡浪、抢险、加固堤防。

在省委、省政府和各级地方政府的领导下，大批农民、工人、战士、工程技术人员、学生等积极投身到防汛前线。在防汛抗洪最紧张之际，宿县专区于一夜之间就动员了8万人，自远离险段数百里的地方，以火车运输一天一夜全部赶到工地。数百万军民在统一指挥下，各守阵地，分地为战，冒风雨，顶巨浪，克服种种困难，不分昼夜地巡堤防汛。同时，又组织起十万民工，突击加高加固淮北堤防，杨湖镇以下的颍河东堤以及涡河、淮河两岸的堤防普遍地加高了一米。

在防汛抗洪斗争中，最紧张、最困难的莫过于抢险。安徽省交通厅调拨了22艘轮船和2万多只木船，全部用于抢险和抢运防汛器材。由于防汛准备工作比较充分，防汛指挥中的抢险、退却和坚持，都能主动坚决、有秩序不慌乱，从而在短时间内完成了非常艰巨繁重的防汛物资器材的供应和运输工作，为防汛抢险工作提供了物质保障。

安徽军民在这场防汛抗洪斗争中也涌现出一些感人的画面，如在凤台淮河禹山坝出现了这样一幅防汛抗洪的情景。7月16日，淮河水位持续上涨，大水漫上禹山坝堤顶；又连日六七级狂风大浪的冲击，坝中的老决口和张家岗

① 《中央人民政府法令汇编（1954年）》，法律出版社1955版，第129—132页。

涵处，外坡被大水冲垮，情况十分危急！抢险民工喊出了“保堤如保家，一人保堤，千万人受益”的豪壮誓言。在干部和党员的带领下组成人墙抵挡风浪，并采取打桩、麻袋装土加高子埝，使堤坝转危为安。

7 月 26 日夜，淮河第四次洪峰到达凤台，为迎战洪峰，保住禹山坝，数百条木船，穿梭运土，数千人排成人墙迎风挡浪，终因洪峰势猛量大，堤坝溃决。禹山坝溃决后，凤台县组织干部 2610 人和各种船只 2828 艘，紧急抢救出被洪水围困的守堤民工和四乡农民 239943 人，牲畜 2 万多头[①]。

在安徽军民的防汛抗洪抢险斗争中，类似决战禹山坝洪水的事例还有不少，如 7 月 19 日，在淮河抗洪中，颍上县沙家洼受到风雨巨浪的袭击，有 4 米长的淮河堤坡塌陷了。堤身有五六个斗大的漏洞向堤内灌水，形势十分危急，突击队长、共产党员朱文显挥起打桩的大锤，向队员们号召：“四百万人的生命财产在我们肩上啊！共产党员、共青团员赶快带头下水，堵漏洞、打桩！”说完第一个纵身下水，接着二十个堵漏洞的队员也跳了下去，风雨更猛，他们顽强地和洪水搏斗，邻近村庄的农民也把自己的棉花拿来堵洞。很快地，队员们把三十多个漏洞全部堵好，并打下三十多根木桩，保住了堤坝，战胜了洪水。

在防汛抗洪抢险中，部队被当作突击力量。哪里最紧张、最危急，哪里工程最艰巨就被派到哪里去。7 月 11 日天刚拂晓，滁县大同圩骤然发生两米宽的缺口，汹涌的洪水冲向圩内，在这紧急关头，守卫该圩的部队赶到，战士朱应全、徐福才各抱起一麻包土跳进缺口。洪水猛烈地冲击着他们，多次淹没了头顶，但他们毫不畏惧，肩靠肩地用身体挡住洪水，让其他同志在后面填土打桩，经过两小时的抢救，终于堵住了缺口。

在 1954 年的防汛抗洪抢险中，妇女也发挥了巨大的作用。怀远县沙沟区涡河北岸的险段在 7 月 27 日晚上出现紧急情况。当时河水骤然上涨，大浪凶狠地拍打着堤坝。当地干部，青年妇女周明环、姚德英也和全乡民工一起紧张地投入挡浪。在风雨交加中，周明环和姚德英两人跳到水中用胸口抵住草把，以背抗浪。他们的行动影响了民工，对挽救堤防起到了很大的作用。

在淮河下游苏北地区，江苏省党政军民也积极响应省委、省政府发出抗

---

① 安徽地方志办公室：《安徽水灾备忘录》，黄山书社 1991 年版，第 62 页。

洪斗争的紧急命令，迎战洪涝，在“人在堤在”“水涨堤高”的口号下，各县数十万群众日夜抢修加固洪泽湖大堤、灌溉总渠大堤、里运河大堤，掀起防汛抗洪斗争的高潮。如扬州、盐城和淮阴专区组成防汛抗洪突击队，奋力抢修灌溉总渠堤防，仅用10天时间就将堤防普遍加高1.2米。为了确保洪泽湖大堤的安危，成立“洪泽湖大堤防讯分指挥部”，组织干部、群众2万余人日夜防护，并积极准备防汛抗洪的物质，对洪泽湖三个重要的减水坝，作重点加固。为了防护里下河地区1000多万亩耕地和数百万人生命财产的安全，动员了11.5万防汛大军在里运河西堤上抢筑了一条长33千米，高宽各1米的柳石子堰，并在湖面堤坡布设一道柳石枕和柴枕，以防止风浪袭击里运河造成决口。为了加大淮河入江水道的泄洪流量，避免渠北分洪和减轻里运河西堤防洪压力，用人工先后拆除了阻碍淮水入江的一些水坝，并调用多艘大型挖泥机船对入江水道加以挖浚，疏通等。

在1954年淮河流域的防汛抗洪中，除了屡现党员、干部、民兵、群众坚守抗洪斗争一线的背影外，已经兴建的行蓄洪区和防洪工程也起到了重要的作用。1954年，淮河进入汛期后，防汛指挥机关就有计划地利用治淮工程实行蓄洪、拦洪、分洪、滞洪和行洪等。

分布在淮河上游的石漫滩、板桥、白沙、薄山等4座山谷水库，老王坡、吴宋湖、蛟停湖、潼湖等洼地的蓄洪工程，以及一些临时滞洪工程，步步为营，拦蓄洪水，削减洪峰，大大缓冲了洪峰对淮河中下游河道的威胁。

淮河中游安徽省境内的佛子岭连拱坝，在汛情紧张时期发挥了巨大效能，挡住了淠河有水文记录以来的最大洪水，使三百多华里长的淠河两岸，除了一小部分田地因支流洪水猛涨及淮水顶托造成内涝外，淠河干堤屹然未动，有力地保障了淠河两岸70万亩田地农作物正常生长。中游其他行蓄洪区如蒙河洼地、城西湖、城东湖、孟家

洪泽湖三河闸水势

湖、姜家湖、寿西湖、邱家湖、唐垛湖、瓦埠胡，以及安徽与江苏之间的洪泽湖，下游的宝应湖等拦洪设施也一齐启动，共同拦截洪峰。通过这些水库、行蓄洪区及湖洼等共滞蓄洪水 303.73 亿立方米。其中王家坝以上滞蓄 91.4 亿立方米，王家坝至正阳关滞蓄 127.23 亿立方米，正阳关至洪泽湖滞蓄 90.56 立方米，洪泽湖滞蓄 76.8 亿立方米，宝应湖滞蓄 80.9 亿立方米[①]。这些行蓄洪区和防洪工程的启用大大降低了淮河干流和许多支流的洪峰，减少了洪水下泄流量，推迟了下游洪峰的出现时间，缓解了诸峰交汇的险情。就是在淮河干流水位超过支流水位 1.5 米的情况下，洪水也没有形成倒灌。

此外，淮河下游高良涧进水闸，也迫使部分洪水由苏北灌溉总渠直泻黄海。洪泽湖畔巨大的三河闸控制了淮河洪水的下泄流量，也减轻了洪水对江苏北部运河堤防的威胁。

总之，治淮工程在这次特大洪水灾害中超额负担起了其防洪抗灾的作用，减轻了洪水灾害造成损失的严重程度。

三、重建家园：灾区救济与自救

淮河流域是历史上多灾多难的地区，每当灾害发生后，流域内的人民都要遭受巨大的灾难，众多的群众不是坐以待毙，就是逃荒，单靠自身的力量往往无法度过灾荒，历史的惨景曾经历历在目。然而在 1954 年淮河流域的大水灾中，却没有出现这一现象，其中一个重要原因就是党中央和人民政府对灾区的关心，全国上下对灾区的广泛支援。

灾害发生后，抗灾救灾最初急需的物质是各种防汛救灾物资。当江淮大水灾发生后，党中央和人民政府各部门火速抽调出大批干部、工程技术人员、潜水员、发电人员、筑路工人和有经验的防汛农民，调动了各路驻军，从四面八方赶赴灾区。各种防汛救灾物资迅速地集中起来，分配下去。为了赶运人员和物质，国家出动了数十架次的飞机，数千节火车皮，组织了大批船只、汽车和其他各种可资利用的运输工具。相关部门的工作人员自动取消了节假日，夜以继日地坚持在各自的岗位上。

① 1954 年淮河洪水，360 百科 .［EB/OL］.https://baike.so.com/doc/9801391-10148173.html.

对于灾区群众急需的粮食等生活必需品，党中央和人民政府更给予了关注。1954 年大水期间，中央指示“在灾荒形成的地区，本身力量非常薄弱，灾民需要的生活资料和生产资料，很多都要依赖外地的供应与支援”，“粮食部门要及时向灾区调拨粮食……贸易合作等部门对灾区的物资供应和对灾民的副业产品的收购，应本不赔不赚或少赔不赚的原则积极经营”。同时禁止沿淮的安徽、江苏等省粮食外调，并适当调入部分粮食，以保证灾区物资供应。

全国各地还支援了灾区人民大批的煤炭、蔬菜和各种副食品。仅从河南焦作一地，就运出了 5000 多吨煤。山西的太原、榆次、寿阳等地从 7 月 20 日起，每天支援灾区的西红柿、白菜等新鲜蔬菜两三万千克。上海、广州、四川、内蒙古和东北等地都把大批的瓜类、菜类、副食品运往灾区。在全国人民的支援下，灾区的物质供应基本正常，粮价、菜价保持稳定。

为了帮助灾民排水补种，迅速恢复生产，中央粮食部会同农业部合作总社等部门还拨给安徽、湖北两省晚秋作物种子 2100 多万千克，代购马铃薯 3350 多万公斤。黑龙江、热河、浙江、山东、四川、山西等省和内蒙古调出种子 1 亿千克[①]。其中各省支援安徽的晚秋作物种子就达 7122 万千克。

这批粮食和作物种子凝结了全国人民对灾区的深情厚谊，这不是普通意义上的出售和收购，这是一场全国性的救灾战斗。全国人民的大团结，各族人民的大团结，这是新中国的社会主义制度区别和优越于以往任何社会制度的重要标志，1954 年淮河流域抗洪斗争的胜利，将社会主义制度的优越性充分地体现了出来，当然更体现出了中华民族的凝聚力和战斗力。

洪水中家毁田没的灾民，缺衣少食，各级政府抓紧慰问和安置工作，解决灾民食宿问题是灾害发生后另一项抗灾救灾的重要任务。据统计，1954 年淮河流域汛期中，各级政府通力合作转移安置灾民，“安徽……江苏各省对灾民采取了大规模转移安置措施，共转移了 1300 余万人”，其中安徽“全省紧急抢救转移的灾民有 300 余万人，牲畜 7 万头，公粮 2779 多万公斤，群众的粮食 2845 多万公斤，安全转移灾民 497 万多人”[②]，以及大批的农具、家具、家畜等。

---

① 夏明方等：《20 世纪中国灾变图史》（中），福建教育出版社 2011 年版，第 408—411 页。

② 内务部农村福利司：《建国以来灾情和救灾工作史料》，法律出版社 1958 年版，第 114 页。

转移灾民的过程中，曾出现临时转移到明罗山（怀远县）的一批灾民，又被洪水围困，人无栖身之地、家无隔宿之粮的情况，中央和华东局火速派出飞机，向他们空投了1148包帐篷，省政府也送去大米5万千克，面粉8.5万千克，煤炭45万千克，以及大量芦苇、雨布和炊具。

灾民转移时，按行政区划组织，由干部负责带出去，带回来，沿途设供应站，供应粮食、茶水和医药。到达时，当地群众发扬互助友爱的精神，腾房借物，像接待亲人一样热情地接待这些饱经风险、身心疲惫的受灾同胞，这又使受灾的同胞感受到当地人与外地人不是亲人胜似亲人般的温暖。

耕牛是农民的半个家当。为了使灾民在灾后能够立即投入生产，灾民转移时，政府也对灾民的耕畜饲养和过冬作了妥善的安排。除将一批耕畜就地委托给农业生产合作社、互助组或灾民亲友代养外，大批牲畜由灾民推选专人送往外地放牧。安徽省人民政府指令淮南地区为淮北地区代养的耕牛达68924头。

从中央到各省政府，在国家财政困难的情况下，针对受灾严重、困难较多的灾民，还为他们拨放了巨额的现款和物质，以最快的速度分配到各地灾区民众手中。1954年，安徽沿淮特大水灾发生后，安徽省政府迅速调大米10万斤、煤炭90万斤、芦席2.8万张，送给灾民应急。5月至9月，省人民政府又实拨各地救灾款11854万元，银行发放生活贷款1000万元，各级供销社从省内外收购大批竹、木、房草等，供灾民修建房屋，共计帮助灾民恢复房屋170余万间，制发棉衣、棉被84万余件，平均每月有400万灾民得到国家的救灾口粮。

灾害发生后，组织生产救灾、重建家园是抗灾救灾的根本工作。1954年淮河流域灾害发生后，各地迅速组织起有效的生产救灾，开展重建家园的活动。

在克服灾荒的斗争中，受灾地区首先抓紧的是恢复生产工作，以便根本上解决灾荒困难。1954年，生产自救确立“民办公助、群众互助”的方针，国家向灾区发放了大量的开荒补助金和农业贷款，提供了大量的晚秋作物种子，供应了适量的肥料，广大灾民互相支援，因地制宜，增产抗灾。1954年8月，皖北宿县和灵璧县的农民在当地党委和政府的领导下“共补种绿豆、荞麦、山芋、胡萝卜等十八万亩”，阜阳专区“补种各种晚秋作物五十五万两千多亩”。该年安徽全省灾区“共排涝补种了1830多万亩禾苗，开荒抢种500余万亩，增设粮食7.5亿公斤。参加副业生产的有126.7万多人，举办各种副业136种，生产总值5097.8万元，获利3954.77万元”。

在恢复生产过程中对于有困难的民众，政府也想方设法进行帮助解决，如果劳动力不足，政府即把灾民临时组织起来，施行互助换工，同时把妇女、半劳力也投入生产，“苏北地区即有40%的妇女参加了排水补种工作”。如果耕畜缺乏，政府除发放牛草贷款，保护现有耕牛外，还从外地调入耕畜，中央就曾从内蒙古调度耕牛一批。如果农具缺乏，除发动群众调剂使用外，政府也加强扶持，“苏北地区，增制铁锹、锄头、镰刀等共315万件”。1954年大水期间，人民银行总行发出指示，要求“灾区的银行应以扶助群众生产自救作为今冬明春压倒一切的中心任务，主要任务是发放9400亿专用救灾贷款”，并加强支持农村信用合作社。通过政府救济和开展集体生产自救，增强了广大灾民恢复生产、重建家园、战胜灾害、度过荒年的信心。

1954年淮河流域特大水灾后，灾区疾病蔓延，中央和省市地方政府在防汛工作开展后，也曾组织医务人员奔赴防汛前线，开展医疗和防疫工作。

从新中国成立初期每次淮河水灾救助的情况看，政府相关卫生部门都会派出大量医务人员，拨发大批医疗物质，加强灾区的卫生防疫工作，避免了大灾之后的疫病滋生蔓延，保障了灾区人民的身体健康。

1954年防汛抗灾期间，中央卫生部、中央爱国卫生运动委员会、中国红十字总会等单位的医务人员就组成了水灾地区卫生工作组，奔赴安徽、江苏等受灾地区，指导卫生医疗工作。西北和西南行政委员会卫生局也各组织所属的有经验的医师和检验人员四五十人，奔赴重灾的蚌埠等地。8月13日，卫生部再次组织了73人的医务工作大队，配备各种药品和医疗器械前往安徽省沿淮灾区，华东区及上海市派出了由1000人组成的30多个医疗队，支援安徽防汛救灾，他们都携带来大批药品及医疗器械。受灾区域安徽等省内卫生部门也抽调了大批医务人员，携带大量的药品、器材，分赴沿江、沿淮一带及其他防汛排涝地区。

当时，安徽全省各级防汛救灾指挥机构下均设有卫生行政机构，一般防汛抢险地区和灾民集中地区，除原有医疗机构外，都增设医疗所、巡回医疗队和临时伤病员收容所，有的地方还设立防治化验所、交通检查站、饮水消毒站、接生站、清洁大队等，他们不仅担负防汛抢险中的医疗急救工作，还帮助民工和灾民开展各种疾病的预防措施，改善灾区的环境卫生。卫生部门及时地开展的救助工作，保证了防汛抢险百万民工、干部和水灾地区绝大部分群众的身体健康，基本控制了传染病的流行。

新中国成立后，淮河流域水灾救治的成效是较为成功的。1954 年淮河流域特大水灾就是一个典型事例，这次灾害其程度远比历史上最严重的 1931 年更为猛烈，而相比较而言，灾情与损失都要轻得多，即使是在重灾区，也没有发生 20 多年前出现的那种几十万人被洪水冲走、数百万人四处逃荒、卖儿鬻女的惨况，没有发生秩序失控、盗匪四起、弱肉强食的社会混乱，也没有发生大面积的瘟疫蔓延。这表明新中国在治理水灾面前已经走出了历史上经常出现的因灾致荒、由荒致乱、因乱而水利失修、因水利失修而易生灾害的怪圈，显示了新生人民政权应对重大灾害的能力，这不但凸显了新中国灾害救治工作的巨大成就，也为其后的灾害救治提供了历史经验。

四、新中国治淮成就

新中国成立后，淮河成为党和人民政府全面治理的第一条大河。1951 年，毛泽东主席四次对淮河的治理和救灾作出指示，并发出了“一定要把淮河修好”的号召。从此，党和人民政府带领人民向淮河宣战，开始了对淮河的大规模治理。经过 70 多年对淮河的治理，淮河流域基本建成了防洪、除涝、灌溉、供水、水产、航运、发电等多方面综合利用的水利工程和非工程体系，流域减灾兴利能力得到了显著的提高，治淮也取得了令世人瞩目的成就，并获取了流域灾害治理中宝贵的经验。这一切又为流域经济、政治、文化的发展和社会稳定奠定了坚实的基础。

淮河流域灾害治理的首要问题是防洪除涝，新中国成立 70 多年来，流域内发生的几次重大灾害主要就是由洪水引起的。在防洪除涝方面，70 多年来，淮河流域按照“蓄泄兼筹”的方针，通过兴建加固水库、扩大和整治淮干河道、建设行、蓄（滞）洪区、巩固和扩大淮河下游洪水出路、建设堤防水闸、提高

一定要把淮河修好

平原地区防洪治涝标准、治理水土流失等进行了大规模的治理。

兴建加固水库是有效拦截洪水的方式之一。70 多年来，流域内共修建大中小型水库 5700 余座，总库容 300 亿立方米。其中，大型水库 38 座，总库容 200 亿立方米，控制流域面积 2.7 万平方千米；中型水库 184 座，总库容 60 亿立方米。其中河南南湾、鲇鱼山，安徽佛子岭、梅山等水库在历次防洪中都发挥了重要作用。为确保水库安全运行与效益发挥，还有计划地进行了水库复建和病险水库除险加固，目前已完成板桥、石漫滩水库复建和列入全国一、二批规划的 20 座病险水库除险加固任务；2007 年起对现有 175 座大中型病险水库实施除险加固，此项计划已于 2015 年底全面完成。

扩大和整治淮干河道，能够有效地促使洪水的下泄。70 多年来，通过加高加固堤防、退建束水堤段、清除阻水障碍、切滩疏浚河道、建设行蓄洪区等一系列措施，提升了淮河干流上中游排洪能力。通过开挖新汴河、茨淮新河和怀洪新河等，部分分担了淮河干流防洪的压力。通过兴修加固淮北大堤等重要堤防及淮南、蚌埠等城市圈堤，大大提高了这些工矿城市保护区防洪的标准。尤其是以临淮岗洪水控制性枢纽工程为代表的一大批防洪工程的建成，使得洪水调度、防控的手段和能力得到了明显的增强。同时，在合理地运用治淮行蓄洪区的情况下，淮河中游主要防洪保护区和重要城市防洪标准已达到 100 年一遇。

建设行、蓄（滞）洪区可以减轻下游洪水的压力。70多年来，流域内利用原有的湖泊洼地已建成濛洼、城西湖、城东湖、瓦埠湖等蓄滞洪区和洪泽湖、南四湖、骆马湖等综合利用型湖泊工程16处，总库容359亿立方米，滞蓄洪库容263亿立方米。其中淮河中游4个蓄洪区可滞蓄洪水66亿立方米，接近正阳关100年一遇洪水30天洪量的20%。为保障行蓄（滞）洪区内群众安全，还兴建了庄台520万平方米、避洪楼18万平方米、保庄圩37处、撤退道路1600千米以及预警报警系统，废弃了部分行洪区。2003年、2007年淮河大水后，国家对淮河干流行蓄洪区和滩区实施了“退人不退耕”式的居民迁建工程，累计安置了49万人，使他们远离了洪水威胁，过上安定的生活。这也显现出国家在治淮理念思路转变上取得的成就。

巩固和扩大淮河下游洪水出路是解决水灾的根本措施。70多年来，流域内整治了淮河入江水道，扩大了淮河入江的能力；开挖了分淮入沂、苏北灌溉总渠河道和新沭河、新沂河两条排洪入海河道；整治了射阳港、黄沙港、新洋港、斗龙港四条独流入海河道，结束了沂沭泗河洪水遍地漫流的历史，提高里下河地区的防洪除涝防潮标准。同时，开工于1998年底的淮河入海水道一期工程也于2003年完成，结束了淮河长达800多年没有直接入海出路的历史，洪泽湖的防洪标准也得以提高。淮河入海水道建成当年，就发生了1954年以来最大的一次流域性洪水。刚刚建成通水的淮河入海水道及时投入运用，行洪33天，分泄的洪水相当于两个洪泽湖的正常蓄水量，避免了一次巨大的损失。

建设堤防水闸既可以防灾，又可以调节水势。70多年来，流域内兴修加固了各类堤防5万余千米，重要堤防1.1万千米，其中，淮北大堤、洪泽湖大堤、里运河大堤、南四湖湖西大堤、新沂河大堤、苏北灌溉总渠右堤等一级堤防1716千米，保护区内约1.36亿亩耕地和1.22亿人口。建成各类水闸6600多座，其中包括三河闸、高良涧进水闸、运东河水闸、新洋港闸等大中型水闸600多座，初步提高了防洪除涝控制能力，为有效利用水资源创造了条件。建成大中小型电力抽水站5.5万处，总装机300多万千瓦。沿海地区建成近800千米海堤，保护面积2万平方千米、耕地1000余万亩、人口860余万。

提高平原地区防洪治涝标准是防灾的重要手段之一。70多年来，流域内重点对黑茨河、包侩河、奎濉河、汾泉河、洪汝河、涡河、沙颍河等淮北跨省骨干支流河道以及焦岗湖、瓦埠湖、里下河湖洼易涝地区进行了治理。这些跨省骨干支流河道的防洪能力提高到10—20年一遇，除涝3—5年一遇。此外，在沂沭泗河水系南四湖湖西地区还开挖疏浚了洙赵新河、东鱼河、复兴河等骨干排水河道。这些平原地区河道的治理和配套工程的建设，使流域内1亿亩易涝耕地的排水条件得到不同程度的改善，近2290万亩盐碱地已改良90%以上。

水土保持是流域治理的目的和根本。70多年来，流域内水土保持投资累计32.68亿元，完成水土流失治理面积3.9万平方千米，其中水平梯田105万公顷，塘坝114多万座，拦沙谷坊25万座，水土保持林草220万公顷，经济林约80万公顷，林草覆盖率增加27.3%。利用中央财政预算内专项资金和地方财政经费重点治理小流域水土流失1000多平方千米。上述治理成果增加了涵蓄水能力约20亿立方米，每年减少和拦蓄了泥沙约1亿吨。比较20世纪80年代初和90年代末的两次遥感调查结果，区域土壤侵蚀面积在近30年的时段里减少27000平方千米，中度水土流失面积减少了12000平方千米，强度以上侵蚀面积减少了4000平方千米。水土保持生态建设成效显著，土壤侵蚀状况明显好转。

推进水利信息化是新时期防灾减灾的重要科技手段。20世纪80年代以来，中国政府开始实施流域防汛自动化系统建设，目前已建成以微波通信、移动通信和卫星通信为支撑的流域骨干防汛通信系统。通过流域防汛通信网和公用网，构成了连接流域内各重要水利工程和国家防总的计算机广域网，保证了流域防汛信息传输的需要。建成了淮河正阳关以上流域、沂沭泗水系水文自动测报系统。各种水情信息和流域内的天气预报、云图、雷达等系统提供的气象信息构成了流域各级防汛信息来源，为各级防汛部门进行洪水调度和防汛决策提供了科学依据。

淮河流域灾害治理的第二项重要任务是完善水资源的开发与利用措施。水资源是可循环再生的，经开发即可利用，可以除害兴利，如不开发，只能白白付之东流，还要带来水旱灾害。水利水电枢纽如一旦建成，可以年复一年持续运行下去，这是水利和水电可持续发展的基本条件。70多年来，伴随着淮河流域防洪减灾工程的实施，水资源的开发利用取得重要成就，产生了巨大效益。这主要表现在灌区、城乡供水、农村饮水安全、调水工程、水电、内河航运等一系列建设方面。

灌区建设改造是确保农业生产条件改善，保证粮食产量的重要对策。70多年来，淮河流域初步建成了以水库塘坝灌区、河湖灌区、机电井灌区、引黄灌区等为主的四大灌溉体系，总设计灌溉面积1.7亿亩，实际灌面积由20世纪50年代的不足1500万亩，增加到目前的近1亿亩，万亩以上灌区共有600处。水库塘坝灌区主要分布在山丘区，其中淠史杭灌区是新中国成立后兴建的全国最大的灌区，工程自1959年开始发挥效益，累计引水1429亿立方米，累计灌溉3.6亿亩，增产粮食440亿千克；城市供水60亿立方米。河湖灌区主要分布于淮河及沂沭泗河中下游平原区，其中茨淮新河灌区有效灌溉面积为165万亩；机电井灌区主要分布于淮河以北广大平原区，建有配套机电井113万眼，有效灌溉面积达到4500万亩；引黄灌区分布于豫东、鲁西南黄河以南地区，建成三义寨等大型引黄灌区13处。近年来实施灌区续建配套与节水改造工程，使灌溉面积得到恢复扩大，用水效率和效益明显提高。灌区建设与改造极大改善了农业生产条件，农业生产结构不断优化，粮食产量大幅度地增加。

城乡供水建设与农业、工业生产、居民生活息息相关。从新中国成立到如今，淮河流域城乡供水建设已经走过由单纯向农村供水，转向向农业、工业、城乡生活和生态供水的过程。70年来，流域内已经建成蓄、引、提水等各类供水工程无数，如江苏扬州市利用淮水资源在沿运河地区建成了江都、高邮、宝应、邗江沿湖等大中型灌区，干支渠总长200多千米，灌溉面积近200万亩。盐城市20世纪90年代末以来，先后实施了大中型灌区续建和节水改造项目，完成投资2.1亿元，配套面积192万亩，实现节水1.9亿立方米。总计70年来流域城乡设计供水能力达823亿立方米，是新中国成立初期的9倍。以2009年为例，流域总用水量572亿立方米，其中农业用水377亿立方米，林牧渔畜业用水43亿立方米，居民生活用水50亿立方米，工业及城镇公共用水96亿立方米，生态环境用水6亿立方米。淮河流域城乡供水能力不足的情况大大得到了改善。

农村饮水安全管理是以人为本治理观念的重要体现。70 多年来，在关涉流域农村饮水安全管理方面，各地坚持把解决农村饮水安全问题作为改善民生的一项重要内容，编制了农村饮水安全工程建设规划，加强了农村饮用水水源地建设与管理，建立了多元化投入机制，完善了饮用水源地质量安全保障机制和饮用水水源保护区管理制度，启动实施饮水解困工程和饮水安全工程，如沿淮阜阳市 2009 年以来两年间大力实施农村饮水安全民生工程，已建集中供水工程 218 处，解决 89.9 万农村群众的饮水安全问题。蚌埠市投资 1.79 亿，建成 69 处自来水工程，解决了 63 万农村人口饮水不安全问题，自来水水源水质和入户水质均达到饮水标准等。这使得农村居民饮水条件有了极大改善，农村饮水工作取得明显成效。

调水工程建设可以缓解淮河流域水资源的短缺。70 多年来，流域主要实施了江水北调工程、引江水灌溉苏北东部低产田工程、泰州引江河工程、引黄工程等。江水北调工程从 20 世纪 60 年代初开始兴建，现状是引水能力达 1100 立方米每秒，目前已建成有江都水利枢纽，设计抽水能力 400 立方米每秒，经 9 级提水北上可送入南四湖下级湖，还可抽排里下河地区涝水。引江水灌溉苏北东部低产田工程就是通过兴建 245 千米的通榆河中段工程，引长江水 100 立方米每秒。泰州引江河工程主要是引 300 立方米每秒的长江水到苏北里下河地区。引黄工程主要是在豫东、鲁西南地区，通过虹吸工程每年引黄河水 20 亿或 30 亿立方米。此外还有南水北调工程、引江济淮工程。目前南水北调工程东、中线工程已相继竣工，西线工程正在实施，相继开工建设，工程建成后，不仅能有效缓解北京、天津等华北地区缺水现状，并将进一步提高淮河流域水资源配置能力。而统筹解决沿淮淮北地区干旱缺水问题的引江济淮工程工作也正在进行之中。

水电建设是促进流域经济生活发展的重要动力来源。淮河流域水能资源主要分布在支流上游、中游山丘区，水能资源技术可开发量为 81.6 万千瓦。目前已经建成的大中小型水电站数量众多，如上游河南省淮河流域内已建成的小水电站有 213 座，总装机容量 6.9 万千瓦，开发率达到 31.0%。中游安徽省淮河流域内已建成的水电站有佛子岭水、梅山、响洪甸、磨子潭等 4 座大中型水电站，它们的水库大坝分别是亚洲第一座钢筋混凝土连拱坝，世界最高的钢筋混凝土连拱坝，国内第一座重力拱坝，国内第一座大头坝。此外，还有毛尖山、琅琊山、响水涧等抽水蓄能电站以及即将上马的白莲崖、郑家湾、流波水等电站。而下游江苏省 20 世纪 60 年代初期全省就已经兴建了农村小水电站 200 余处，装机 5500 千瓦。70 年代又陆续兴建了一批小水电站，其后，小水电虽多数关停，但当前仍在运行的小水电站仍有 26 座，其中 2000 千瓦以上的 6 座。2000 千瓦以下的 20 座。总装机容量 2.7 万千瓦，年发电量 1.09 亿千瓦时。而这些电站主要就分布在徐州、淮阴、宿迁等淮河流域。小水电的建设和发展，缓解了大电网难以顾及的偏远山区用电困难，促进了当地经济社会发展。

内河航运作为一种绿色运输方式，运量大、成本低。中部地区依托淮河航运发展外贸型经济，作为与长三角、珠三角、山东半岛经济联动的新动脉，充当中部地区走向世界的新窗口，不失为一种最佳选择。70 多年来，流域已形成以京杭大运河和淮河干流为架构的内河航道体系，在煤炭、建材等大宗货物运输中发挥着重要作用。2005 年底，淮河最大支流沙颍河周口段正式复航；2007 年，河南投资近 1.5 亿元，建设淮河淮滨至三河尖（豫皖界）航运基础设施；2011 年，淮河第二大支流涡河航运河南段二期建设开工，沱、浍河航运一期工程相继启动。“十二五”期间，安徽省计划完成水运投资 240 亿元，加快建设淮河黄金水道，大力发展蚌埠水运、蚌埠新港；2012 年 3 月，沙颍河安徽段阜阳闸复建完成并投入运行。截至 2005 年底，全流域已有各类港口码头及装卸点近 2000 个，货物年吞吐量 2.67 亿吨；年货运总量达 2 亿吨，货物周转量 400 亿吨千米。年货运量比新中国成立初期增加 20 倍。

淮河流域灾害治理的第三项重要任务是加强水资源保护及水污染防治。新中国 70 多年来，治淮事业翻开了新的一页，淮河水资源保护工作也逐步展开，并经历了水质保护、水功能区保护和河湖生态保护的不断发展历程，取得了显著成效。

首先，淮河流域水污染防治方面持续推进。淮河流域水污染始于 20 世纪 70 年代后期。进入 80 年代，随着经济快速发展和城市化进程加快，水污染逐步加重，一些流域性水污染事故时有发生，水污染的日趋加重对治淮工作提出了严峻的挑战，这就将水污染防治推向了前台。

1987年，淮委经协商获得流域四省人民政府的同意，提出成立淮河流域水资源保护领导小组的请示。1988年1月，领导小组由国务院环境保护委员会批复成立。领导小组成立后，先后召开了7次会议，领导专家纷纷献计献策，研究流域水资源保护与水污染防治重大问题，每一次会议的召开，对淮河流域的水资源保护和水污染防治工作都是一次推动。

1994年5月，国务院环境保护委员会在安徽省蚌埠市召开第一次淮河流域环境保护执法检查现场会，提出了实现淮河水体变清的目标。1995年8月，国务院颁布了我国第一部流域水污染防治法规《淮河流域水污染防治暂行条例》，标志着淮河流域水污染防治工作步入法制化轨道。1996年，全流域关闭了严重污染的小造纸、小化工、小制革等“十五小”企业5000家，1997年底日排废水100吨以上的企业多数实现了达标排放，日排废水100吨以下排污单位也进行了治理整顿。短短两年时间，水污染防治取得了显著成效。

继第一次淮河流域环境保护执法检查现场会召开和《暂行条例》发布之后，国务院先后批复了淮河流域水污染防治“九五”“十五”“十一五”规划，明确了各阶段水污染防治目标和任务。2004年，国务院召开淮河流域水污染防治现场会，并与流域四省人民政府签订了水污染防治目标责任书。同时，为指导淮河流域水污染防治工作，国务院还先后批复河南、安徽、江苏、山东四省按照规划要求持续加大污染治理力度，将水污染防治工作纳入国民经济发展计划，落实治污责任制，通过对重点污染单位分别实施关闭、停产、改造、转产，禁止新建污染严重的企业，积极调整产业结构，加快工业污染治理、城镇污水处理厂建设等举措，污染源治理取得良好成效。2009年，国务院又批复实施了《重点流域水污染防治专项规划实施情况考核暂行办法》，进一步强化了淮河流域水污染防治责任制。现今，不仅淮河流域干流水质有了很大的改善，在一些支流水质改善也显而易见。像河南的洪汝河、沙颍河，阜阳的汾泉河等河水已见清澈，多年治淮成效已经显现。

其次，淮河流域水资源保护监督管理不断加强。随着水资源保护工作的不断加强，以水功能区管理为核心的水资源保护监督管理制度逐渐建立，并不断完善，淮河流域水资源监测和保护工作得到不断发展，水资源保护监督管理成绩显著。

一是按照水利部的统一部署，淮委组织流域四省水利部门积极开展全流域水功能区划工作。这项工作共划定河流、湖泊、水库等水域水功能区 889 个，目前流域四省水功能区划已经由相关省人民政府批准实施，为实施水功能区管理提供了保障。在此基础上，进一步核定了水功能区纳污能力，向环境保护主管部门提出了流域限制排污总量意见，作为流域水污染防治的重要基础依据。水功能区确定的水质目标和限制纳污红线已经成为建设项目水资源论证和入河排污口论证的重要依据。

二是以省界缓冲区为重点的水功能区水质监测和通报工作不断强化，对推动流域水污染防治工作和改善跨省河流水质发挥了积极作用。

2008 年下半年，淮河支流大沙河发生水体砷污染，淮委立即开展了应急处置，并有效避免了更大范围重大水污染事件的发生。在整个处置过程中，淮委有关部门 24 小时坚守岗位，密切追踪污染水体下泄过程，加密监测断面和测次，强化水质水量同步监测，水质测次最高时达到每小时一次，水量测次最高时达到每 3 小时一次，累计监测水质断面 530 个（次），取得水质监测数据 1300 余个，监测水量 312 次，发布《大沙河砷污染水质专报》13 期，为大沙河涡河应急防污调度决策提供了科学支撑，为社会稳定和群众饮水安全提供了坚实的技术保障。

2009 年 1 月，邳苍分洪道再次发生砷污染事件，正是因为淮委及时启动水污染联防机制，并将有关情况向山东省和临沂市环保部门进行通报，才为地方政府应急处置赢得了时间，赢得了主动权，确保了骆马湖、京杭运河等下游饮用水水源地的水质安全。同时，淮委加强应急防污调度，通过科学利用水利工程调水释污，安全处置滞留的污染水体，有效避免了更大范围水污染事件的发生。

三是开展了城市饮用水和农村污染严重地下水源地有毒有机物监测工作，饮用水源地保护工作不断加强。

2008 年以来，淮河流域四省组织了四省水利部门开展了淮河流域地表水饮用水源保护区入河排污口整治方案的编制工作。这项工作以江苏省宿迁市为流域工作试点，完成了宿迁市饮用水源地、南水北调东线工程调水水源保护区入河排污口综合整治工作。与此同时，大力建设农村饮水安全工程，解决了淮河流域受污染影响严重的农村地区群众饮水问题。

再次，淮河流域水生态环境得到很大改善。70 多年来，在淮河流域的治理中，人们对淮河的认知也在不断丰富和完善，并用他们的智慧完美地诠释了人与自然的和谐之美。如今的治淮人改变了过去“重功能、轻外观”“重工程、轻环境”的观念，从工程设计到施工都力求人与自然、工程与生态环境的和谐相处，工程建设与自然景观相结合，注重工程的美化与景观营造，在发挥工程原有作用的同时，还保护和改善了周边生态与环境。淮河流域内一批已建成或即将验收的水利工程，就宛如一颗颗耀眼的明珠，在淮河两岸熠熠生辉，处处体现着构建人、水、工程的和谐美的崭新理念，并将改善水生态环境的意识注入其中。

如河南省信阳市通过综合治理流经市区和各县城的城镇河道中心城区浉河、潢川小潢河、淮滨东西湖等形成了一道道穿城而过的靓丽风景；通过整修和改造农村沟渠塘堰，农村塘变深了，水变清了，岸变绿了，水流畅了，信阳也先后跻身“国家生态示范市”“中国优秀旅游城市”和“全国十佳宜居城市”之列。颍河畔的古城阜阳以颍河、泉河为主轴，三区四片的城市整体规划不断完善，水在城市间、城市在水中的城市发展格局基本形成；东城河、中清河、西清河护坡、截污、绿化建设先后实施，城市进一步绿化、亮化、美化；泉河风景带、三角洲公园等一批城市景观相继建成，城市品位进一步提升，城市面貌焕然一新，一个具有现代化气息兼具地方特色的滨水园林城市在皖北大地上呼之欲出。江苏省淮安市多年来坚持水安全、水生态、水文化统筹发展，从保障城区防洪安全着眼，大力组织实施城区河道疏浚、护坡改造、岸边绿化等工程，不断改善水质及岸边环境。如今，“城在水中、水在绿中”的“碧水生态城市”景观风貌逐步显现[①]。也为淮安创建国家卫生城市、国家园林城市、国家环境保护模范城市作出了贡献。

目前，淮河水资源保护工作经历了水质保护、水功能区保护和河湖生态保护的不断发展历程。完成流域水功能区划和水功能区纳污能力核定工作，明确水功能区限制纳污红线，提出流域限制排污总量意见，全面落实入河排污

① 刘永忠：《淮水安澜泽民生》，《治淮 60 年纪念文集》，中国水利水电出版社 2010 年版，第 195 页。

口监督管理，持续开展水污染联防，实施水利工程防污调度，处置突发水污染事件能力显著增强，全流域入河排污总量和重大水污染事故明显减少，有效保障了城乡用水安全。

淮河流域灾害治理的第四项重要任务是加强水利管理与改革措施。新中国治淮 70 多年，始终坚持流域管理与区域管理、统一管理与分级管理相结合的原则，健全组织管理体系，加强水利法治建设，强化涉水事务管理，规划计划管理和工程建设与管理，积极推进各项改革，确保了淮河治理各项工作有序进行。

一是逐渐健全了组织管理体系。1950 年，成立了直属于中央人民政府的治淮领导机构——治淮委员会，并在河南、安徽、江苏、山东四省设立了治淮分支机构，统一负责淮河流域治理开发与管理工作。1958 年治淮委员会撤销后，各省治淮机构仍在履行职责。1969 年国务院成立治淮规划小组，1971 年设立治淮规划小组办公室，1977 年恢复成立治淮委员会，1990 年更名为淮河水利委员会，为水利部派出的流域管理机构，在淮河流域和山东半岛区域内依法行使水行政管理职责。而流域内地方各级水行政主管部门则按分工职责在所辖区域实施水管理。这些组织管理体系为淮河流域治理开发与管理提供了保障。

如 1950 年淮河流域发生大水，政务院即作出《关于治理淮河的决定》，确定了“蓄泄兼筹”的治淮方针。1954 年淮河发生特大洪水后，治淮委员会于 1956 年 4 月编制完成《淮河流域规划报告（初稿）》。1957 年，沂沭泗流域发生大洪水，水利部组织治淮委员会和苏鲁两省修订规划，于 12 月提出《沂沭泗流域规划初步修正成果及 1962 年以前工程安排意见（草案）》。1969 年 10 月，国务院成立治淮规划小组，领导、组织淮河流域规划工作，并于 1971 年 2 月编制了《治淮主要骨干工程规划意见》。1977 年治淮委员会恢复成立。1981 年 12 月，国务院治淮会议提出了治淮纲要和十年规划设想。1982 年 2 月，水利部下达《淮河流域修订规划任务书》，其后治淮委员会于 1984 年提出以恢复巩固、发挥现有治淮工程效益为主要内容的《淮河流域修订规划第一步规划报告》，1991 年年底完成《淮河流域综合规划纲要》。2003 年淮河发生大洪水后，按照中央的决策部署，水利部会同国务院有关部门，精心组织淮河水利委员会和沿淮四省，开展了大规模、高强度的水利工程建设，如期全面建成了治淮 19 项骨干工程，工程质量优良。这都体现出组织管理体系的健全在淮河流域治理开发与管理中的保障作用。

二是不断完善了水利法制建设。70 多年来，淮河流域涉水法律法规从无到有，不断完善；水行政执法队伍由弱到强，逐步壮大，水法制建设取得了长足的进展。根据国家颁布实施的涉水法律法规，水利部和淮河流域各省制定出台了一系列水利法规，初步形成多层次、相互配套的水法规体系，各项水事活动逐步纳入法制化轨道。流域管理与区域管理相结合的水资源管理体制基本形成，流域管理机构的法律地位得到确立，在流域规划、流域水资源综合管理和防汛抗旱等方面发挥了重要作用。覆盖省、市、县的流域水行政执法网络基本建立，执法体制逐步理顺，执法保障持续加强，依法行政能力不断提高。建立并实施淮河流域省际边界水事协调工作规约，有效维护了省际边界水事秩序。

如今，流域内各类水事活动基本做到有法可依，流域管理的每一项职责都有法律法规为依据，各项工作逐步纳入法制化轨道。依法防洪，保证淮河防汛抗洪政令畅通，指挥有力；依法进行建设和管理，保证水利工程的安全与效益；依法实施水资源管理，保证水资源的合理利用和有效保护；依法行政，保证水行政主管部门行为规范、效率提升，有力地维护了广大人民群众和涉水利益相关方的合法权益。

三是涉水事务管理方面越来越全面。按照《中华人民共和国水法》规定，淮河流域水资源实行流域管理与行政区域管理相结合的管理体制，淮河水利委员会和流域各级水行政主管部门开展水质、水量和水环境评价，制定水资源中长期供求计划，实施水资源有偿使用制度，定期发布《淮河流域水资源公报》。从 1994 年起，按照国务院《取水许可制度实施办法》，全面实施取水许可制度，强化水资源论证和取水许可管理，确保流域水资源合理开发、利用与保护。从 1992 年起，全面实施河道范围内建设项目审查，着力做好涉河建设项目监督管理。不断加强河道采砂行政审批和监督管理，依法打击非法采砂活动，有力维护了水利工程和防洪安全。按照《中华人民共和国行政许可法》和《中华人民共和国政府信息公开条例》，流域各级水行政主管部门不断深化水利行政审批制度改革，规范行政审批行为，提高行政审批效率，大力实施政府信息公开，提升了水利社会管理和公共服务水平。

四是工程建设与管理越来越先进。工程建设管理主要由流域管理机构和各省水行政主管部门组织实施，淮河流域工程建设管理改革始终走在全国水利行业的前列。1985 年治淮工程实行投资包干。1986 年板桥水库复建工程是全国水利建设中第一个进行公开招标的项目。1995 年开始推行项目法人责任制，2001 年起全面实行项目法人责任制、建设监理制、招标投标制和合同管理制。创建和推广专业化建设管理机构，探索实践项目法人直管、代建制、联合组建项目法人等多种建设管理模式。由于治淮工程建设管理的不断规范与强化，工程进度、质量、投资得到有效控制，建成了一大批优质工程，实现了工程安全、资金安全、干部安全和生产安全。

目前，淮河流域水利管理体制改革工作取得明显成效，职能清晰、权责明确的流域水利工程管理体制框架已经形成，推行管养分离，水利工程维修养护全面实行市场化、社会化和专业化，有力促进了水利基础设施的良性运行。

参考文献

1. 李文治：《中国近代农业史资料》第 1 辑，三联书店 1957 年版。

2. 邓拓：《中国救荒史》，北京出版社 1998 年版。

3. 内务部农村福利司：《建国以来灾情和救灾工作史料》，法律出版社 1958 年版。

4. 黄河水利委员会：《黄河水利史述要》，水利出版社 1982 年版。

5. [美] 珀金斯：《中国农业的发展（1368—1968）》，上海译文出版社 1984 年版。

6. 王祖烈：《淮河流域治理综述》，水利电力出版社 1987 年版。

7. 水利部黄河水利委员会：《历代治黄文选》，河南人民出版社 1989 年版。

8. 程必定：《安徽近代经济史》，黄山书社 1989 年版。

9. 李文海：《近代中国灾荒纪年》，湖南教育出版社 1990 年版。

10. 唐元海：《淮河水利简史》，水利电力出版社 1990 年版。

11. 张水良：《中国灾荒史（1927—1937）》，厦门大学出版社 1990 年版。

12. 安徽地方志办公室：《安徽水灾备忘录》，黄山书社 1991 年版。

13. 李文海等：《灾荒与饥馑（1840—1919）》，高等教育出版社 1991 年版。

14. 胡明思等：《中国历史大洪水》（上、下卷），中国书店 1992 年版。

15. 安徽地方志编撰委员会：《安徽省志》，安徽人民出版社 1993 年版。

16. 郑肇经：《中国水利史》，商务印书馆 1993 年影印本。

17. 邹逸麟：《黄淮海平原历史地理》，安徽教育出版社 1993 年版。

18. 李文海：《中国近代十大灾荒》，上海人民出版社 1994 年版。

19. 淮河水利委员会：《中国江河防洪丛书 · 淮河卷》，中国水利水电出版社 1996 年版。

20. 童天星：《治理淮河》，安徽人民出版社 1997 年版。

21. 朱玉湘:《中国近代农民问题与农村社会》,山东大学出版社 1997 年版。

22. 张秉伦等：《淮河和长江中下游旱涝灾害年表与旱涝规律研究》，安徽教育出版社 1998 年版。

23. 安徽省水利厅：《安徽水旱灾害》，中国水利水电出版社 1998 年版。

24. 钱钢等：《二十世纪中国重灾百录》，上海人民出版社 1999 年版。

25. 孟昭华：《中国灾荒史记》，中国社会科学出版社 1999 年版。

26. 刘仰东、夏明方：《灾荒史话》，社会科学文献出版社 2000 年版。

27. 唐元海：《淮河综述志》，科学出版社 2000 年版。

28. 夏明方：《民国时期的自然灾害与乡村社会》，中华书局 2000 年版。

29. 池子华：《中国流民史》（近代卷），安徽人民出版社 2001 年版。

30. 康沛竹：《灾荒与晚清政治》，北京大学出版社 2002 年版。

31. 宋豫秦：《淮河流域可持续发展研究》，化学工业出版社 2003 年版。

32. 蔡勤禹：《国家、社会与弱势群体：民国时期的社会救助（1927—1949）》，天津人民出版社 2003 年版。

33. 宁远，钱敏：《淮河流域水利手册》，科学出版社 2003 年版。

34. 池子华：《红十字与近代中国》，安徽人民出版社 2004 年版。

35. 王卫平等：《中国传统社会保障与慈善事业：以明清时期为重点的考察》，群言出版社 2005 年版。

36. 汪汉忠：《灾害、社会与现代化》，社会科学文献出版社 2005 年版。

37. 康沛竹：《中国共产党执政以来防灾救灾的思想与实践》，北京大学出版社 2005 年版。

38. 吴海涛：《淮北的盛衰：成因的历史考察》，社会科学文献出版社 2005 年版。

39. 张崇旺：《明清时期江淮地区的自然灾害与社会经济》，福建人民出版社 2006 年版。

40. 曹树基：《田祖有神：明清以来的自然灾害及其社会应对》，上海交通大学出版社 2007 年版。

41. 汪志国：《近代安徽：自然灾害重压下的乡村》，安徽人民出版社 2008 年版。

42. 胡慧芳：《淮河中下游地区环境变动与社会控制：1912—1949》，安徽人民出版社 2008 年版。

43. 殷梦霞等主编：《民国善后救济史料丛编》（全十四册），国家图书馆出版社 2008 年版。

44. 薛毅：《中国华洋义赈救灾总会研究》，武汉出版社 2008 年版。

45. 陈业新：《明至民国时期皖北地区灾害环境与社会应对研究》，上海人民出版社 2008 年版。

46. 阎守诚：《危急与应对：自然灾害与唐代社会》，人民出版社 2008 年版。

47. 吴海涛主编：《皖北文化研究集刊》第 1 集，黄山书社 2009 年版。

48. 袁祖亮等主编：《中国灾害通史》，郑州大学出版社 2009 年版。

49. 安徽省委党史研究室：《巨变 60 年：中国共产党执政安徽纪程》，安徽人民出版社 2009 年版。

50. 杨琪：《民国时期的减灾研究 1912—1937》，齐鲁出版社 2009 年版。

51. 吴春梅等：《近代淮河流域经济开发史》，科学出版社 2010 年版。

52. 唐明勇等：《危难与应对：新中国视野下的危机事件与社会》，中共党史出版社 2010 年版。

53. 马俊亚：《被牺牲的“局部”：淮北社会生态变迁研究（1680—1949）》，北京大学出版社 2011 年版。

54. 夏明方等：《20 世纪中国灾变图史》（上、中、下），福建教育出版社 2011 年版。

55. 张文华：《汉唐时期淮河流域历史地理研究》，上海三联书店 2013 年版。

56. 张崇旺：《淮河流域水生态环境变迁与水事纠纷研究（1127—1949）》（全二册），天津古籍出版社 2015 年版。

57. 吴海涛：《淮河流域环境变迁史》，黄山书社 2017 年版。

58. 李德楠：《明清黄运地区的河工建设与生态环境变迁研究》，中国社会科学出版社 2018 年版。

59. 梁家贵：《元明以降淮北地区社会变迁研究》，黄山书社 2019 年版。

后记

本书近期被列入黄山书社出版的系列丛书“淮河流域历史文化”。几年前，阜阳师范大学部分从事淮河流域地方社会史研究与教学的同仁就在关注淮河流域地方史的研究，目前也形成了淮河流域地方史研究的科研团队。2016年初，我们科研团队的同仁聚集一起研讨了“淮河流域历史文化”丛书的写作问题，并初步进行了分工。分工的结果决定由我负责“历史时期淮河流域的灾害、环境变迁与社会应对”课题的写作，后期的研究加入了历史文化与旅游学院的龚光明教授和马克思主义学院的徐涛老师。此外，马克思主义学院的硕士研究生潘杰、颜晓和信息工程学院2017外语系的唐青、贾艺两位同学也对课题资料整理和校对作了一定的努力，应该说本书的出版汇集了不少同仁的集体智慧。

本书也是基于前期作者研究淮河流域地方社会史阶段性的成果。作者多年来从事淮河流域地方社会史研究，在这一领域先后发表数10篇相关论文，如《新中国治淮的成就与可持续发展问题探讨》《近代淮河流域灾害与社会保障》《清代河务问题与淮河水灾治理的成效》《元明以降淮河流域灾害与社会保障》《明代淮北的灾荒与灾荒赈济——以〈明实录〉为中心》《民国以来淮河流域灾荒及其影响》《历史时期淮河流域灾害发生的人为因素》《民国时期皖北的灾荒及赈灾措施》等，应该说作者前期的科研努力为本书成果的研究奠定了一定基础。

本书的研究也参考了学界不少前辈和学人研究的成果，如邓拓的《中国救荒史》，李文海等的《中国近代十大灾荒》，夏明方等的《中国灾变图史》（上、中），郑州大学出版社出版的《中国灾害通史》，池子华等的《红十字与近代中国》，江汉忠的《灾害、社会与现代化》，陈新业的《明至民国时期皖北地区灾害环境与社会应对研究》，胡慧芳的《淮河中下游地区环境变动与社会控制：1912——1949》，吴海涛的《淮北的盛衰：成因的历史考察》等。在此也对上述学界前辈与同仁的研究表示衷心的谢意。

本书的出版也得到安徽省教育厅人文社会科学重点研究基地——阜阳师范大学皖北文化研究中心的项目经费支助，被遴选为2019年度安徽高校人文社会科学研究重点项目之一（项目编号：SK2019A0307）。同时也获得2021年度安徽省社会科学创新发展研究课题“70年淮河灾害及其治理研究”，编号：2021CX004，以及阜阳师范大学科研创新团队“淮河文化传承发展研究中心”项目（项目编号：TDJC2021004）等的研究资助。本书侧重于地方社会史研究，专题性较强，主要分为：淮河流域自然地理和早期生态环境，淮河流域古代灾害概况，近代淮河流域重大灾像，淮河流域灾因探讨，官府应对灾害的措施及其弊端，社会应对灾害的措施与成效，淮河流域社会灾害的民间信仰，新中国成立初期淮河流域的灾害与应对等八个部分。研究通过探讨淮河流域的灾害环境变迁，以及官府与民间社会的应对机制与救助措施，把握灾害环境变迁与区域社会之间的互动关系，从而对淮河流域灾害环境变迁及其民间社会获得一个全面系统的认识。

灾害、环境变迁是一个古老而又非常现实的问题，无论何时，社会都会面临这一问题，当今社会也不例外。作为一名社会科学研究工作者，应该从本职工作出发，探讨一些对现实具有启发意义的研究，淮河流域地方社会史的研究对现实具有重要的启示与借鉴作用，特别是晚清以来政府和民间应对灾害的经验与教训。本书的研究也是为今天的防灾、减灾工作提供一点启示与借鉴作用。